高职高专水利工程类专业"十二五"规划系列教材

水利工程建设监理

主　编　龙振华　张保同　闫玉民　桂剑萍

副主编　余周武　董相如　刘能胜　徐卫国

主　审　黄泽钧　毕金龙

U0333545

华中科技大学出版社

中国·武汉

内 容 提 要

本书以最新的现行国家有关技术规范和规程为依据,对水利水电工程建设监理知识进行了全面的介绍。在内容上,本书不仅保留了目前仍采用的一些传统的监理技术,而且将近几年发展起来的监理技术新理论、新技术和新工艺充实进来。本书既考虑了水利类各专业的特点,又兼顾了建筑工程等土木工程类专业的通用性,不仅可以用于日常教学,而且可以作为工程类各专业的参考用书。

全书共 12 章,包括水利工程建设项目管理、水利工程建设监理机构、水利工程建设监理文件、水利工程建设招标与投标、水利工程建设进度控制、水利工程建设质量控制、水利工程建设投资控制、水利工程建设合同管理、工程施工安全管理、施工监理信息管理、水利工程建设监理的协调、工程验收与移交阶段的监理。另有两个附录:附录 A 水利工程监理文件实例、附录 B 水利工程监理相关法律法规。各章末均有复习思考题。

本书标准教学学时为 50 学时,各地区、各专业方向可以根据侧重点不同调整选择相应的教学内容。

图书在版编目(CIP)数据

水利工程建设监理/龙振华,张保同,闫玉民,桂剑萍主编.—武汉:华中科技大学出版社, 2013.12
ISBN 978-7-5609-9531-1

Ⅰ.①水… Ⅱ.①龙… ②张… ③闫… ④桂… Ⅲ.①水利工程-监理工作-高等职业教育-教材 Ⅳ.①TV523

中国版本图书馆 CIP 数据核字(2013)第 287025 号

水利工程建设监理　　　　　　　　　　龙振华　张保同　闫玉民　桂剑萍　主编

策划编辑:谢燕群
责任编辑:熊　慧
封面设计:李　嫚
责任校对:邹　东
责任监印:周治超
出版发行:华中科技大学出版社(中国·武汉)
　　　　　武昌喻家山　　邮编:430074　　电话:(027)81321915
录　　排:武汉市洪山区佳年华文印部
印　　刷:武汉科源印刷设计有限公司
开　　本:787mm×1092mm　1/16
印　　张:18
字　　数:472 千字
版　　次:2014 年 1 月第 1 版第 1 次印刷
定　　价:36.80 元

高职高专水利工程类专业"十二五"规划系列教材

编 审 委 员 会

前　言

　　"水利工程建设监理"是水利水电建筑工程、水利工程等工程专业和工程管理专业的主要专业课程之一。它是研究水利水电工程施工监督管理的一门实践性强、涉及面广、技术发展快的课程。本书按照"中央财政支持高等职业学校提升专业服务能力"项目的要求，在深入开展调查研究、广泛征求企业行家意见的基础上，立足于企业用人的实际需要和学生素质培养的需要，以培养水利水电建筑工程建设一线主要技术岗位核心能力为主线，兼顾学生职业迁移和可持续发展，构建工学结合的课程体系，优化组合了课程内容。

　　本书与同类教材相比，其鲜明的特点是，体现了科学性和先进性。全书按照国家现行有关技术规范、规程和标准编写，在内容的安排上，本书舍弃了目前在工程监理中很少应用或与发展方向不相符的陈旧内容，保留并增加了现行规范的新理论，以及目前水利工程监理中普遍采用的新技术，能科学地反映当前水利工程建设监理的新工艺、新技术和新理念。本书的另一个特点是注重实用性。本书以施工监理为主线，侧重于介绍监理原理和方法，既有一定的理论深度，又易于在实践中应用。本书以水利水电建筑工程和水利工程专业的学生为主要对象，兼顾其他土木工程类专业，既可供学生当教材使用，也可作为工程技术人员的参考用书。

　　本书由湖北水利水电职业技术学院、河南水利与环境职业技术学院、辽宁水利职业学院、安徽水利水电职业技术学院、安徽长江职业学院等院校的相关老师和相关单位的工程技术人员共同编写，龙振华、张保同、闫玉民、桂剑萍任主编，余周武、董相如、刘能胜、徐卫国任副主编。全书由湖北水利水电职业技术学院龙振华老师统稿，由湖北水利水电职业技术学院黄泽钧副教授、安徽长江职业学院毕金龙老师担任主审。全书共12章，各章编写人员如下：湖北水利水电职业技术学院龙振华编写第1章，安徽水利水电职业技术学院董相如编写第2章，湖北水利水电职业技术学院刘能胜、龙立华编写第3章，河南水利与环境职业技术学院张保同编写第4章，湖北水利水电职业技术学院徐卫国编写第5章，湖北水利水电职业技术学院何姣云、白金霞编写第6章，湖北水利水电职业技术学院桂剑萍编写第7章，辽宁水利职业学院闫玉民编写第8章，武汉市东西湖区勘测设计院水利设计室陈熙凤编写第9章，湖北水利水电职业技术学院毛羽飞、田山珊编写第10章，赤壁市公路管理局陈勇编写第11章，湖北水利水电职业技术学院余周武编写第12章，湖北水利水电职业技术学院贺荣兵、何小梅分别编写附录A、附录B。教材在编写过程中得到了楚天技能名师湖北水总水利水电建设股份有限公司郭明祥高级工程师、湖北大禹水利水电建设有限责任公司华继阳高级工程师的大力支持，他们对全书的编写提出了大量修改意见。

　　本书编写过程中得到相关学院领导的大力支持，并得到了湖北水利水电职业技术学院2011级水利水电建筑工程专业3班和4班同学的支持，在此表示感谢。

　　限于本书篇幅较长，编写时间较紧，书中难免有不足之处，恳请读者予以批评指正，以便再版时修正。

编　者

2013 年 9 月

目　　录

第一章 水利工程建设项目管理

第一节 相 关 概 念

一、建设项目的概念

（一）项目的含义及其特性

项目是指在一定的约束条件下，具有特定的明确目标的一次性事业（或活动）。

项目所表示的事业或活动十分广泛，如技术更新改造项目、新产品开发项目、科研项目等。在工程领域，项目一般专指工程建设项目，如修建一座水电站、一栋大楼、一条公路等具有质量、工期和投资目标要求的一次性工程建设活动。

根据项目的内涵，项目一般具有如下特征：

1. 项目的目标性

任何一个项目，不论是大型项目、中型项目，还是小型项目，都必须有明确的特定目标。如工程建设项目的功能要求，即项目提供或增加一定的生产能力，或形成具有特定使用价值的固定资产和创造的效益。例如，修建一座水电站，其目标表现为形成一定的建设规模，建成后应具有发电供电能力，发挥社会、经济效益等。

2. 项目的一次性和单件性

所谓一次性，是指项目实施过程的一次性。它区别于周而复始的重复性活动。一个项目完成后，不会再安排实施与之具有完全相同开发目的、条件和最终成果的项目。项目作为一次性事业，其成果具有明显的单件性。它不同于现代工业化的大批量生产。因此，作为项目的决策者与管理者，只有认识到项目的一次性和单件性的特点，才能有针对性地根据项目的具体情况和条件，采取科学的管理方法和手段，实现预期目标。

3. 受人力、物力、时间及其他条件制约

任何项目的实施，均受到相关条件的制约。就一个工程项目建设而言，都有开工、竣工时间要求的限制，有劳动力、资金和其他物资供应的制约，以及受所在国家的法律、工程建设所在地的自然和社会环境等的影响。

（二）建设项目的概念

建设项目即基本建设项目，是指按照一个总体设计进行施工，由若干个具有内在联系的单项工程组成，经济上实行统一核算，行政上实行统一管理的基本建设单位。

基本建设即固定资产的建设，包括建筑、安装和购置固定资产的活动及与之相关的工作。它是固定资产的扩大再生产，在国民经济活动中成为了一类行业，区别于工业、商业、文教、医疗等。

根据不同管理需要,项目划分的方式有所不同,按照《水利水电工程施工质量检验与评定规程》(SL 176—2007)规定,大、中型水利水电工程划分为单位工程、分部工程、单元工程等三级。

(三)建设项目的特殊性

建设项目与其他项目相比,具有自己的特殊性。建设项目的特殊性主要从其成果的两个方面(建设产品和它的活动过程)来体现,主要体现在下列方面:

1. 建设产品的特殊性

1)总体性

建设产品的总体性表现在:① 它是由许多材料、半成品和产成品经加工装配而组成的综合物;② 它是由许多个人和单位分工协作、共同劳动的总成果;③ 它是由许多具有不同功能的建筑物有机结合成的完整体系。例如,一座水电站,它是由土石料、混凝土、钢材、水轮发电机组及其他各种机电设备组成的;参与工程建设的单位除项目法人外,还有设计单位、施工单位、设备材料生产供应单位、咨询单位、监理单位等;整个工程不仅要有发电、输变电系统,而且要有水库、引水系统、泄水系统等有关建筑物,另外还要有相应的生活、后勤服务设施。

2)固定性

一般的工农业产品可以流动,消费使用空间不受限制。而建设产品只能固定在建设场址使用,不能移动。

2. 工程建设的特殊性

1)生产周期长

由于建设产品体型庞大,工程量巨大,建设期间要耗用大量的资源,加之建设产品的生产环境复杂多变,受自然条件影响大,故其建设周期长,通常需要几年至十几年。一方面,在如此长的建设周期中,不能提供完整产品,不能发挥完全效益,造成了大量人力、物力和资金的长期占用。另一方面,由于建设周期长,受政治、社会与经济、自然等因素影响大。

2)建设过程的连续性和协作性

工程建设的各阶段、各环节、各协作单位及各项工作,必须按照统一的建设计划有机地组织起来,在时间上不间断、空间上不脱节,使建设工作有条不紊地顺利进行。如果某个环节的工作遭到破坏和中断,就会导致该工作停工,甚至波及其他工作,造成人力、物力、财力的积压,并可能导致工期拖延,不能按时投产使用。

3)施工的流动性

这是由建设产品的固定性决定的。建设产品只能固定在使用地点,那么施工人员及机械就必然要随建设对象的不同而经常流动转移。一个项目建成后,建设者和施工机械就得转移到下一个项目的工地上去。

4)受自然和社会条件的制约性强

一方面,由于建设产品的固定性,工程施工多为露天作业。另一方面,在建设过程中,需要投入大量的人力和物资。因此,工程建设受地形、地质、水文、气象等自然因素,以及材料、水电、交通、生活等社会条件的影响很大。

二、建设项目的分类

为了管理和统计分析的需要,建设项目可从不同角度进行分类。水利部 1995 年印发的

《水利工程建设项目实行项目法人责任制的若干意见》指出："根据水利行业特点和建设项目不同的社会效益、经济效益和市场需求等情况，将建设项目划分为生产经营性、有偿服务性和社会公益性三类项目。"

生产经营性项目包括城镇、乡镇供水和水电项目。这类项目要按社会主义市场经济的需求，以受益地区或部门为投资主体，使用资金以贷款、债券和自筹等各项资金为主。国家在贷款和发行债券方面通过政策性银行给予相应的优惠政策。

有偿服务性项目包括灌溉、水运、机电排灌等项工程。这类项目应以地方政府和受益部门、集体和农户为投资主体，使用资金以部分拨款、拨改贷（低息）、贴息贷款和农业开发基金有偿部分为主。大型重点工程也可争取利用外资。

社会公益性项目包括防洪、防潮、治涝、水土保持等工程项目。这类工程应以国家（包括中央和地方）为投资主体，使用资金以财政拨款（包括国家预算内投资、国家农发基金、以工代劳等无偿使用资金）为主。对有条件的经济发达地区亦可使用有偿资金和贷款进行建设。

三、水利工程建设程序

建设程序是指由行政性法规、规章所规定的、进行基本建设所必须遵循的阶段及其先后顺序。这个法则是人们在认识客观规律、科学地总结建设工作实践经验的基础上，结合经济管理体制制定的。它反映了项目建设所固有的客观规律和经济规律，体现了现行建设管理体制的特点，是建设项目科学决策和顺利进行的重要保证。国家通过制定有关法规把整个基本建设过程划分为若干个阶段，规定每一阶段的工作内容、原则、审批权限。这些既是基本建设应遵循的准则，也是国家对基本建设进行监督管理的手段之一。它是国家计划管理、宏观资源配置的需要，是主管部门对项目各阶段监督管理的需要。

《水利工程建设项目管理规定（试行）》（水利部水建〔1995〕128号）文件规定，水利工程建设程序一般分为项目建议书、可行性研究报告、初步设计、施工准备（包括招标设计）、建设实施、生产准备、竣工验收、后评价等阶段。

水利工程项目建设程序中，通常将项目建议书、可行性研究和初步设计作为一个大阶段，称为项目建设前期阶段或项目决策阶段，初步设计以后作为另一大阶段，称为项目实施阶段。

（一）项目建议书

项目建议书是要求建设某一具体工程项目的建议文件，是基本建设程序中最初阶段的工作，是投资决策前对拟建项目的轮廓设想。项目建议书应根据国民经济和社会发展长远规划、流域综合规划、区域综合规划、专业规划，按照国家产业政策和国家有关投资建设方针进行编制。

水利工程的项目建议书按照《水利水电工程项目建议书编制暂行规定》（水利部水规计〔1996〕608号）进行编制。项目建议书编制一般由政府委托有相应资格的设计单位承担，并按国家现行规定权限向主管部门申报审批。项目建议书编制完成后，按照建设总规模和限额的划分审批权限报批。

按现行规定，凡属大中型或限额以上项目的项目建议书。首先要报送行业归口主管部门，同时抄送国家发展和改革委员会。行业归口主管部门要根据国家中长期规划的要求，着重从资金来源、建设布局、资源合理利用、经济合理性、技术初步可行性等方面进行初审。行业归口主管部门初审通过后报国家发展和改革委员会，由国家发展和改革委员会再从建设总规模、生产力总布局、资源优化配置及资金供应、外部协作条件等方面进行综合平衡,还要委托有资格的工程咨询单位评估后审批。凡行业归口主管部门初审未通过的项目,国家发展和改革委员会不予审批。凡属小型和限额以下项目的项目建议书,按项目隶属关系由部门或地方发展和改革委员会审批。

项目建议书经批准后,由政府向社会公布,若有投资建设意向,应及时组建项目法人筹建机构开展下一个建设程序工作。但项目建议书不是项目的最终决策。

(二)可行性研究报告

可行性研究在批准的项目建议书基础上进行,应对项目方案进行比较,按技术上是否可行和经济上是否合理进行科学的分析和论证。我国从 20 世纪 80 年代初将可行性研究正式纳入基本建设程序,规定大中型项目、利用外资项目、引进技术和设备进口项目都要进行可行性研究,其他项目有条件的也要进行可行性研究。

可行性研究报告由项目法人(或筹备机构)组织,按照《水电工程可行性研究报告编制规程》(DL/T 5020—2007)编制,承担可行性研究工作的单位应是经过资格审定的规划、设计和工程咨询单位。

可行性研究报告按国家现行规定的审批权限报批。1988 年国务院颁布的投资管理体制的近期改革方案对可行性研究报告的审批权限做了新的调整。文件规定,属中央投资、中央和地方合资的大中型和限额以上项目的可行性研究报告,要报送国家发展和改革委员会审批。总投资 2 亿元以上的项目,不论是中央项目还是地方项目,都要经国家发展和改革委员会审查后报国务院审批。中央各部门所属小型和限额以下项目,由各部门审批;地方投资 2 亿元以下项目,由地方发展和改革委员会审批。

审批部门要委托有项目相应资格的工程咨询机构对可行性报告进行评估,并综合行业归口主管部门、投资机构(公司)、项目法人(或项目法人等各机构)等方面的意见进行审批。

申报项目可行性研究报告,必须同时提出项目法人组建方案及运行机制、资金筹措方案、资金结构及回收资金的办法,并依照有关规定附具有管辖权的水行政主管部门或流域机构签署的规划同意书、对取水许可预申请的书面审查意见。

可行性研究报告经批准后,不得随意修改和变更,在主要内容上有重要变动,应经原批准机关复审同意。经批准的可行性研究报告是项目决策和进行初步设计的依据。

项目可行性报告批准后,应正式成立项目法人,并按项目法人责任制实行项目管理。

(三)初步设计

设计是对拟建工程的实施在技术上和经济上所进行的全面而详细的安排,是基本建设计划的具体化,是整个工程的决定环节,是组织施工的依据。它直接关系着工程质量和将来的使用效果。

根据建设项目的不同情况,设计过程一般划分为两个阶段,即初步设计和施工图设计。重大项目和技术复杂项目可根据不同行业的特点和需要,增加技术设计阶段。从水利工程项目建设程序角度讲,初步设计是建设程序的一个阶段,技术设计一般属于施工准备阶段的工作,施工图设计在项目建设实施阶段进行。

初步设计是根据批准的可行性研究报告和必要而准确的设计资料,对设计对象进行通盘研究,阐明拟建工程在技术上的可行性和经济上的合理性,规定项目的各项基本技术参数,编制项目总概算的工作。

水利水电工程项目的初步设计,应根据充分利用水资源、综合利用工程设施和就地取材的原则,通过不同方案的分析比较,论证本工程及主要建筑物的等级标准,选定坝(闸)址,确定工程总体布置方案、主要建筑物型式和控制性尺寸、水库各种特征水位、装机容量、机组机型,制定施工导流方案、主体工程施工方法、施工总进度及施工总布置,以及对外交通、施工动力和工地附属企业规划,并进行选定方案的设计和编制设计概算。

初步设计任务应由项目法人按规定择优选择有项目相应资格的设计单位承担,按照《水电工程初步设计报告编制规程》(DL/T 5020—2007)编制。设计单位必须严格保证设计质量,承担初步设计的合同责任。初步设计文件经批准后,主要内容不得随意修改、变更。

初步设计文件报批前,一般需由项目法人委托有相应资格的工程咨询机构或组织行业各方面(包括管理、设计、施工、咨询等方面)的专家,对初步设计进行补充、修改、优化。初步设计由项目法人组织审查后,按国家现行规定权限向主管部门申报审批。

(四)施工准备

项目法人向主管部门提出主体工程开工申请报告前,必须进行如下准备工作:

(1)建设项目已列入国家或地方年度计划,落实年度建设资金。

(2)施工现场的征地、拆迁。

(3)完成施工用水、电、通信、路和场地平整等工程。

(4)完成必需的生产、生活临时建筑工程。

(5)组织招标设计、咨询、设备和物资采购等服务。

(6)选择设计单位并落实初期主体工程施工详图设计。

(7)组织项目监理、设备采购、施工等招标。

在《水利工程建设程序管理暂行规定》(水利部水建〔1998〕16号)中,要求进行施工准备前必须办理报建手续。之后,在水利部2005年4月28日发布的《关于水利行政审批项目目录的公告》中删除了《国务院决定取消的水利行政审批项目目录》中取消的水利工程项目,保留了剩下的其他水利工程项目。

(五)建设实施

建设实施是指主体工程的建设实施。建设项目经批准开工后,应按照"政府监督、项目法人负责、社会监理、企业保证"的要求,建立健全质量管理体系。项目管理处于主导地位,组织工程建设,协调有关建设各方的关系和建设外部环境,保证项目建设目标的实现;参与项目建设的各方,依照项目法人与设计、监理、工程承包单位以及材料与设备采购等有关各方签订的合同,行使各方的合同权利,并履行各自的合同义务;对于重要建设项目,须设立质量监督项目站,行使政府对项目建设的监督职能。

1. 开工时间

开工时间是指建设项目设计文件中规定的任何一项永久性工程中第一次正式破土动工的时间。工程地质勘查、平整土地、临时导流工程、临时建筑,以及施工用临时道路、水、电等工程开始施工,不算正式开工。

2. 主体工程开工条件

项目法人或其代理机构必须按审批权限,向主管部门提出主体工程开工申请报告,经批准后,主体工程方能正式开工。主体工程开工需具备以下条件:

(1)前期工程各阶段文件已按规定批准,施工详图设计可以满足初期主体工程施工需要;

（2）建设项目已列入国家或地方水利建设投资年度计划,年度建设资金已落实;

（3）主体工程招标已经决标,工程承包合同已经签订,并得到主管部门同意;

（4）现场施工准备和征地移民等建设外部条件能够满足主体工程开工需要。

实行项目法人责任制的,主体工程开工前还需具备以下条件:

（1）建设管理模式已经确定,投资主体与项目主体的管理关系已经理顺;

（2）项目建设所需全部投资来源已经明确,投资结构合理;

（3）项目产品的销售,已有用户承诺,并确定了定价原则。

3. 项目建设组织实施

项目法人要充分发挥建设管理的主导作用,创造良好的建设条件。项目法人要充分授权监理单位,进行项目的建设工期、质量、投资的控制和现场组织协调。

（六）生产准备

生产准备是为使建设项目顺利投产运行在投产前所要进行的一项重要工作,是建设阶段转入生产经营的必要条件。根据建设项目或主要单项工程的生产技术特点,项目法人应按照建管结合和项目法人责任制的要求,适时做好有关生产准备工作。主要内容包括生产组织准备、招收和培训人员、生产技术准备、生产物资准备、正常的生活福利设施准备、签订产品销售合同等。

（七）竣工验收

竣工验收是工程完成建设目标的标志,是全面考核基本建设成果、检验设计和工程质量的重要步骤。竣工验收合格的项目即从基本建设转入生产或使用。

水利工程建设项目的验收应严格执行《水利工程建设项目验收管理规定》(水利部令〔2006〕第 30 号)和《水利水电建设工程验收规程》(SL 223—2008)。

（八）后评价

项目后评价是固定资产投资管理工作的一个重要内容。在项目建成投产后(一般经过1~2年生产运营后),要进行一次系统的项目后评价。

项目后评价的主要内容包括:

（1）影响评价,即在项目投产后对各方面的影响进行评价;

（2）经济效益评价,即对项目投资、国民经济效益、财务效益、技术进步和规模效益、可行性研究深度等进行评价;

（3）过程评价,即对项目的立项、设计施工、建设管理、竣工投产、生产运营等全过程进行评价。

项目后评价一般按三个层次组织实施,即项目法人的自我评价、项目行业的评价、计划部门(或主要投资方)的评价。

第二节　建设项目管理

一、建设项目管理的概念

管理是社会活动中的一种普遍的活动。管理的必要性如下:

首先,管理是共同劳动的产物,是社会化大生产的必然要求。当人们只需要独立从事各种活动就能满足个人的需要时,个人可以单独地决定其行动计划,加以执行,并对执行结果加以控制。但是,为了实现个人能力不能实现的共同目标,需要社会性的共同劳动,人们之间出现了分工与协作,于是,劳动过程中的"计划、决策、指挥、监督、协调"等功能日益明显起来,随之出现了脑力劳动与体力劳动的分工,进而出现了组织的层次和权力与职责,即出现了管理。

其次,管理是提高劳动生产率、资源合理利用的重要手段。从社会劳动与个体劳动的区别可以看出,管理者通过有效的计划、组织、控制等工作,合理利用人力物力资源,可以用较少的投入和消耗,获得更多的产出,提高经济效益。

建设项目管理是指在建设项目生命周期内所进行的有效的计划、组织、协调、控制等管理活动,其目的是在一定的约束条件下最优地实现项目建设的预定目标。

建设项目管理的内容十分广泛,即通过一定的组织形式,采取各种措施、方法,对投资建设的工程项目的所有工作,包括项目建议书、可行性研究、项目的决策、设计、施工、设备询价、竣工验收等,进行计划、组织、协调、控制,以达到保证建设项目的质量、缩短建设工期、提高投资效益的目的。

建设项目管理者应当是建设活动的所有参与组织,包括项目法人、设计单位、监理单位、施工单位等。在一般情况下,由项目法人进行建设项目的全过程管理,即对从项目立项直至项目竣工验收的全过程进行管理。由项目法人委托监理单位开展的项目管理称为建设监理。由设计单位进行的项目管理,一般限于设计阶段,称为设计项目管理。由施工单位进行的项目管理限于施工阶段,称为施工项目管理。

二、建设项目管理的基本职能

管理的职能是指管理者在管理过程中所从事的工作。有关管理职能的划分目前还不够统一,如存在"计划、组织、指挥、协调、控制""计划、组织、指挥、协调和控制""计划、组织、指挥、协调、控制、人事和通信联系""计划、组织、控制和激励"等不同划分。从项目管理的特点出发,项目管理的基本职能一般包括:

(一)计划职能

计划是全部管理职能中最基本的一个职能,也是管理各职能中的首要职能。项目的计划管理就是把项目目标、全过程和全部活动纳入计划轨道,用每个动态的计划系统来协调控制整个项目的进程,随时发现问题、解决问题,使建设项目协调有序地达到预期的目标,即质量目标、工期目标和投资目标。

(二)组织职能

组织是项目建设计划和目标得以实现的基本保证。管理的组织职能包括两个方面:其一是组织的结构,即根据项目的管理目标和内容,通过项目各有关部门的分工与协作、权力与责任,建立项目实施的组织结构;其二是组织行为,通过制度、秩序、纪律、指挥、协调、公平、利益与报酬、奖励与惩罚等组织职能,建设团结和谐的团队,充分发挥个人与集体的能动作用,激励个人与集体的创新精神。

(三)协调职能

项目的不同阶段、不同部门、不同层次之间存在大量的结合部,这些结合部之间的协商与沟通是项目的重要职能。协调的前提在于不同阶段、部门或层次之间存在利益关系与利益冲突;协调的依据是国家有关工程建设的法律、法规、规章,建设项目的批准文件和设计文件,以及规定这种不同主题之间利益联系的合同;协调的目的是正确处理项目建设过程中总目标与阶段目标、全局利益与局部利益之间的关系,保证项目建设的顺利进行。

(四)控制职能

在项目建设过程中,通过计划、决策、反馈、调整对项目实行有效的控制,是项目管理的重要职能。项目控制的方式一般是通过对项目进行目标的分解,确定阶段性、控制性目标和子目标,在项目计划实施过程中,通过预测、预控和检查,监督项目目标的实现情况,并将其与计划目标值对比。若实际与计划目标之间出现偏差,则应分析其产生的原因,及时采取措施纠正偏差,力争使实际执行情况与计划目标之间的差值减小到最低程度,确保项目目标圆满实现。建设项目的主要控制目标一般包括质量控制、工期控制和投资控制。

三、建设项目管理体制

改革开放以来,我国在基本建设领域进行了一系列的改革,通过推行项目法人责任制、招标投标制、建设监理制等三项制度改革,形成了以国家宏观监督调控为指导、项目法人责任制为核心、招标投标制和建设监理制为服务体系的建设项目管理体制基本格局。出现了以项目法人为主体的工程招标发包体系,以设计、施工和材料设备供应为主体的投标承包体系,以及以建设监理单位为主体的技术服务体系等市场三元主体。三者之间以经济为纽带,以合同为依据,相互监督,相互制约,形成建设项目组织管理体制的新模式。

(一)项目法人责任制

新中国成立后的几十年,我国长期实行计划经济,建设项目的投资和决策都由国家或地方政府承担,建设项目的任务用行政手段分配,投资靠国家拨款,其投资建设的责任主体不具体。改革开放以后,随着我国社会主义市场经济体制改革的深入,工程项目的建设也纳入了市场经济的轨道,项目投资体系出现了重大变化,出现了多元化格局,项目投资者由过去单一的国家和地方政府,变成了中央、地方政府、企业、个人、外商和其他法人团体的多种形式。

1992年,国家计委颁发了《关于建设项目实行业主责任制的暂定规定》(计建设〔1992〕2006号),1996年进一步颁发了《关于实行建设项目法人责任制的暂行规定》(计建设〔1996〕637号),推出了投资体制改革新举措,实行项目法人责任制。实行项目法人责任制,是适应发展社会主义市场经济,转换项目建设与经营体制,提高投资效益,实现我国建设管理模式与国际接轨,在项目建设与经营全过程中应用现代企业制度进行管理的一项具有战略意义的重大举措。实行项目法人责任制的目的,是要使各类投资主体形成自我发展、自主决策、自担风险和讲求效益的建设和运营机制,使各类投资主体成为从项目建设到生产经营均独立享有民事权利和承担民事义务的法人。

1. 实行项目法人责任制范围

1995年4月颁布的《水利工程建设项目实行项目法人责任制的若干意见》(水利部水建〔1995〕129号)规定,根据水利行业特点和建设项目不同的社会效益、经济效益和市场需求等情况,将建设项目划分为生产经营性、有偿服务性和社会公益性三类项目。生产经营性项目原则上都要实行项目法人责任制,其他类型的项目应积极创造条件,实行项目法人责任制。

2. 项目法人设立

国家计委颁发的《关于实行建设项目法人责任制的暂行规定》(计建设〔1996〕637号)规定：国有单位经营性基本建设大中型项目在建设阶段必须组建项目法人。

新上项目在项目建议书被批准后，应及时组建项目法人筹备组，具体负责项目法人的筹建工作。项目法人筹备组应主要由项目的投资方派代表组成。有关单位在申报项目可行性研究报告时，需同时提出项目法人的组建方案，在项目可行性研究报告经批准后，正式成立项目法人。

2000年7月，国发〔2000〕20号文件批准转发了国家计委、财政部、水利部、建设部《关于加强公益性水利工程建设管理的若干意见》。文件明确规定：根据作用和受益范围，水利工程建设项目划分为中央项目和地方项目。中央项目由水利部(或流域机构)负责组织建设并承担相应责任，地方项目由地方人民政府组织建设并承担相应责任。项目的类别在审批项目建议书或可行性研究报告时确定。中央项目由水利部(或流域机构)负责组建项目法人，任命法人代表。地方项目由项目所在地的县级以上地方人民政府组建项目法人，任命法人代表，其中总投资在2亿元以上的地方大型水利工程项目，由项目所在地的省(自治区、直辖市及计划单列市)人民政府负责或委托组建项目法人，任命法人代表。

由原有企业负责建设的基建大中型项目，需新设立子公司的，要重新设立项目法人，并按上述规定的程序办理；只设分公司或分厂的，原企业法人即是项目法人。对这类项目，原企业法人应向分公司或分厂派遣专职管理人员，并实行专项考核。

3. 项目法人职责

项目法人的主要职责为：

(1)负责组建项目法人在现场的建设管理机构；

(2)负责落实工程建设计划和资金；

(3)负责对工程质量、进度、资金等进行管理、检查和监督；

(4)负责协调项目的外部关系。

项目法人应当按照《中华人民共和国合同法》和《建设工程质量管理条例》的有关规定，与勘察设计单位、施工单位、工程监理单位签订合同，并明确项目法人、勘察设计单位、施工单位、工程监理单位质量终身责任制人及其所应负的责任。

(二)招标投标制

招标是商品经济高度发展的产物。商品经济的发展带来了大宗商品交易，交易市场的竞争便产生了招标采购方式。招标是最富有竞争性的采购方式。招标采购能给招标者带来最佳的经济利益。在世界市场经济体制下的国家和世界银行、亚洲开发银行、欧盟组织等国际组织的采购中，招标采购已成为一项事业，不断发展和完善，现在已经形成一套较成熟的可供借鉴的管理制度。

早在1984年11月20日，国家计划委员会、城乡建设环境保护部就颁发了《建设工程招标投标暂行规定》。1992年11月6日，建设部又以23号令发布了《工程建设施工招标投标管理办法》。各省、市、自治区及有关部门也相继出台了一系列适合本地区、本部门具体情况的招标投标管理规定和实施细则。水利部于1989年4月29日颁发了《水利工程施工招标投标工作的管理规定(试行)》。1995年4月21日，水利部根据近年来的具体情况对1989年颁布的试行规定进行修改和补充,制定并颁发了现行的《水利工程建设项目施工招标投标的管理规定》。根据国务院产业政策的有关规定,国家计委于 1997 年 8 月 18 日进一步颁布了《国家基本建设大中型项目实行招标投标的暂行规定》,明确规定了招标投标的范围包括:建设项目主体工程的设计、建筑安装、监理和主要设备、材料供应、工程总承包单位以及招标代理机构,除保密上有特殊要求或国务院另有规定外,必须通过招标确定。其中,设计招标可按行业特点和专业性质,采取不同阶段的招标。

招标投标制是市场经济体制下建设市场买卖双方的一种主要的竞争性交易方式。我国在工程建设领域推行招标投标制,是为了适应社会主义市场经济的需要,在建设领域引进竞争机制,形成公开、公正、公平和诚实信用的市场交易方式,择优选择承包单位,促使设计、施工、材料设备生产供应等企业不断提高技术和管理水平,以确保建设项目质量和建设工期,提高投资效益。

1999 年 8 月 30 日,《中华人民共和国招标投标法》经第九届全国人大常委会第十一次会议通过。该法的颁布实施对规范招标投标行为,保护国家利益、社会公共利益和招标投标活动当事人的合法权益,提高经济效益,保证项目质量,具有重要的意义。水利部相继颁发了《水利工程建设项目招标投标管理规定》、《水利工程建设项目监理招标投标管理办法》、《水利工程建设项目重要设备材料采购招标投标管理办法》等一系列文件。

(三)建设监理制

1988 年 7 月,城乡建设环境保护部颁发了《关于开展建设监理工作的通知》。水利部于 1990 年 11 月颁布了《水利工程建设监理规定(试行)》;1999 年 11 月颁布了《水利工程建设监理规定》(水利部水建管〔1999〕637 号);2006 年 12 月 18 日,又以第 28 号部长令,颁布了《水利工程建设监理规定》(2007 年 2 月 1 日起施行),它标志着我国水利工程建设管理体制的改革进入了一个崭新的阶段。建设监理制是我国建设项目组织管理的新模式。它是以专门从事工程建设管理服务的建设监理单位,受项目法人的委托,对工程建设实施的管理。我国的建设监理制度,是为了适应我国社会主义市场经济的发展,改革旧的建设项目管理体制,以提高建设管理水平和投资效益;结合我国国情,借鉴国际工程项目管理先进经验与模式,建立具有中国特色的一种新的建设项目管理制度。

目前,在水利水电建设中,招标投标制在施工与设备采购方面已全面推行,建设监理制也已经历了试点阶段而进入全面推行阶段;项目法人责任制已有良好的开端并迅速全面发展。实践证明,三项建设管理制度改革措施的实行,已经并必将进一步提高我国建设管理水平,促进我国水利水电建设事业的发展。

第三节　水利工程建设监理制度

一、建设监理的概念

建设监理是指具有相应资质的监理单位受工程建设项目法人的委托,依据国家有关工程建设的法律、法规,以及经建设主管部门批准的工程项目建设文件、建设工程监理合同和建设工程合同,对工程建设实施的专业化管理。

建设监理活动的实现,应当有明确的执行者,即监理组织;应当有明确的行为准则,它是监理的工作依据;应当有明确的被监理行为和被监理的行为主体,它是监理的对象;应当有明确的监理目标和行之有效的监理方法和手段。

二、建设监理的特点

(一)建设监理是针对工程建设所实施的监督管理活动

建设监理活动是围绕工程项目来进行的,其对象为新建、改建和扩建的各种工程项目。这里所说的工程项目实际上是指建设项目。建设监理是直接为建设项目提供管理服务的行业,监理单位是受项目法人委托为建设项目提供管理服务的主体。

(二)建设监理的行为主体是监理单位

建设监理的行为主体是监理单位。监理单位是具有独立法人资格,并依法取得建设监理单位资质证书,专门从事工程建设监理的社会中介组织。只有监理单位才能按照独立、自主的原则,以"公正的第三方"的身份开展工程建设监理活动。非监理单位所进行的监督管理活动一律不能称为工程建设监理。例如,政府有关部门所实施的监督管理活动就不属于工程建设监理范畴;项目法人进行的所谓"自行监理",以及不具备监理单位资格的其他单位所进行的所谓"监理"都不能纳入工程建设监理范畴。

(三)建设监理的被监理对象的特定性

建设监理的对象是与项目法人签订工程建设合同的设计、施工或设备材料生产供应单位。监理单位与设计、施工或设备材料生产供应单位的关系不是合同关系,他们之间不得签订任何合同或协议。他们二者之间的关系只是工程建设中监理和被监理的关系,项目法人通过与承包人签订工程建设合同确立了这种关系。建设工程合同中明确地赋予了监理单位监督管理的权力,监理单位依照国家和部门颁发的有关法律、法规、技术标准,以及批准的建设计划、设计文件,签订的工程建设合同等进行监理。承包人在执行施工承包合同的过程中,必须接受监理单位的合法监理,并为监理工作的开展提供合作与方便,随时接受监理单位的监督和管理。监理单位应按照项目法人所委托的权限,并在这个权限范围内检查承包人是否履行合同的义务,是否按合同规定的技术要求、质量要求、进度要求和费用要求进行施工建设。监理单位也要注意维护承包单位的合法利益,正确而公正地处理好款项支付、验收签证、索赔和工程变更等合同问题。

(四)建设监理的实施需要项目法人委托和授权

建设监理的产生源于市场经济条件下社会的需求,始于项目法人的委托和授权,而建设监理发展成为一项制度,是根据这样的客观实际作出如此规定的。通过项目法人委托和授权方式来实施工程建设监理是工程建设监理与政府对工程建设所进行的行政性监督管理的重要区别。这种方式也决定了在实施工程建设监理的项目中,项目法人与监理单位的关系是委托与被委托关系、授权与被授权的关系;决定了它们之间是合同关系,是需求与供给关系,是一种委托与服务的关系。这种委托和授权方式说明,在实施建设监理的过程中,监理单位的权力主要是由作为建设项目管理主体的项目法人通过授权而转移过来的。在工程项目建设过程中,项目法人始终以建设项目管理主体身份掌握着工程项目建设的决策权,并承担着主要风险。

(五)建设监理是有明确依据的工程建设行为

建设监理是严格地按照有关法律、法规和其他有关准则实施的。工程建设监理的依据是国家批准的工程项目建设文件、有关工程建设的法律和法规、建设监理合同和其他工程建设合同。例如,设计文件,工程建设方面的现行规范、标准、规程,由各级立法机关和政府部门颁发的有关法律和法规,依法成立的工程建设监理合同、工程勘察合同、工程设计合同、工程施工合同、材料和设备供应合同等。特别应当说明,各类工程建设合同、监理合同是工程建设监理的最直接依据。

(六)建设监理是微观性质的监督管理活动

建设监理是微观性质的监督管理活动,这一点与由政府进行的行政性监督管理活动有着明显的区别。建设监理活动是针对一个具体的工程项目展开的。项目法人委托监理的目的就是期望监理单位能够协助其实现项目投资目的。它是紧紧围绕着工程项目建设的各项投资活动和生产活动所进行的监督管理。它注重具体工程项目的实际效益。当然,根据建设监理制的宗旨,在开展这些活动的过程中应体现出维护社会公众利益和国家利益。

(七)建设监理与政府质量监督的区别

政府质量监督是政府的宏观执法监督行为,而建设监理是社会服务性的微观现场监督管理工作。概括起来,两者存在下列差别:

首先,从性质上看,政府质量监督机构是代表政府,从保障社会公共利益和国家法规执行的角度对工程质量进行第三方认证,其工作体现了政府对建设项目管理的职能。而社会监理单位则是受项目法人委托,从维护合同规定的建设意图、保证质量目标实现的角度对工程质量进行第三方控制,其工作体现了项目法人对建设项目管理的职能。此外,政府质量监督机构是执法机构,其工作具有强制性,任何行政管辖范围内的建设项目必须接受监督;而社会监理单位则是服务性机构,项目法人委托哪个监理单位从事监理、监理范围、监理内容、授权大小等都最终体现了项目法人的意图。

其次,从工作范围和深度方面看,政府质量监督机构的工作是工程质量的抽查和等级认定,因而其工作内容主要限于对设计、施工承包队伍的资质审查,开工条件审查,施工中对重要质量因素和关键部位进行控制,参与工程质量事故处理和竣工后工程质量等级的检验、认证。社会监理单位的工作范围,除保证质量目标的实现外,其工作要深入、具体得多,它包括:审查设计文件及设计变更,原材料、设备和构配件质量检测,施工半成品检验,隐蔽工程和工程阶段产品的质量与数量检验,签发付款凭证,组织质量安全事故分析处理及其责任判别,调解有关质量纠纷。因此,监理单位的工作方式,不能像政府质量监督机构那样以抽查为主,而必须不间断地跟踪监控。

再次,从工作依据看,政府质量监督机构主要是依据国家方针、政策、法律、法规、技术标准与规范、规程等开展监督工作的,而社会监理除依据上述法律、法规和规章外,更要具体地以设计文件和监理委托合同、工程承包合同为主要依据。

最后,从工作手段看,政府质量监督主要靠行政手段,这些手段包括:责令返工、警告、通报、罚款,甚至降低等级等。而建设监理有时也使用返工、停工等强制手段,但主要是依靠合同约束的经济手段,这些手段包括:拒绝进行质量、数量的签证,拒签付款凭证等。

三、建设监理的性质

建设监理与其他工程建设活动有着明显的区别和差异。这些区别和差异使得工程建设监理与工程建设活动之间划出了清楚的界限。也正是由于这个原因,建设监理在建设领域中成为独立的行业。

工程建设监理具有以下性质：

（一）服务性

建设监理既不同于承包人的直接生产活动，也不同于项目法人的直接投资活动。它既不是工程承包活动，也不是工程发包活动；它不需要投入大量资金、材料、设备、劳动力。监理单位既不向项目法人承包工程，也不参与承包单位的赢利分成；它既不需要拥有大量的机具、设备和劳务力量，一般也不必拥有雄厚的注册资金。它只是在工程项目建设过程中，利用自己在工程建设方面的专业技术知识、技能和经验为项目法人提供高智能的监督管理服务，以满足项目法人对项目管理的需要。它所获得的报酬也是技术服务性的报酬，是脑力劳动的报酬。工程建设监理是监理单位接受项目法人的委托而开展的技术服务性活动。因此，它的直接服务对象是项目法人。这种服务性的活动是按建设监理合同来进行的，是受法律约束和保护的。

（二）独立性

从事工程建设监理活动的监理单位是直接参与工程项目建设的当事人之一。在工程项目建设中，监理单位是独立的一方。我国的有关法规明确指出，监理单位应按照独立、自主的原则开展工程建设监理工作。因此，监理单位在履行监理合同义务和开展监理活动的过程中，要建立自己的组织，要确定自己的工作准则，要运用自己掌握的方法和手段，根据自己的判断，独立地开展工作。监理单位既要认真、勤奋、竭诚地为委托方服务，协助项目法人实现预定目标，也要按照公正、独立、自主的原则开展监理工作。

建设监理的独立性与监理单位是建设市场上的独立主体及其独立的行业性质分不开的。监理单位是具有独立性、社会化、专业化特点的单位。它们专门为项目法人提供专业化技术服务。它们所运用的思想、理论、方法、手段及开展工作的内容都与工程建设领域其他行业有所不同。同时，它在工程建设中的特殊地位，以及因此而构成的与其他建设行为主体之间的特殊关系，使它与设计、施工、材料和设备供应等行业有着明显的界限。因此，为了保证工程建设监理行业的独立性，从事这一行业的监理单位和监理工程师必须与某些行业或单位脱离人事上的依附关系及经济上的隶属或经营关系。

（三）公正性

监理单位和监理工程师在工程建设过程中，应当作为能够严格履行监理合同各项义务，竭诚地为客户服务的服务方，同时，应当成为公正的第三方。也就是在提供监理服务的过程中，监理单位和监理工程师应当排除各种干扰，以公正的态度对待委托方和被监理方，特别是当项目法人和被监理方发生利益冲突或矛盾时能够以事实为依据，以有关法律、法规和双方所签订的工程建设合同为准绳，站在第三方立场上公正地加以解决和处理，做到"公正地证明、决定或行使自己的处理权"。

公正性是监理行业的必然要求，它是社会公认的职业准则，也是监理单位和监理工程师的基本职业道德准则。因此，我国建设监理制把"公正"作为从事工程建设监理活动应当遵循的重要准则。

（四）科学性

建设监理的科学性是由其任务所决定的。监理单位必须具有发现和解决工程设计和承建单位所存在的技术与管理方面问题的能力,能够提供高水平的专业服务。而科学性必须以监理人员的高素质为前提,监理工程师都必须具有相当的学历,并有长期从事工程建设工作的丰富实践经验,精通技术与管理,通晓经济与法律。监理单位如果没有一定数量的专业人员,就不能正常开展业务。

四、建设监理的主要任务

参照国际惯例,结合我国实际,建设监理的主要内容是进行建设工程的合同管理,按照合同控制工程建设的投资、工期和质量,并协调建设各方的工作关系。采取组织管理、经济、技术、合同和信息管理措施,对建设过程及参与各方的行为进行监督、协调和控制。

(一)投资控制

建设监理投资控制的任务主要是在施工阶段,按照合同严格计量与支付管理,审查设计变更,进行工程进度款签证和控制索赔,在工程完工阶段审核工程结算。

投资控制并不是单一目标的控制,而是与质量控制和进度控制同时进行,它是针对整个项目目标系统所实施的控制活动的一个组成部分,在实施投资控制的同时需要兼顾质量和进度目标。

(二)进度控制

建设监理进度控制是指在实现建设项目总目标的过程中,为使工程建设的实际进度符合项目计划进度的要求,使项目按计划要求的时间推动而开展的有关监督管理活动。

进度控制首先要在建设前期通过周密分析研究确定合理的工期目标,并在施工前将工期要求纳入承包合同;在建设实施期通过运筹学、网络计划技术等科学手段,审查、修改施工组织设计和进度计划,并在计划实施中紧密跟踪,做好协调与监督,排除干扰,使单项工程及其分阶段目标工期逐步实现,最终保证项目建设总工期的实现。

(三)质量控制

建设监理质量控制是指实现工程建设项目总目标的过程中,为满足项目总体质量要求所开展的有关监督管理活动。

质量控制的主要任务是在施工前通过审查承包人组织机构与人员,检查建筑物所用材料、构配件、设备质量和审查施工组织设计等实施质量预控;在施工中通过重要技术复核、工序操作检查、隐蔽工程验收和工序成果检查,认证和监督标准、规范的贯彻;通过阶段验收和完工验收把好质量关,等等。

(四)合同管理

合同管理是进行投资控制、工期控制和质量控制的手段。合同是监理单位站在公正立场采取各种控制、协调与监督措施,履行纠纷调解职责的依据,也是实施三大目标控制的出发点和归宿。

(五)信息管理

信息管理是建设项目监理的重要手段。只有及时、准确地掌握项目建设中的信息,严格、有序地管理各种文件、图纸、记录、指令、报告和有关技术资料,完善信息资料的接收、签发、归档和查询程序和制度,才能使信息及时、完整、准确和可靠地为建设监理提供工作依据,以便及时采取措施,有效地实现合同目标,完成监理任务。

（六）组织协调

在工程项目实施过程中,存在着大量组织协调工作,项目法人和承包单位之间由于各自的经济利益和对问题的不同理解,经常会产生各种矛盾;在项目建设过程中,多部门、多单位以不同的方式为项目建设服务,他们难以避免地会发生各种冲突。因此,监理单位要及时、公正、合理地做好协调工作,这是项目顺利进行的重要保证。

五、建设监理的主要依据

建设监理的主要依据可以概括为以下四个方面的内容:

（1）有关工程建设的法律、法规、规章和强制性条文。

（2）技术规范、技术标准,主要包括国家有关部门颁发的设计规范、技术标准、质量标准及各种施工规范、施工操作规程等。

（3）政府建设主管部门批准的建设文件、设计文件。

（4）依法签订的合同,主要包括工程设计合同、工程施工承包合同、物资采购合同及监理合同等。

六、建设监理的主要工作方法

（一）现场记录

监理机构认真、完整地记录每日施工现场的人员、设备和材料、天气、施工环境及施工中出现的各种情况。

（二）发布文件

监理机构采用通知、指示、批复、签认等文件形式进行施工全过程的控制和管理。它是施工现场监督管理的重要手段,也是处理合同问题的重要依据,如开工通知、质量不合格通知、变更通知、暂停施工通知、复工通知和整改通知等。

（三）旁站监理

监理机构按照监理合同约定,在施工现场对工程项目重要部位和关键工序的施工实施连续性的全过程检查、监督与管理。需要旁站监理的重要部位和关键工序一般应在监理合同中明确规定。

（四）巡视检验

监理机构在实施监理过程中,为了全面掌握工程的进度、质量等情况,应当采取定期和不定期的巡视监察和检验。

（五）跟踪检测

在承包人进行试样检测前,监理机构对其检测人员、仪器设备及拟订的检测程序和方法进行审核;在承包人对试样进行检测时,实施全过程的监督,确认其程序、方法的有效性及检测结果的可信性,并对该结果确认。

（六）平行检测

监理机构在承包人对试样自行检测的同时,独立抽样进行的检测,核验承包人的检测结果。

（七）协调解决

监理机构对参加工程建设各方之间的关系及工程施工过程中出现的问题和争议进行的调解。

七、建设监理的主要工作制度

（一）技术文件审核、审批制度

根据施工合同约定，由双方提交的施工图纸、施工组织设计、施工措施计划、施工进度计划、开工申请等文件均应通过监理机构核查、审核或审批方可实施。

（二）原材料、构配件和工程设备检验制度

进场的原材料、构配件和工程设备应有出厂合格证明和技术说明书，经承包人自检合格后，方可报监理机构检验。不合格的材料、构配件和工程设备应按监理指示在规定时限内运离工地或进行相应处理。

（三）工程质量检验制度

承包人每完成一道工序或一个单元工程，都应经过自检，合格后方可报监理机构进行复核检验。上道工序或上一单元工程未经复核检验或复核检验不合格的，不得进行下道工序或下一单元工程施工。

（四）工程计量付款签证制度

所有申请付款的工程量均应进行计量并经监理机构确认，未经监理机构签证的付款申请，发包人不应支付。

（五）会议制度

监理机构应建立会议制度，包括第一次工地会议、监理例会和监理专题会议。会议由总监理工程师或由其授权的监理工程师主持。工程建设有关各方应派员参加，各次会议应符合下列要求：

1. 第一次工地会议

第一次工地会议应在合同项目开工令下达前举行，会议内容应包括：工程开工准备检查情况；介绍各方负责人及其授权代理人和授权内容；沟通相关信息；进行监理工作交底。会议的具体内容可由有关各方会前约定。会议由总监理工程师或总监理工程师与发包人的负责人联合主持召开。

2. 监理例会

监理机构应定期主持召开由参建各方负责人参加的会议，会上应通报工程进展情况，检查上次监理例会中有关决定的执行情况，分析当前存在的问题，提出问题的解决方案或建议，明确会后应完成的任务。会议应形成会议纪要。

3. 监理专题会议

监理机构应根据需要，主持召开监理专题会议，研究解决施工中出现的涉及施工质量、施工方案、施工进度、工程变更、索赔、争议等方面的专门问题。

总监理工程师应组织编写由监理机构主持召开的会议纪要，并分发与会各方。

（六）施工现场紧急情况报告制度

监理机构应针对施工现场可能出现的紧急情况编制处理程序、处理措施等文件。当发生

紧急情况时,应立即向发包人报告,并指示承包人立即采取有效紧急措施进行处理。

（七）工作报告制度

监理机构应及时向发包人提交监理月报或监理专题报告;在工程验收时提交监理工作报告;在监理工作结束后,提交监理工作总结报告。

（八）工程验收制度

在承包人提交验收申请后,监理机构应对其是否具备验收条件进行审核,并根据有关水利工程验收规程或合同约定,参与、组织或协助发包人组织工程验收。

复习思考题

1. 什么叫项目？项目具有哪些特征？
2. 建设项目有哪些特殊性？
3. 水利工程建设程序包括哪些内容？
4. 施工准备包括哪些工作？
5. 主体工作开工必须具备哪些条件？
6. 建设项目管理有哪些基本职能？建设项目管理有哪些管理体制？
7. 项目法人有哪些主要职责？
8. 什么是建设监理？建设监理有哪些特点？
9. 建设监理有哪些性质和主要任务？
10. 建设监理有哪些主要依据和工作方法？

第二章　水利工程建设监理机构

第一节　水利工程建设监理单位

一、监理单位的概念

监理单位是指取得监理资格等级证书、具有法人资格从事工程建设监理的单位。监理单位必须具有自己的名称、组织机构和场所,有与承担监理业务相适应的经济、法律、技术及管理人员,完善的组织章程和管理制度,并应具有一定数量的资金和设施。符合条件的单位经申请取得监理资格等级证书,并经工商注册取得营业执照后,才可承担监理业务。

水利工程建设监理单位是指依法取得水利工程建设监理单位资质等级证书,并经工商注册取得营业执照,且从事水利工程建设监理业务的单位。按照水利部《水利工程建设监理单位资质管理办法》的规定,水利工程建设监理单位必须由水利部进行资质审查,符合条件者由水利部颁发水利工程建设监理单位资质等级证书。监理单位应当在其资质等级许可的范围内承揽工程建设监理业务。

二、监理单位在建设市场上的地位

（一）项目法人与监理单位的关系

1. 项目法人与监理单位之间法律地位平等

这种平等的关系主要体现它们在经济社会中的地位和工作关系两个方面中。

(1) 双方都是市场经济条件下建设市场中独立的法人。

不同行业的法人,只有经营的性质不同、业务范围不同,而没有主仆之别。即使是同一行业,各个独立的企业法人之间也只有大小之别、经营种类的不同,不存在从属关系。

(2) 双方都是建设市场中的主体,是为工程建设而走到一起的。

项目法人为了更好地搞好自己担负的工程项目建设,而委托监理单位替自己负责一些具体的事项。项目法人与监理单位之间是一种委托与被委托的关系。项目法人可以委托一个监理单位,也可以委托几个监理单位。同样,监理单位可以接受委托,也可以不接受委托。委托与被委托的关系建立后,双方只是按照约定的条款,各尽各的义务,各行使各自的权利,各取得各自应得到的利益。所以说,二者在工作关系上仅维系在委托与被委托的水准上。监理单位仅按照委托的要求开展工作,对项目法人负责,并不受项目法人的领导。项目法人对监理单位的人力、财力、物力等方面没有任何支配权、管理权,如果二者之间的委托与被委托关系不成立,那么,就不存在任何联系。

2. 项目法人与监理单位之间是一种委托与被委托、授权与被授权的关系

监理单位接受委托之后,项目法人就把一部分工程项目建设的管理权力授予监理单位,诸如工程建设的组织协调工作的主持权、施工质量及建筑材料与设备质量的确认权与否决权、工程量与工程价款支付的确认权与否决权、工程建设进度和建设工期的确认权与否决权、围绕工程项目建设的各种建议权等。项目法人往往留有工程建设规模和建设标准的决定权、对承建商的选定权、与承建商订立合同的签认权及工程竣工后或分阶段的验收权等。监理单位根据项目法人的授权开展工作，在工程建设的具体实践活动中居于相当重要的地位，但是，监理单位既不能以项目法人的名义开展监理活动，也不能让项目法人对自己的监理行为承担任何民事责任。显然，监理单位不是项目法人的代理人。

3. 项目法人与监理单位之间是合同关系

项目法人与监理单位之间的委托与被委托关系确立后，双方订立建设监理合同，监理合同一经双方签订，这就意味着双方的权利、义务和职责都体现在签订的监理合同中。众所周知，项目法人、监理单位、承包人是建设市场中的三大行为主体。项目法人发包工程建设业务，承包人承接工程建设业务。在这项交易活动中，项目法人向承包人购买建设产品，又要维护承包人的合法权益，而且也表明，监理单位在建筑市场的交易活动中处于建筑商品买卖双方之间，起着维系公平交易、等价交换的制衡作用。因此，不能把监理单位单纯地看成是项目法人利益的代表。

应当强调的是：① 项目法人与监理单位之间的委托与被委托关系是主体地位完全平等的合同关系。项目法人不得对监理单位随时随地指派委托合同规定以外的工作任务。如果业主在委托合同规定的任务外还需委托其他工作任务，则必须按监理合同之规定进行，或与监理单位协商，补充或修订委托合同条款，或另外签订委托合同。② 虽然监理单位是受项目法人委托开展监理工作的，但在工作中，应独立、公正地处理项目法人与所监理单位的利益，不得偏袒项目法人利益而损害被监理单位利益。

（二）监理单位与承包人的关系

这里所说的承包人，不单是指施工企业，而是包括承接工程勘察的勘察单位、承接工程设计业务的设计单位、承接工程施工的施工单位，以及承接工程设备、工程构件和配件的加工制造单位在内的大概念，也就是说，凡是承接工程建设业务的单位，相对于项目法人来说，都称为承包人。

监理单位与承包人之间没有订立经济合同，但是，由于同处于建筑市场之中，所以，二者之间也有着多种紧密的关系。

1. 监理单位与承包人之间法律地位平等

如前所述，承包人也是建设市场的主体之一。没有承包人，也就没有建设产品。像项目法人一样，承包人是建设市场的重要主体，这并不等于他应当凌驾于其他主体之上。既然都是建设市场的主体，那么，这些主体就应该是平等的。这种平等的关系主要体现在都是为了完成工程建设任务而承担一定的责任。无论是监理单位，还是承包人都是在工程建设的法规、规章、规范、标准等条款的制约下开展工作的。二者之间不存在领导与被领导的关系。

2. 监理单位与承包人之间是监理与被监理的关系

虽然监理单位与承包人之间没有合同关系，但是，监理单位与项目法人签订有承包合同。监理单位依据项目法人的授权，就有了监督管理承包人履行工程承包合同的权利。承包人不再与项目法人直接交往，而转向与监理单位直接联系，并接受监理单位对自己进行工程建设活动的监督管理。

三、监理单位经营活动的准则

监理单位从事工程建设监理活动,应当遵循"守法、诚信、公正、科学"的准则。

(一)守法

守法,这是任何一个具有民事行为能力的单位或个人最基本的行为准则,对于监理单位来说,守法,就是要依法经营。

(二)诚信

讲诚信是做人的基本品德,也是考核企业信誉的核心内容。监理单位应坚守诚信原则向项目法人提供技术咨询服务。每个监理单位,甚至每一个监理人员能否做到诚信,都会对监理经营活动造成一定的影响,尤其对监理单位、对监理人员自己的声誉带来很大影响。所以说,诚信是监理单位经营活动基本准则的重要内容之一。

(三)公正

所谓公正,主要是指监理单位在处理项目法人与承包人之间的矛盾和纠纷时,要做到"一碗水端平":是谁的责任,就由谁承担;该维护谁的权益,就维护谁的权益。决不能因为监理单位受项目法人的委托,就偏袒项目法人。一般来说,监理单位维护项目法人的合法权益容易做到,而维护承包人的利益比较难。监理单位要做到公正,必须要做到以下几点:

(1)培养良好的职业道德,不为私利而违心地处理问题;

(2)坚持实事求是的原则,不唯上级或项目法人的意见是从;

(3)提高综合分析问题的能力,不为局部问题或表面现象而模糊自己的视听;

(4)不断提高自己的专业技术能力,尤其是要尽快提高综合理解、熟练运用工程建设有关合同条款的能力,以便以合同条款为依据,恰当地协调、处理问题。

(四)科学

所谓科学,是指监理单位的监理活动要依据科学的方案,要运用科学的手段,要采取科学的方法,工程项目监理结束后,还要进行科学的总结。总之,监理工作的核心之一是"预控",必须要有科学的思想、科学的方法。凡是处理业务要有可靠依据和凭证;判断问题,要用数据说话。监理机构实施监理要制定科学的计划,要采用科学的手段和科学的方法。只有这样,才能提供高智能的、科学的服务,才能符合建设监理事业发展的规律。

四、监理单位的资质等级及其标准

(一)监理单位资质的概念

监理单位的资质主要体现在监理能力和监理效果上。所谓监理能力,是指所能监理的建设项目的类别和等级。所谓监理效果,是指对建设项目实施监理后,在工程投资控制、工程进度控制、工程质量控制等方面所取得的成果。监理单位的监理能力和监理效果主要取决于监理人员的素质、专业配套能力、技术装备、监理经历及管理水平等。

(二)水利工程建设监理单位资质专业和等级

水利工程建设监理单位资质按水利工程施工监理、水土保持工程施工监理、机电及金属结构设备制造监理和水利工程建设环境保护监理四个专业划分。其中,水利工程施工监理专业资质和水土保持工程施工监理专业资质分为甲级、乙级和丙级等三个等级,机电及金属结构设备制造监理专业资质分为甲级、乙级等两个等级,水利工程建设环境保护监理专业资质暂不分级。

(三)水利工程建设监理单位资质等级标准

根据《水利工程建设监理单位管理办法》及《水利部关于修改〈水利工程建设监理单位资质管理办法〉的决定》的规定,水利工程建设监理单位的资质等级标准如下:

1. 甲级监理单位

(1)具有健全的组织机构、完善的组织章程和管理制度。技术负责人具有高级专业技术职称,并取得总监理工程师岗位证书。

(2)专业技术人员。监理工程师及其中具有高级专业技术职称的人员、总监理工程师,均不少于表 2-1 规定的人数。水利工程造价工程师不少于 3 人。

表 2-1　各专业资质等级配备监理工程师一览表

监理单位资质等级	水利工程施工监理			水土保持工程施工监理			机电及金属结构设备制造监理			水利工程建设环境保持监理		
	监理工程师	其中高级职称人员	其中总监理工程师	监理工程师	其中高级职称人员	其中总监理工程师	监理工程师	其中高级职称人员	其中总监理工程师	监理工程师	其中高级职称人员	其中总监理工程师
甲级	40	8	7	25	5	4	25	5	4	—	—	—
乙级	25	5	3	15	3	2	12	3	2	—	—	—
丙级	10	3	1	10	3	—	—	—	—	—	—	—
不定级	—	—	—	—	—	—	—	—	—	10	3	1

注:(1)监理工程师的监理专业必须为各专业资质要求的相关专业。

(2)具有两个以上不同类别监理专业的监理工程师,监理单位申请不同专业资质等级时可分别计算人数。

(3)具有 5 年以上水利工程建设监理经历,且近 3 年监理业绩分别为:

① 申请甲级水利工程施工监理专业资质的,应当承担过(含正在承担,下同)1 项Ⅱ等水利枢纽工程,或者 2 项Ⅱ等(堤防 2 级)其他水利工程的施工监理业务;该专业资质许可的监理范围内的近 3 年累计合同额不少于 600 万元。

承担过水利枢纽工程中的挡、泄、导流、发电工程之一的,可视为承担过水利枢纽工程。

② 申请甲级水土保持工程施工监理专业资质的,应当承担过 2 项Ⅱ等水土保持工程的施工监理业务;该专业资质许可的监理范围内的近 3 年累计合同额不少于 350 万元。

③ 申请甲级机电及金属结构设备制造监理专业资质的,应当承担过 4 项中型机电及金属结构设备制造监理业务;该专业资质许可的监理范围内的近 3 年累计合同额不少于 300 万元。

(4)能运用先进技术和科学管理方法完成建设监理任务。

(5)注册资金不少于 200 万元。

2. 乙级监理单位

(1)具有健全的组织机构、完善的组织章程和管理制度。技术负责人具有高级专业技术职称,并取得总监理工程师岗位证书。

（2）专业技术人员。监理工程师及其中具有高级专业技术职称的人员、总监理工程师均不少于表 2-1 规定的人数。水利工程造价工程师不少于 2 人。

（3）具有 3 年以上水利工程建设监理经历，且近 3 年监理业绩分别为：

① 申请乙级水利工程施工监理专业资质的，应当承担过 3 项Ⅲ等（堤防 3 级）水利工程的施工监理业务；该专业资质许可的监理范围内的近 3 年累计合同额不少 400 万元。

② 申请乙级水土保持工程施工监理专业资质的，应当承担过 4 项Ⅲ等水土保持工程的施工监理任务；该专业资质许可的监理范围内的近 3 年累计合同额不少于 200 万元。

（4）能运用先进技术和科学管理方法完成建设监理任务。

（5）注册资金不少于 100 万元。

首次申请机电及金属结构设备制造监理专业乙级资质的，只需要满足第（1）、（2）、（3）、（4）、（5）项；申请重新认定、延续或者核定机电及金属结构设备制造监理专业乙级资质的，还需该专业资质许可的监理范围内的近 3 年年均监理合同额不少于 30 万元。

3．丙级和不定级监理单位

（1）具有健全的组织机构、完善的组织章程和管理制度。技术负责人具有高级专业技术职称，并取得总监理工程师岗位证书。

（2）专业技术人员。监理工程师及其中具有高级专业技术职称的人员、总监理工程师均不少于表 2-1 规定的人数。水利工程造价工程师不少于 1 人。

（3）能运用先进技术和科学管理方法完成建设监理任务。

（4）注册资金不少于 50 万元。

申请重新认定、延续或者核定丙级（或不定级）监理单位资质的，还需专业资质许可的监理范围内的近 3 年年均监理合同额不少于 30 万元。

（四）水利工程建设监理单位业务范围

监理单位只能在核定的业务范围内开展经营活动。这里所说的核定的业务范围，是指监理单位资质证书中填写的、经建设监理资质管理部门审查确认的经营业务范围。核定的业务范围有两层内容：一是监理业务的性质；二是监理业务的等级。监理业务的性质是指可以监理什么专业的工程。例如，以水工建筑、测量、地质等专业人员为主组成的水利工程建设监理单位，只能从事水利工程施工监理，而不能从事水土保持工程施工监理。另外，要按照核定的监理资质等级承接监理业务。

水利工程建设监理单位各专业资质等级可以承担的业务范围如下：

1．水利工程施工监理专业资质

甲级可以承担各等级水利工程的施工监理业务。

乙级可以承担Ⅱ等（堤防 2 级）以下各等级水利工程的施工监理业务。

丙级可以承担Ⅲ等（堤防 3 级）以下各等级水利工程的施工监理业务。

适用《水利工程建设监理单位资质管理办法》的水利工程等级划分标准按照《水利水电工程等级划分及洪水标准》（SL 252—2000）执行。

2．水土保持工程施工监理专业资质

甲级可以承担各等级水土保持工程的施工监理业务。

乙级可以承担Ⅱ等以下各等级水土保持工程的施下监理业务。

丙级可以承担Ⅲ等水土保持工程的施工监理业务。

同时具备水利工程施工监理专业资质和乙级以上水土保持工程施工监理专业资质的,方可承担淤地坝中的骨干坝施工监理业务。

3.机电及金属结构设备制造监理专业资质

甲级可以承担水利工程中的各类型机电及金属结构设备制造监理业务。

乙级可以承担水利工程中的中、小型机电及金属结构设备制造监理业务。

4.水利工程建设环境保护监理专业资质

具有该资质的单位可以承担各类各等级水利工程建设环境保护监理业务。

五、监理单位监理业务实施与违规处罚

(一)监理业务实施

水利建设监理单位应严格遵守法律法规的规定,在实施监理业务时应遵守以下规定:

(1)监理单位应当聘用具有相应资格的监理人员从事水利工程建设监理业务。

监理人员包括总监理工程师、监理工程师和监理员。监理人员资格应当按照行业自律管理的规定取得。

监理工程师应当由其聘用监理单位(以下简称注册监理单位)报水利部注册备案,并在其注册监理单位从事监理业务;需要临时到其他监理单位从事监理业务的,应当由该监理单位与注册监理单位签订协议,明确监理责任等有关事宜。

监理人员应保守执(从)业秘密,并不得同时在两个以上水利工程项目从事监理业务,不得与被监理单位以及建筑材料、建筑构配件和设备供应单位发生经济利益关系。

(2)监理单位应当按下列程序实施建设监理。

① 按照监理合同,选派满足监理工作要求的总监理工程师、监理工程师和监理员组建项目监理机构,进驻现场;

② 编制监理规划,明确项目监理机构的工作范围、内容、目标和依据,确定监理工作制度、程序、方法和措施,并报项目法人备案;

③ 按照工程建设进度计划,分专业编制工程实施细则;

④ 按照监理规划和监理实施细则开展监理工作,编制并提交监理报告;

⑤ 监理业务完成后,按照监理合同向项目法人提交监理工作报告、移交档案资料。

(3)水利工程建设监理实行总监理工程师负责制。

总监理工程师负责全面履行监理合同约定的监理单位职责,发布有关指令,签署监理文件,协调有关各方面的关系。

监理工程师在总监理工程师授权范围内开展监理工作,具体负责所承担的监理工作,并对总监理工程师负责。

监理员在监理工程师或者总监理工程师授权范围内从事监理辅助工作。

(4)监理单位应当将项目监理机构及其人员名单、监理工程师和监理员的授权范围书面通知被监理单位。监理实施期间监理人员有变化的,应当及时通知被监理单位。

(5)监理单位应当按照监理合同,组织设计单位等进行现场设计交底,核查并签发施工图。未经总监理工程师签字的施工图不得用于施工。监理单位不得修改工程设计文件。

（6）监理单位应当按照监理规范的要求，采取旁站、巡视、跟踪检测和平行检测等方式实施监理，发现问题应当及时纠正、报告。

监理单位不得与项目法人或者被监理单位串通，弄虚作假、降低工程或者设备质量。

监理人员不得将质量检测或者检验不合格的建设工程、建筑材料、建筑构配件和设备按照合格签字。

未经监理工程师签字，建筑材料、建筑构配件和设备不得在工程上使用或者安装，不得进行下一道工序的施工。

（7）监理单位应当协助项目法人编制控制性总进度计划，审查被监理单位编制的施工组织设计和进度计划，并督促被监理单位实施。

（8）监理单位应当协助项目法人编制付款计划，审查被监理单位提交的资金流计划，按照合同约定核定工程量，签发付款凭证。

未经总监理工程师签字，项目法人不得支付工程款。

（9）监理单位应当审查被监理单位提出的安全技术措施、专项施工方案和环境保护措施是否符合工程建设强制性标准和环境保护要求，并监督实施。

监理单位在实施监理过程中，发现存在安全事故隐患的，应当要求被监理单位整改；情况严重的，应当要求被监理单位暂时停止施工，并及时报告项目法人。被监理单位拒不整改或者不停止施工的，监理单位应当及时向有关水行政主管部门或者流域监理机构报告。

工程监理单位不得转让工程监理业务。

（10）工程监理单位与被监理工程的施工承包单位以及建筑材料、建筑构配件和设备供应单位有隶属关系或者其他利害关系的，不得承担该项建设工程的监理业务。这里的隶属关系是指监理单位与被监理单位有行政上的上下级关系。其他利害关系是指监理单位与被监理单位之间存在可能直接影响监理单位工作公正性的非常明显的经济或者其他利害关系，如参股关系、联营关系等。

（二）对监理单位违规行为的处罚

（1）水利工程建设监理单位有下列行为之一的，依照《建设工程质量管理条例》给予处罚：

① 超越本单位资质等级许可的业务范围承揽监理业务的（处罚：责令停止违法行为，对工程监理单位处合同约定的监理酬金1倍以上2倍以下的罚款）。

② 未取得相应资质等级证书承揽监理业务的（处罚：予以取缔，对工程监理单位处合同约定的监理酬金1倍以上2倍以下的罚款；有违法所得的予以没收）。

③ 以欺骗手段取得的资质等级证书承揽监理业务的（处罚：吊销资质证书，对工程监理单位处合同约定的监理酬金1倍以上2倍以下的罚款；有违法所得的，予以没收）。

④ 允许其他单位或者个人以本单位名义承揽监理业务的（处罚：责令改正，没收违法所得，对工程监理单位处合同约定的监理酬金1倍以上2倍以下的罚款）。

⑤ 转让监理业务的（处罚：责令改正，没收违法所得，处合同约定的监理酬金25%以上50%以下的罚款；可以责令停业整顿，降低资质等级；情况严重的吊销资质证书）。

⑥ 与项目法人或者被监理单位串通，弄虚作假、降低工程质量的（处罚：责令改正，处50万元以上100万元以下的罚款，降低资质等级或吊销资质证书，有违法所得的，予以没收；造成损失的，承担连带赔偿责任）。

⑦ 将不合格的建设工程、建筑材料、建筑构配件和设备按照合格签字的（处罚：责令改正，

处 50 万元以上 100 万元以下的罚款,降低资质等级或吊销资质证书,有违法所得的,予以没收;造成损失的,承担连带赔偿责任)。

⑧ 与被监理单位以及建筑材料、建筑构配件和设备供应单位有隶属关系或者其他利害关系而又承担该项工程建设监理业务的(处罚:责令改正,处 5 万元以上 10 万元以下的罚款,降低资质等级或吊销资格证书,有违法所得的,予以没收)。

(2) 水利工程建设监理单位以串通、欺诈、胁迫、贿赂等不正当竞争手段承揽监理业务的或者利用工作便利与项目法人、被监理单位以及建筑材料、建筑构配件和设备供应单位串通,谋取不正当利益的,依照《水利工程建设监理规定》第二十八条规定给予处罚:责令改正,给予警告;无违法所得,处 1 万元以下罚款,有违法所得的,予以追缴,处违法所得 3 倍以下且不超过 3 万元罚款;情节严重的,降低资质等级;构成犯罪的,依法追究有关责任人员的刑事责任。

(3) 水利工程建设监理单位有下列行为之一的,依照《建设工程安全生产管理条例》给予处罚:

① 未对施工组织设计中的安全技术措施或者专项施工方案进行审查的;

② 发现安全事故隐患未及时要求施工单位整改或者暂时停止施工的;

③ 施工单位拒不整改或者不停止施工,未及时向有关水行政主管部门或者流域管理机构报告的;

④ 未依照法律、法规和工程建设强制性标准实施监理的。

处罚:责令限期改正;逾期未改正的,责令停业整顿,并处 10 万元以上 30 万元以下的罚款;情节严重的,降低资质等级,直至吊销资质证书;造成重大安全事故,构成犯罪的,对直接责任人员,依照刑法有关规定追究刑事责任;造成损失的,依法承担赔偿责任。

(4) 水利工程建设监理单位聘用无相应监理人员资格的人员从事监理业务的或者隐瞒有关情况、拒绝提供材料或者提供虚假材料的,依照《水利工程建设监理规定》第三十条规定给予处罚:责令改正并予以警告,情节严重的,降低资质等级。

(5)《建设工程质量管理条例》第七十四条规定:监理单位违反国家规定,降低工程质量标准,造成重大安全事故,构成犯罪的,对直接责任人员依法追究刑事责任。

第二节 水利工程建设监理人员

一、监理人员的概念

水利建设监理人员包括总监理工程师、监理工程师、监理员。总监理工程师实行岗位资格建立制度,监理工程师实行执业资格管理制度,监理员实行从业资格管理制度。

监理员是指经过建设监理培训合格,经中国水利工程协会审核批准取得水利工程建设监理员资格证书,且从事建设监理业务的人员。监理员在监理机构中主要承担辅助、协助工作。

监理工程师是指经全国水利工程建设监理工程师资格统一考试合格,经批准获得水利工程建设监理工程师资格证书,并经注册机关注册取得水利工程建设监理工程师注册证书的,且从事建设监理业务的人员。监理工程师系岗位职务,并非国家现有专业技术职称的一个类别,而是指工程建设监理的执业资格。监理工程师的这一特点,决定了监理工程师并非终身职务。只有具备资格并经注册上岗,从事监理业务的人员,才能成为监理工程师。

　　总监理工程师是指具有水利工程建设监理工程师注册证书并经总监理工程师培训班培训合格,取得水利工程建设监理总监理工程师岗位证书,且在总监理工程师岗位上从事建设监理业务的人员。水利工程建设监理实行总监理工程师负责制。

　　总监理工程师是项目监理机构履行监理合同的总负责人,行使合同赋予监理单位的全部职责,全面负责项目监理工作。项目总监理工程师对监理单位负责;副总监理工程师对总监理工程师负责;部门监理工程师或专业监理工程师对副总监理工程师或总监理工程师负责。监理员对监理工程师负责,协助监理工程师开展监理工作。

　　监理员、监理工程师的监理专业分为水利工程施工、水土保持工程施工、机电及金属结构设备制造、水利工程建设环境保护等四类。其中,水利工程施工类设水工建筑、机电设备安装、金属结构设备安装、地质勘察、工程测量5个专业,水土保持工程施工类设水土保持1个专业,机电及金属结构设备制造类设机电设备制造、金属结构设备制造2个专业,水利工程建设环境保护类1个专业。

　　总监理工程师不分类别、专业。

二、监理人员的基本素质要求

　　监理员应具有初级专业技术任职资格,掌握一定的水利工程建设专业技术知识,包括水工建筑、测量、地质、检验、机电等专业知识,并经过建设监理基本知识的专门培训。

　　监理工程师应当具有较高的理论水平、专业技术水平、足够的管理和经济方面知识,熟悉法律、法规,并具有丰富的工程实践经验和能力。

　　总监理工程师是监理单位派往项目执行组织机构的全面负责人。在国外,有的监理委托合同是以总监理工程师个人的名义与业主签订的。建设项目的总监理工程师在专业技术、管理水平、领导艺术和组织协调及开会艺术诸方面,要有较高的造诣,要具备高智能、高素质,只有这样才能够有效地领导监理工程师及其工作人员顺利地完成建设项目的监理业务。

三、监理人员的职业道德和纪律

　　对一名监理人员来说,除了具备比较广泛的知识和丰富的工程实践经验外,还必须具备高尚的职业道德。

　　(1)热爱本职工作,忠于职守,认真负责,具有对工程建设项目的高度责任感,遵纪守法,遵守监理职业道德。

　　(2)维护国家利益和建设各方的合法利益,按照"守法、诚信、公正、科学"的准则执业。

　　(3)模范地自觉遵守国家、地方和水利建设行业的法律、法规、政策和技术规程、规范、标准,并监督承包方执行。

　　(4)严格履行工程建设监理合同规定的职责和义务。

　　(5)未经注册,不得以监理工程师的名义从事水利工程建设监理业务;不得同时在两个或两个以上监理单位注册和从事监理活动。

　　(6)不得出卖、出借、转让、涂改或以不正当手段取得水利工程建设监理工程师资格证书或水利工程建设监理工程师岗位证书。

　　(7)不得以个人名义承揽监理业务。

　　(8)努力钻研业务,熟悉工程建设合同文件、设计文件,熟悉技术规程、规范和质量检验标准,熟悉施工环境,熟悉监理规划、监理实施细则,应用科学技能,认真履行监理的职责和权力。

（9）廉洁奉公,不得接受任何回扣、提成或其他间接报酬。

（10）不得在政府机构或具有行政职能的事业单位任职。

（11）不得经营或参与经营承包施工、设备、材料采购或经营销售等有关活动,也不得在施工单位、材料供应单位任职或兼职。

（12）坚持公正性,公平合理地处理项目法人和承包方之间的利益关系。

（13）对项目法人和承包方的技术机密和其他商业秘密,应严守机密,维护合同当事人的权益。

（14）实事求是。不得隐瞒现场真实情况,不得以谎欺骗项目法人、承包方或其他监理人员,不得污蔑、诽谤他人,借以抬高自己的地位。

（15）坚守岗位,勤奋工作。需请假、出差、离岗时,应按规定办理手续,并在安排好工作交接后方可离岗。

（16）勇于自我批评。当发现处理问题有错误时,应主动及时承认错误,予以纠正。

（17）不得与承包方勾结,出现瞒报、虚报和偷工减料、以次充好等行为。

（18）努力学习专业技术知识和监理知识,不断提高业务能力和水平。

四、监理人员的资格管理

监理人员资格管理工作的内容包括监理人员资格考试、考核、审批、培训和监督检查等。

中国水利工程协会负责全国水利工程建设监理人员资格管理工作:负责全国总监理工程师资格审批;负责全国监理工程师资格审批;归口管理全国监理员资格审批,负责水利部直属单位的监理员资格审批工作。

流域管理机构指定的行业自律组织或中介机构受中国水利工程协会委托,负责本流域管理机构所属单位的监理员资格审批工作。

省级水行政主管部门指定的行业自律组织或中介机构受中国水利工程协会委托,负责本行政区域内的监理员资格审批工作。

五、对违规监理人员的处罚

（一）《水利工程建设监理人员资格管理办法》对监理人员资格处罚的有关规定

（1）申请监理人员资格时,隐瞒有关情况或者提供虚假材料申请资格的,不予受理或者不予认定,并予警告,且1年内不得重新申请。

（2）以欺骗、贿赂等不正当手段取得监理人员资格证书的,吊销相应的资格（岗位）证书,3年内不得重新申请。

（3）监理人员涂改、倒卖、出租、出借、伪造资格（岗位）证书的,吊销相应的资格（岗位）证书。

（4）监理人员从事工程建设监理活动中,有下列行为之一的,情节严重的,吊销相应的资格证书:

① 利用执（从）业上的便利,索取或收受项目法人、被监理单位以及建筑材料、建筑构配件和设备供应单位财物的。

② 与被监理单位以及建筑材料、建筑构配件和设备供应单位串通,谋取不正当利益或损

害他人利益的。

③ 将质量不合格的建设工程、建筑材料、建筑构配件和设备按照合格签字的。

④ 泄露执(从)业中应当保守的秘密的。

⑤ 从事工程建设监理活动中,不履行监理职责,造成重大损失的。

监理工程师从事工程建设监理活动,因违规被水行政主管部门处以吊销注册证书的,吊销相应的资格证书。

(5) 监理人员因过错造成质量事故的,责令停止执(从)业1年;造成重大质量事故的,吊销相应的资格证书,5年内不得重新申请;情节特别恶劣的,终身不得申请。

(6) 监理人员未执行法律、法规和工程建设强制性条文且情节严重的,吊销相应的资格(岗位)证书,5年内不得重新申请;造成重大安全事故的,终身不得申请。

(7) 监理人员被吊销相应的资格(岗位)证书,除已明确规定外,3年内不得重新申请。

(二)《水利工程建设监理规定》对监理人员资格处罚的有关规定

(1) 监理人员从事水利工程建设监理活动,有下列行为之一的,责令改正,给予警告;其中,监理工程师违规情节严重的,注销注册证书,2年内不予注册;有违法所得的,予以追缴,并处1万元以下罚款;造成损失的,依法承担赔偿责任;构成犯罪的,依法追究刑事责任。

① 利用执(从)业上的便利,索取或者收受项目法人、被监理单位以及建筑材料、建筑构配件和设备供应单位财物的。

② 与被监理单位以及建筑材料、建筑构配件和设备供应单位串通,谋取不正当利益的。

③ 非法泄露执(从)业中应当保守的秘密的。

(2) 监理人员因过错造成质量事故的,责令停止执(从)业1年,其中,监理工程师因过错造成重大质量事故的,注销注册证书,5年内不予注册,情节特别严重的,终身不予注册。

监理人员未执行法律、法规和工程建设强制性标准的,责令停止执(从)业3个月以上1年以下,其中,监理工程师违规情节严重的,注销注册证书,5年内不予注册,造成重大安全事故的,终身不予注册;构成犯罪的,依法追究刑事责任。

(3) 监理单位的工作人员因调动工作、退休等原因离开该单位后,被发现在该单位工作期间违反国家有关工程建设质量管理规定,造成重大工程质量事故的,仍应当依法追究法律责任。

第三节　监理组织机构

一、建设监理组织形式

监理单位接受发包方委托实施监理之前,首先应建立与工程项目监理活动相适应的监理组织,根据监理工作内容及工程项目特点,选择适宜的监理组织形式。

(一)建立工程项目监理组织的步骤

监理单位在组织项目监理机构时,一般按以下步骤进行:

1. 确定建设监理目标

建设监理目标是项目监理组织设立的前提,应根据工程建设监理合同中确定的监理目标,明确划分为具体的分解目标。

2. 确定工作内容

根据监理目标和监理合同中规定的监理任务,明确列出监理工作内容,并进行分类、归并及组合,这是一项重要的组织工作。对各项工作进行归并及组合应以便于监理目标控制为目的,并考虑监理项目的规模、性质、工期、工程复杂程度,以及监理单位自身技术业务水平、监理人员数量、组织管理水平等。

3. 组织结构设计

1)确定组织结构形式

结构形式的选择应考虑有利于项目合同管理,有利于目标控制,有利于决策指挥,有利于协调沟通。

2)合理确定管理层次

监理组织结构中一般应有三个层次:① 决策层,由总监理工程师和其助手组成,要根据工程项目监理活动特点与内容进行科学化、程序化决策。② 中间控制层(协调层和执行层),由专业监理工程师和子项目监理工程师组成,具体负责监理规划的落实、目标控制及合同实施管理,属承上启下管理层次。③ 作业层(操作层),由监理员等组成,具体负责监理工作的操作。

3)制定岗位职责

岗位职务及职责的确定,要有明确的目的性,不可因人设岗。根据责权一致的原则,应进行适当的授权,以承担相应的职责。

4)选派监理人员

根据监理工作的业务,选择相应的各层次人员,除应考虑监理人员个人素质外,还应考虑总体性与协调性。

4. 制定工作流程与考核标准

为使监理工作科学、有序进行,应按监理工作的客观规律性制定工作流程,规范化地开展监理工作,并应确定考核标准,对监理人员的工作进行定期考核,包括考核内容、考核标准及考核时间。

(二)建设监理的组织模式

监理组织模式应根据工程项目的特点、工程项目承发包模式、业主委托的任务及监理单位自身情况而确定。在建设监理实践中形成的监理组织模式一般分为:职能型监理组织模式、直线型监理组织模式、直线-职能型监理组织模式和矩阵型监理组织模式四种。

1. 职能型监理组织模式

职能型监理组织模式中,总监理工程师下设若干职能机构,分别从职能角度对基层监理组织进行业务管理,这些职能机构可以在总监理工程师授权的范围内,就其主管的业务范围,向下下达命令和指示,如图 2-1 所示。

这种组织模式的优点是,能体现专业化分工特点,人才资源分配方便,有利于人员发挥专业特长,处理专门性问题水平高;其缺点是,命令源不唯一,同时,权与责不够明确,有时决策效率低。此种模式适用于工程项目在地理位置上相对集中的、技术较复杂的工程建设监理。

2. 直线型监理组织模式

直线型监理组织模式是一种最简单的古老的组织模式,它的特点是,组织中各种职位是按垂直系统直线排列的,如图 2-2 所示。

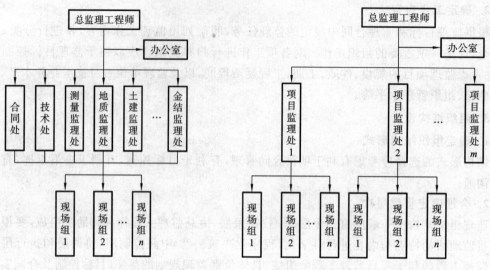

图 2-1　职能型监理组织模式示意图　　　图 2-2　直线型监理组织模式示意图

　　这种组织模式的特点是,命令系统自上而下进行,责任系统自下而上承担。上层管理下层若干个子项目管理部门,下层只接受唯一的上层指令。它可以适用于监理项目能划分为若干相对独立子项的、技术与管理专业性不太强的建设项目监理。总监理工程师负责整个项目的计划、组织和指导,并着重做好整个项目范围内各方面的协调工作。子项目监理组分别负责子项目的目标控制,具体领导现场专业或专业监理组的工作。

　　这种组织模式的主要优点是,机构简单、权力集中、命令统一、职责分明、决策迅速、隶属关系明确。其缺点是,实行没有职能机构的个人管理,这就要求各级监理负责人员博晓各有关业务,通晓多种知识技能,成为全能式人物。显然,在技术和管理较复杂的项目监理中,这种组织形式不太合适。

3. 直线-职能型监理组织模式

　　直线-职能型监理组织模式是吸收了直线型监理组织模式和职能型监理组织模式的优点而构成的一种组织模式,如图 2-3 所示。

　　这种模式具有明显的优点。它既有直线型监理组织模式权力集中、权责分明、决策效率高等优点,又兼有职能部门处理专业化问题能力强的优点。当然,这一模式的主要缺点是,需投入的监理人员数量大。实际上,在直线-职能型监理组织模式中,职能部门是直线型监理机构的参谋机构,故这种模式也称直线-参谋型监理模式或直线-顾问型监理模式。

4. 矩阵型监理组织模式

　　矩阵结构是第二次世界大战后在美国首先出现的。矩阵结构是一种新型的组织模式,它是随着企业系统规模的扩大、技术的发展、产品类型的增多、必须考虑的企业外部因素的增多发展起来的,要求企业系统的管理组织有很好的适应性,既要有利于业务专业管理,又要有利于产品(项目)的开发,并能克服以上几种组织结构的缺点,如灵活性差、部门之间的横向联系薄弱。

　　矩阵结构是从专门从事某项工作小组(不同背景、不同技能、不同知识、分别选自不同部门的人员为某个特定任务而工作)形式发展而来的一种组织结构。在一个系统中既要有纵向管

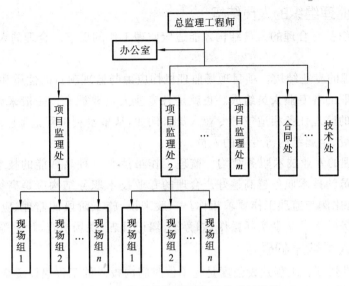

图 2-3　直线-职能型监理组织模式示意图

理部门,又要有横向管理部门,纵横交错,形成矩阵,所以称为矩阵结构,如图 2-4 所示。

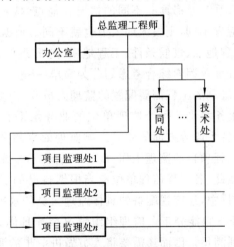

图 2-4　矩阵型监理组织模式

这种模式的优点是:加强了各职能部门的横向联系,具有较大的机动性和适应性;对集权与分权实行最优的结合,有利于解决复杂难题,有利于监理人员业务能力的培养。其缺点是,命令源不唯一,纵横向协调工作量大,处理不当会造成扯皮现象,产生矛盾。为了克服权力纵横交叉这一缺点,必须严格区分两类工作部门的任务、责任和权力,并应根据企业系统具体条件和外围环境,确定纵向、横向哪一个为主命令方向,解决好项目建设过程中各环节及有关部门的关系,确保工程项目总目标最优的实现。

二、监理人员的配备

监理组织的人员配备要根据工程特点、监理任务及合理的监理深度与密度,优化组合,形成整体高素质的监理组织。

（一）项目监理组织的人员结构

项目监理组织要有合理的人员结构才能适应监理工作的要求。合理的人员结构包括以下两方面的内容。

（1）要有合理的专业结构。项目现场监理机构应由与监理项目的性质和项目法人对项目监理的要求相称职的各专业人员组成。也就是各专业人员要配套。一般来说,监理组织机构应具备与所承担的监理任务相适应的专业人员。例如,从事水利工程施工监理的,应当配备水工建筑、地质、测量、金属结构等专业的人员。

（2）要有合理的专业技术职务结构。监理工作虽然是一种高智能的技术咨询服务,但绝对不是说监理人员的技术职务越高越好。合理的专业技术职务结构应是高级、中级和初级合理搭配,使其人员比例与监理工作要求相称。一般来说,施工阶段的监理,应有较多的中级和初级专业技术职务的人员从事实际操作,如旁站、填记日志、现场检查、计量等。

（二）监理人员数量的确定

（1）工程建设强度。工程建设强度是指单位时间内投入的工程建设资金的数量。它是衡量一项工程紧张程度的标准。显然,工程建设强度越大,投入的监理人力就越多。工程建设强度是确定人数的重要因素。

（2）工程复杂程度。每项工程都具有不同的情况。地点、位置、气候、性质、空间范围、工程地质、施工方法、后勤供应等不同,则投入的人力也就不同。根据一般工程的情况,可将工程复杂程度按设计量多少、工程地点、气候条件、工程地质、地形条件、施工方法、工程性质、工期要求、材料供应、工程分散程度等因素综合考虑划分为简单、一般、一般复杂、复杂、很复杂等五个级别。一般情况下,简单级别的工程需要配置的监理人员少,而复杂的项目就多配置人员。

（3）工程监理单位的业务水平。每个监理单位的业务水平有所不同,人员素质、专业能力、管理水平、工程经验、设备手段等方面的差异影响监理效率的高低。高水平的监理单位可以投入较少人力完成一个工程项目的监理工作,而一个经验不多或管理水平不高的监理单位则需要投入较多的人力。因此,各工程监理单位应当根据自己的实际情况制定监理人员需要量定额,具体到一个工程项目中,还应视配备的具体监理人员的水平和设备手段加以调整。

（4）监理组织结构和任务职能分工。监理组织情况牵涉具体人员配备,务必使监理机构与任务职能分工的要求得到满足。因而还需要将人员做进一步的调整。

三、监理组织机构监理人员的基本职责分工

（一）总监理工程师的职责

监理单位应根据所承担的监理任务,委任项目总监理工程师,组建项目监理组织,该组织实行总监理工程师负责制。总监理工程师是项目监理组织履行监理合同的总负责人,行使合同赋予监理单位的全部职责,全面负责项目监理工作。

1. 总监理工程师的主要职责

（1）主持编制监理规划,制定监理机构规章制度,审批监理实施细则,签发监理机构文件。

（2）确定监理机构各部门职责分工及各级监理人员职责权限,协调监理机构内部工作。

（3）指导监理工程师开展监理工作,负责本监理机构中监理人员的工作考核,调换不称职的监理人员;根据工程建设进展情况,调整监理人员。

（4）主持审核承包人提出的分包项目和分包人，报发包人批准。

（5）审批承包人提交的施工组织设计、施工措施计划、施工进度计划、资金流计划。

（6）组织或授权监理工程师组织设计交底；签发施工图纸。

（7）主持第一次工地会议，主持或授权监理工程师主持监理例会和监理专题会议。

（8）签发进场通知、合同项目开工令、分部工程开工通知、暂停施工通知和复工通知等重要监理文件。

（9）组织审核付款申请，签发各类付款证书。

（10）主持处理合同违约变更和索赔等事宜，签发变更和索赔有关文件。

（11）主持施工合同实施中的协调工作，调解合同争议，必要时对施工合同条款作出解释。

（12）要求承包人撤换不称职或不宜在该工程工作的现场施工人员或技术、管理人员。

（13）审核质量保证体系文件并监督其施工情况；审批工程质量缺陷的处理方案；参与或协助发包人组织处理工程质量及安全事故。

（14）组织或协助发包人组织工程项目的分部工程验收、单位工程完工验收、合同项目完工验收，参加阶段验收、单位工程投入使用验收和工程竣工验收。

（15）签发工程移交证书和保修责任终止证书。

（16）检查监理日志；组织编写并签发监理月报、监理专题报告、监理工作报告；组织整理监理合同文件和档案资料。

2. 不得授权的工作

应当强调的是，总监理工程师不得将以下工作授权给副总监理工程师，也不得将以下工作授权给监理工程师：

（1）主持编制监理规划，审批监理实施细则。

（2）主持审核承包人提出的分包项目和分包人。

（3）审批承包人提交的施工组织设计、施工措施计划、施工进度计划和资金流计划。

（4）主持第一次工地会议，签发合同项目进场通知、合同项目开工令、停施工通知、复工通知。

（5）签发各类付款证书。

（6）签发变更和索赔有关文件。

（7）要求承包人撤换不称职或不宜在该工程工作的现场施工人员或技术、管理人员。

（8）签发工程移交证书和保修责任终止证书。

（9）签发监理月报、监理专题报告和监理工作报告。

一名总监理工程师只宜承担一个工程建设项目的总监理工程师工作，如需担任两个标段或项目的总监理工程师，则应经发包人同意，并配备副总监理工程师。

（二）监理工程师的职责

监理工程师应按照总监理工程师所授予的职责权限开展监理工作，是所执行监理工作的直接责任人，并对总监理工程师负责。其主要职责应包括以下各项：

（1）参与编制监理规划，编制监理实施细则。

（2）预审承包人提出的分包项目和分包人。

（3）预审承包人提交的施工组织设计、施工措施计划、施工进度计划和资金流计划。

（4）预审或经授权签发施工图纸。

（5）核查进场材料、构配件、工程设备的原始凭证、检测报告等质量证明文件及其质量情况。

（6）审批分部工程开工申请报告。

（7）协助总监理工程师协调参建各方之间的工作关系，按照职责权限处理施工现场发生的有关问题，签发一般监理文件和指示。

（8）检验工程的施工质量，并予以确认或否认。

（9）审核工程计量的数据和原始凭证，确认工程计量结果。

（10）预审各类付款证书。

（11）提出变更、索赔及质量和安全事故处理等方面的初步意见。

（12）按照职责权限参与工程的质量评定工作和验收工作。

（13）收集、汇总、整理监理资料，参与编写监理月报，填写监理日志。

（14）施工中，发生重大问题和遇见紧急情况时及时向总监理工程师报告、请示。

（15）指导、检查监理员的工作，必要时可向总监理工程师建议调换监理员。

（三）监理员的职责

监理员应按被授予的职责权限开展监理工作，其主要职责应包括以下各项：

（1）核实进场原材料质量检验报告和施工测量成果报告等原始资料。

（2）检查承包人用于工程建设的材料构配件、工程设备使用情况，并做好现场记录。

（3）检查并记录现场施工程序、施工工法等实施过程情况。

（4）检查和统计计日工情况，核实工程计量结果。

（5）核查关键岗位施工人员的上岗资格。检查、监督工程现场的施工安全和环境保护措施的落实情况，发现异常情况及时向监理工程师报告。

（6）检查承包人的施工日志和实验室记录。

（7）核实承包人质量评定的相关原始记录。

（8）违约责任。

委托人未履行合同条款约定的义务和责任时，除按专用合同条款约定向监理人支付违约金外，还应继续履行合同约定的义务和责任。委托人未按合同条款约定支付监理服务酬金时，除按专用合同条款约定向监理人支付逾期付款违约金外，还应继续履行合同约定的支付义务。

监理人未履行合同条款约定的义务和责任，除按专用合同条款约定向委托人支付违约金外，还应继续履行合同约定的义务和责任。

（9）争议的解决。

合同发生争议时，由当事人双方协商解决，也可由工程项目主管部门或合同争议调解机构调解；协商或调解未果时，经当事人双方同意，可由仲裁机构仲裁，或向人民法院起诉。争议调解机构、仲裁机构在专用合同条款中约定。

在争议协商、调解、仲裁或起诉过程中，双方仍应继续履行合同约定的责任和义务。

第四节　工程建设监理的费用

为规范建设工程监理与相关服务收费行为，维护委托双方合法权益，促进工程监理行业健康发展，国家发展和改革委员会、建设部组织国务院有关部门和有关行业组织根据《中华人民共和国价格法》及有关法律、法规，制定了《建设工程监理与相关服务收费管理规定》，自 2007 年 5 月 1

日开始施行。

一、监理费的构成

作为企业,监理单位要负担必要的支出,监理单位的活动应达到收支平衡,且略有节余。所以,概括地说,监理费的构成是指监理单位在工程项目建设监理活动中所需要的全部成本(包括直接成本和间接成本),再加上应缴纳的税金和合理的利润。

1. 直接成本

直接成本是指监理单位在完成某项具体监理业务中所发生的成本,主要包括:

(1) 监理人员和监理辅助人员的工资、津贴、附加工资、奖金等。

(2) 用于监理人员和监理辅助人员的其他专项开支,包括差旅费、补助费、书报费、医疗费等。

(3) 用于监理工作办公设施的购置、使用费和检测仪器的购置、使用费。

(4) 所需的其他外部服务支出。

2. 间接成本

间接成本亦称日常管理费,包括全部业务经营开支和非工程项目监理的特定开支,主要包括:

(1) 管理人员、行政人员、后勤服务人员的工资,包括津贴、附加工资、奖金等。

(2) 经营业务费,包括为招揽监理业务而发生的广告费、宣传费、投标费、有关契约或合同的公证费和鉴证费等活动经费。

(3) 办公费,包括办公用具、用品购置费,通信、邮寄费,交通费,办公室及相关设施的使用(或租用)费、维修费,会议费,差旅费等。

(4) 其他固定资产及常用工、器具和设备的使用费。

(5) 垫支资金贷款利息。

(6) 业务培养费,图书、资料购置费等教育经费。

(7) 新技术开发、研制、试用费。

(8) 咨询费、专用技术使用费。

(9) 职工福利费、劳动保护费。

(10) 工会等职工组织活动经费。

(11) 其他行政活动经费,如职工文化活动经费等。

(12) 企业领导基金和其他营业外支出。

3. 税金

税金是指按照国家规定,监理单位应缴纳的各种税金总额,如营业税、所得税等。

4. 利润

利润是指监理单位的监理活动收入扣除直接成本、间接成本和各种税金之后的余额。由于监理单位是一个高智能群体,监理是一种高智能的技术服务,故监理单位的利润率应当高于社会平均利润率。

二、建设工程监理与相关服务收费管理的基本规定

(1) 建设工程监理与相关服务应当遵循公开、公平、公正、自愿和诚实信用的原则。依法

需招标的建设工程应通过招标方式确定监理人。监理服务招标应优先考虑监理单位的资信程度、监理方案的优劣等技术因素。

（2）发包人和监理人应当遵守国家有关价格法律法规的规定，接受政府价格主管部门的监督、管理。

（3）建设工程监理与相关服务收费根据建设项目性质不同情况，分别实行政府指导价或市场调节价。依法必须实行监理的建设工程施工阶段的监理收费实行政府指导价；其他建设工程施工阶段的监理收费和其他阶段的监理与相关服务收费实行市场调节价。

（4）实行政府指导价的建设工程施工阶段监理收费，其基准价根据《建设工程监理与相关服务收费标准》计算，浮动幅度为上下20％。发包人和监理人应当根据建设工程的实际情况在规定的浮动幅度内协商确定收费额。实行市场调节价的建设工程监理与相关服务收费，由发包人和监理人协商确定收费额。

（5）建设工程监理与相关服务收费应当体现优质优价的原则。在保证工程质量的前提下，由于监理人提供的监理与相关服务节省投资，缩短工期，取得显著经济效益的，发包人可根据合同约定奖励监理人。

（6）监理人应当按照《关于商品和服务实行明码标价的规定》，告知发包人有关服务项目、服务内容、服务质量、收费依据及收费标准。

（7）建设工程监理与相关服务的内容、质量要求和相应的收费金额及支付方式，由发包人和监理人在监理与相关服务合同中约定。

（8）监理人提供的监理与相关服务应当符合国家有关法律、法规和标准规范，满足合同约定的服务内容和质量等要求。监理人不得违反标准规范规定或合同约定，通过降低服务质量、减少服务内容等手段进行恶性竞争，扰乱正常市场秩序。

（9）由于非监理人原因造成建设工程监理与相关服务工作量增加或减少的，发包人应当按合同约定与监理人协商另行支付或扣减相应的监理与相关服务费用。

（10）由于监理人原因造成监理与相关服务工作量增加的，发包人不另行支付监理与相关服务费用。

监理人提供的监理与相关服务不符合国家有关法律、法规和标准规范的，提供的监理服务人员、执业水平和服务时间未达到监理工作需求的，不能满足合同约定的服务内容和质量等要求的，发包人可按合同约定扣减相应的监理与相关服务费用。

由于监理人工作失误给发包人造成经济损失的，监理人应当按照合同约定依法承担相应赔偿责任。

（11）违反《建设工程监理与相关服务收费管理规定》和国家其他有关价格法律、法规规定的，由政府价格主管部门依据《中华人民共和国价格法》《价格违法行为行政处罚规定》予以处罚。

三、建设工程监理与相关服务收费标准

（一）建设工程监理与相关服务的主要内容

建设工程监理与相关服务是指监理人接受发包人的委托，提供建设工程施工阶段的质量、进度、费用控制管理和安全生产监督管理、合同、信息等方面协调管理服务，以及勘察、设计、保修等阶段的相关服务，各阶段的工作内容，如表2-2所示。

表 2-2　各阶段服务内容

服务阶段	具体服务范围构成	备　　注
勘察阶段	协助发包人编制勘察要求、选择勘察单位,核查勘察方案并监督实施和进行相应的控制,参与验收勘察成果	建设工程勘察、设计、施工、保修等阶段监理与相关服务的具体工作内容执行国家、行业有关规范、规定
设计阶段	协助发包人编制设计要求、选择设计单位,组织评选设计方案,对各设计单位进行协调管理,监督合同履行,审查设计进度计划并监督实施,核查设计大纲和设计深度、使用技术规范合理性,提出设计评估报告(包括各阶段设计的核查意见和优化建议),协助审核设计概算	
施工阶段	施工过程中的质量、进度、费用控制,安全生产监督管理,合同、信息等方面的协调管理	
保修阶段	检查和记录工程质量缺陷,对缺陷原因进行调查分析并确定责任归属,审核修复方案,监督修复过程并验收,审核修复费用	

(二)建设工程监理与相关服务收费的计算方式

建设工程监理与相关服务收费包括建设工程施工阶段的工程管理(以下简称"施工监理")服务收费和勘察、设计、保修等阶段的相关服务(以下简称"其他阶段的相关服务")收费。

铁路、水运、公路、水电、水库工程的施工管理服务收费按建筑安装工程费分档定额计费方式计算收费。其他工程的施工监理服务收费按照建设项目工程概算投资额分档定额计费方式计算收费。

1. 施工监理服务收费计算方法

施工监理服务收费按照下列公式计算:

施工监理服务收费＝施工监理服务收费基准价×(1±浮动幅度值)

施工监理服务收费基准价＝施工监理服务收费基价×专业调整系数
×工程复杂程度调整系数×高程调整系数

1)施工监理服务收费基价

施工监理服务收费基价是完成国家法律、法规、规范规定的施工阶段监理基本服务内容的价格。施工监理服务收费基价按施工监理服务收费基价表(见表 2-3)确定,计费额处于两个数值区间的,采用直线内插法确定施工监理服务收费基价。

2)施工监理服务收费的计费额

施工监理服务收费以建设项目工程概算投资额分档定额计费方式收费的,其计费额为工程概算中的建筑安装工程费、设备购置费和联合试运转费之和,即工程概算投资额。对设备购置费和联合试运转费占工程概算投资额 40%以上的工程项目,其建筑安装工程费全部计入计费额,设备购置费和联合试运转费按 40%的比例计入计费额。但其计费额不应小于建筑安装工程费与其相同且设备购置费和联合试运转费等于工程概算投资额 40%的工程项目的计费额。

工程中有利用原有设备并进行安装调试服务的,以签订工程监理合同时同类设备的当期价格作为施工监理服务收费的计费额;工程中有缓配设备的,应扣除签订工程监理合同时同类设备的当期价格作为施工监理服务收费的计费额;工程中有引进设备的,按照购进设备的离岸价格折换成人民币作为施工监理服务收费的计费额。

表 2-3　施工监理服务收费基价表　　　　　　　单位:万元

序　　号	计　费　额	收费基价	备　　注
1	500	16.5	
2	1000	30.1	
3	3000	78.1	
4	5000	120.8	
5	8000	181.0	
6	10000	218.6	
7	20000	393.4	计费额大于 100000 万元的,
8	40000	708.2	以计费额乘以 1.039%的收费率
9	60000	991.4	计算收费基价。其他未包含的,
10	80000	1255.8	其收费由双方协商议定
11	100000	1507.0	
12	200000	2712.5	
13	400000	4882.6	
14	600000	6835.6	
15	800000	8658.4	
16	1000000	10390.1	

施工监理服务收费以建筑安装工程费分档定额计费方式收费的,其计费额为工程概算中的建筑安装工程费。

作为施工监理服务收费计费额的建设项目工程建设工程监理与相关服务收费标准概算投资额或建筑安装工程费均指每个监理合同中约定的工程项目范围的计费额。

3) 施工监理服务收费调整系数

施工监理服务收费调整系数包括专业调整系数、工程复杂程度调整系数和高程调整系数。

(1) 专业调整系数。

专业调整系数是对不同专业建设工程的施工监理工作复杂程度和工作量差异进行调整的系数,可在施工监理服务收费专业调整系数表(见表 2-4)中查找确定。

表 2-4　施工监理服务收费专业调整系数表

序号	工程类型		专业调整系数
1	水利电力工程	风力发电工程、其他水利工程	0.9
2		火电工程、送变电工程	1.0
3		核能工程、水电工程、水利工程	1.2

(2) 工程复杂程度调整系数。

工程复杂程度调整系数是对同一专业建设工程的施工监理复杂程度和工作量差异进行调整的系数。工程复杂程度分为一般、较复杂和复杂三个等级,其调整系数分别为:一般

（Ⅰ级），0.85；较复杂（Ⅱ级），1.0；复杂（Ⅲ级），1.15。该系数在《建设工程监理与相关服务收费标准》中给出的工程复杂程度表中查找确定。水利工程的工程复杂程度标准如表 2-5、表 2-6 所示。

（3）高程调整系数。

高程调整系数如下：

海拔高程为 2001 m 以下的为 1；海拔高程为 2001～3000 m 的为 1.1；海拔高程为 3001～3500 m 的为 1.2；海拔高程为 3501～4000 m 的为 1.3；海拔高程为 4001 m 以上的，高程调整系数由发包人和监理人协商确定。

表 2-5　水利、电力、送电、变电、核电工程复杂程度表

等级	工 程 特 征
Ⅰ级	（1）单机容量 200 MW 及以下凝汽式机组发电工程、燃气轮机发电工程、50 MW 及以下供热机组发电工程； （2）电压等级为 220 kV 及以下的送电、变电工程； （3）最大坝高<70 m、边坡高度<50 m、基础处理深度<20 m 的水库水电工程； （4）施工明渠导流建筑物与土石围堰； （5）总装机容量<50 MW 的水电工程； （6）单洞长度<1 km 的隧洞； （7）无特殊环保要求
Ⅱ级	（1）单机容量为 300～600 MW 的凝汽式机组发电工程、单机容量为 50 MW 及以上的供热机组发电工程、新能源发电工程（可再生能源、风电、潮汐等）； （2）电压等级为 330 kV 的送电、变电工程； （3）70 m≤最大坝高<100 m 或 1000 万立方米≤库容<1 亿立方米的水库水电工程； （4）地下隧洞的跨度<15 m、50 m≤边坡高度<100 m、20 m≤基础处理深度<40 m 的水库水电工程； （5）施工隧洞导流建筑物（洞径<10 m ）或混凝土围堰（最大坝高<20 m ）； （6）50 MW≤总装机容量<1000 MW 的水电工程； （7）1 km≤单洞长度<4 km 的隧洞； （8）工程位于省级重点环境（生态）保护区内，或毗邻省级重点环境（生态）保护区内，有较高的环保要求
Ⅲ级	（1）单机容量为 600 MW 以上的凝汽式机组发电工程； （2）换流站工程，电压等级≥500 kW 的送电、变电工程； （3）核能工程； （4）最大坝高≥100 m 或库容≥1 亿立方米的水库水电工程； （5）地下洞室的跨度≥15 m、边坡高度≥100 m、基础处理深度≥40 m 的水库水电工程； （6）施工隧洞导流建筑物（洞径≥10 m）或混凝土围堰（最大坝高≥20 m）； （7）总装机容量≥1000 MW 的水库水电工程； （8）单洞长度≥4 km 的水工隧洞； （9）工程位于国家级重点环境（生态）保护区内，或毗邻国家级重点环境（生态）保护区，有特殊的环保要求

表 2-6　其他水利工程复杂程度表

等级	工 程 特 征
Ⅰ级	(1) 流量<15 m³/s 的引调水渠道管线工程; (2) 堤防等级为 Ⅴ 级的河道治理建(构)筑物及河道堤防工程; (3) 灌区田间工程; (4) 水土保持工程
Ⅱ级	(1) 15 m³/s≤流量<25 m³/s 引调水渠道管线工程; (2) 引调水过程中的建筑物工程; (3) 丘陵、山区、沙漠地区的引调水渠道管线工程; (4) 堤防等级为Ⅲ、Ⅳ级的河道治理建(构)筑物及河道工程、堤防工程
Ⅲ级	(1) 流量≥25 m³/s 的引调水渠道管线工程; (2) 丘陵、山区、沙漠地区的引调水建筑物工程; (3) 堤防等级为Ⅰ、Ⅱ级的河道治理建(构)筑物及河道堤防工程; (4) 护岸、防波堤、围堰、人工岛、围垦工程、城镇防洪、河口治理工程

2. 其他阶段的相关服务收费计算方法

其他阶段的相关服务收费一般按相关服务建设监理与相关服务收费标准工作所需工日和建设工程监理与相关服务人员人工日费用标准(见表 2-7)实施。

表 2-7　建设工程监理与相关服务人员人工日费用标准

建设工程监理与相关服务人员职级	费用标准/元
一、高级专家	1000~1200
二、具有高级专业技术职称的监理与相关服务人员	800~1000
三、具有中级专业技术职称的监理与相关服务人员	600~800
四、具有初级专业技术职称的监理与相关服务人员	300~600

注:本表适用于提供短期服务的人工费用标准。

3. 专业技术职称的监理与相关服务收费计算的其他规定

(1) 发包人将施工监理服务中的某一部分工作单独发包给监理人,按照其占施工监理服务工作量的比例计算施工监理服务收费,其中质量控制和安全生产监督管理服务收费不宜低于施工监理服务收费额的 70%。

(2) 建设工程项目施工监理服务由两个或者两个以上监理人承担的,监理人按照其占施工监理服务工作量的比例计算施工监理服务收费。发包人委托其中一个监理人对建设工程项目施工监理服务总负责的,该监理人按照各监理人合计监理服务收费额的 4%~6%向发包人收取总体协调费。

复习思考题

1. 什么是监理单位?
2. 简单叙述监理单位在建设市场上的地位。

3．监理单位经营活动的准则是什么？

4．水利工程甲级监理单位资质等级标准有哪些？

5．监理单位应当按什么程序实施建设监理？

6．监理人员有哪些基本素质要求？

7．建立水利工程项目监理组织有哪些步骤？

8．水利工程建设监理有哪几种监理组织模式？

9．如何确定监理人员的数量？

10．监理费由哪几部分构成？

第三章　水利工程建设监理文件

第一节　建设监理大纲

一、建设监理大纲的概念和作用

建设监理大纲是监理单位在项目法人开始委托监理的过程中,特别是在项目法人进行建设项目监理招标过程中,监理单位为承揽监理业务而编制的监理方案性文件,是监理投标书的重要组成部分。

建设监理大纲的主要作用包括:

一是使项目法人认可建设监理大纲中的监理方案,其目的是让项目法人信服本监理单位能胜任该项目的监理工作,从而承揽到监理任务;

二是为监理单位对所承揽的监理项目而组建的监理机构在以后开展监理工作制定方案编制建设监理规划的基础和依据。

二、建设监理大纲的主要内容

建设监理大纲的内容一般包括:监理单位根据业主所提供的和自己初步掌握的工程信息制定准备采用的监理方案(监理组织方案、各目标控制方案、合同管理方案、组织协调方案等);监理单位拟派往项目上的监理人员及其资质情况;明确说明将提供给业主的、反映监理阶段性成果的文件。

建设监理大纲的内容应当根据监理招标文件的要求制定,主要内容如下:

(1) 项目概况;

(2) 监理工作的指导思想和监理目标;

(3) 拟派往项目上的主要监理人员的资质情况;

(4) 现场监理组织的职责;

(5) 各阶段监理工作目标及其措施;

(6) 合同管理的任务与方法;

(7) 组织协调的任务与方法;

(8) 拟派驻项目监理部的技术装备;

(9) 拟提供给建设单位的监理报告目录及主要监理报表格式;

(10) 对本项目建设、设计、施工单位的建议;

(11) 投标书要求的其他资料。

三、建设监理大纲的编写依据

　　监理单位应根据工程项目监理招标文件、项目的特点和规模，以及监理单位自身的条件及以往承担工程项目监理的经验编写建设监理大纲。建设监理大纲的编写应表明工程监理单位与监理项目有关的经验和能力，以及对监理范围内提出的任务的理解，特别要提出自己认为能够给建设单位节约投资、缩短工期、保证工程质量的具体建议和自己承担该工程的优势，这些内容往往是工程监理单位长时间监理工作经验积累的具体体现，因此对建设单位往往具有较强的说服力。

　　建设监理大纲编写的依据如下：
　　(1) 国家有关水利工程建设方面的法律、法规；
　　(2) 建设单位提供的勘察、设计文件；
　　(3) 建设单位的工程监理招标文件；
　　(4) 工程监理单位监理人员的资历及资质情况；
　　(5) 工程监理单位的质量保证体系认证资料；
　　(6) 工程监理单位的技术装备和经营业绩。

第二节　建设监理规划

一、建设监理规划的基本概念

　　建设监理规划是指监理单位与发包人签订监理合同之后，由总监理工程师主持编制，并经监理单位技术负责人同意的用以指导监理机构全面开展监理工作的指导性文件。

　　任何项目的正常管理都始于规划。进行有效地规划，首先必须确定项目的目标。在目标确定后，要制订实现目标的可行性计划。计划确定之后，计划中涉及的工作将落实到责任人，工作的细化产生出组织机构。为了使这个项目管理组织机构有效地发挥职能，必须明确该组织机构中每个人的职责、任务和权限。项目管理组织机构负责人的指挥能力是相当重要的，应恰当配备人选。管理的控制功能用来确定计划的执行情况是否有效，管理目标的运行情况如何，要不断进行实际与计划的对比，找出差距，分析原因，采取措施，进行调整。整个过程会涉及组织内部、外部机构间关系的协调。只有这样，才能实现项目的总目标。可见监理单位对工程项目的监督管理过程就是对项目组织、控制、协调的过程，工程建设监理规划就是项目监理组织对项目管理过程设想的文字表述。这也是编制工程建设监理规划的最终目的。工程建设监理规划是监理人员有效地进行监理工作的依据和指导性文件。

二、建设监理规划编写的依据

　　工程建设监理规划必须根据监理委托合同和监理项目的实际情况来制定。编制前要收集如下有关资料作为编制依据：
　　(1) 有关工程建设法律、法规、规章；
　　(2) 设计图纸和有关资料；
　　(3) 工程建设监理合同；

（4）项目监理大纲；

（5）监理单位自身条件。

三、建设监理规划的编写要求

（一）编写建设监理规划的内容应具有针对性、指导性

工程建设监理规划作为指导监理单位的项目监理组织全面开展监理工作的纲领性文件，应与施工组织设计一样，具有很强的针对性、指导性。对工程项目而言，没有两个项目是相同的，每个项目都有它的特殊性，因而每个项目都要求有自己的建设监理规划。每个项目的建设监理规划既要考虑项目自身的本质特点，也要根据承担这个项目监理工作的建设监理单位的情况来编制，只有这样，建设监理规划才有针对性，才能真正起到指导作用，因而才是可行的。在建设监理规划中要明确规定：项目监理组织在工程实施过程中的每个阶段要做什么工作，由谁来做这些工作；在什么时间和什么地点做这些工作及怎样才能做好这些工作。只有这样的建设监理规划才能起到有效的指导作用，真正成为项目监理组织进行各项工作的依据，也才能称为纲领性的文件。

（二）由项目总监理工程师主持工程建设监理规划的编制

我国工程项目建设监理实行总监理工程师负责制。建设监理规划既然是指导项目监理组织全面开展监理工作的纲领性文件，那么建设监理规划的编写工作应当而且必须在总监理工程师的主持下进行，同时要广泛征求各专业监理工程师和其他监理人员的意见。在建设监理规划的编写过程中还要听取建设单位和被监理单位的意见，以便监理工程师的工作得到有关各方的支持和理解。

（三）建设监理规划的编写要遵循科学性和实事求是的原则

科学性和实事求是是做好每一项工作的前提，也是做好每项工作的重要保证。在编写建设监理规划时必须遵循这两个原则，否则后果难以预测。

（四）建设监理规划内容的书面表达方式

建设监理规划内容的书面表达应注意文字简洁、直观、意思确切，因此表格、图示及简单文字说明是经常采用的基本方法。

四、建设监理规划的审定

工程建设监理规划在总监理工程师主持下编制好以后，应由监理单位的技术负责人审定。如实际情况或条件发生重大变化，则需要调整建设监理规划，有可能需要修改补充。建设监理规划一旦审定批准后将正式执行，批准后的建设监理规划分送给建设单位和承包单位。

五、建设监理规划的主要内容

建设监理规划是在工程建设监理合同签订以后编制的指导监理机构开展监理工作的纲领性文件。它起着对工程建设监理工作全面规划和进行监督指导的主要作用。因此，建设监理规划比建设监理大纲在内容与深度上更为详细和具体，而建设监理大纲是编制建设监理规划的依据。建设监理规划是在项目总监理工程师的主持下，以监理合同、建设监理大纲为依据，根据项目的特点和具体情况，充分收集与项目建设有关的信息和资料，结合监理单位自身情况

认真编制的。

其主要内容包括：

（一）总则

（1）工程项目基本概况，简述工程项目的名称、性质、等级、建设地点、自然条件与外部环境、工程项目组成及规模、特点、建设目的。

（2）工程项目主要目标，包括工程项目总投资及组成、计划工期（包括项目阶段性目标的计划开工日期和完工日期）、质量目标。

（3）工程项目组织，包括工程项目主管部门、发包人、质量监督机构、设计单位、承包人、监理单位、材料设备供货人的简况。

（4）监理工程范围和内容，包括发包人委托监理的工程范围和服务内容等。

（5）监理主要依据，列出开展监理工作所依据的法律、法规、规章、国家及部门颁发的有关技术标准，批准的工程建设文件和有关合同文件、设计文件等的名称、文号等。

（6）监理组织，包括现场监理机构的组织形式与部门设置、部门分工与协作、主要监理人员的配置和岗位职责等。

（7）监理工作基本程序。

（8）监理工作主要方法和主要制度，包括制定技术文件审核与审批、工程质量检验、工程计量与付款签证、会议、施工现场紧急情况处理、工作报告、工程验收等方面的监理工作具体方法和制度。

（9）监理人员守则和奖惩制度。

（二）工程质量控制

（1）质量控制的原则。

（2）质量控制的目标。根据有关规定和合同文件，明确合同项目各项工作的质量要求和目标。

（3）质量控制的内容。根据监理合同明确监理机构质量控制的主要工作内容和任务。

（4）质量控制的措施。明确质量控制程序和质量控制方法，并明确质量控制点、质量控制要点与难点。

（5）明确监理机构所应制定的质量控制制度。

（三）工程进度控制

（1）进度控制的原则。

（2）进度控制目标。根据工程基本资料，建立进度控制目标体系，明确合同项目进度的控制性目标。

（3）进度控制的内容。根据监理合同明确监理机构在施工中进度控制的主要工作内容。

（4）进度控制的措施。明确合同项目进度控制程序、控制制度和控制方法。

（四）工程投资控制

（1）投资控制的原则。

（2）投资控制的目标。依据施工合同，建立投资控制体系。

（3）投资控制的内容。依据监理合同，明确投资控制的主要工作内容和任务。

（4）投资控制的措施。明确工程计量方法、程序和工程支付程序及分析方法。明确监理机构所需制定的工程支付与合同管理制度。

（五）合同管理

(1) 变更的处理程序和监理工作方法。

(2) 违约事件的处理程序和监理工作方法。

(3) 索赔的处理程序和监理工作方法。

(4) 担保与保险的审核和查验。

(5) 分包管理的监理工作内容与程序。

(6) 争议的调解原则、方法与程序。

(7) 清场与撤离的监理工作内容。

（六）协调

(1) 明确监理机构协调工作的主要内容。

(2) 明确协调工作的原则与方法。

（七）工程验收与移交

明确监理机构在工程验收与移交中的工作内容。

（八）保修期监理

(1) 明确工程保修期的起算、终止和延长的依据和程序。

(2) 明确保修期监理的主要工作内容。

（九）信息管理

(1) 信息管理程序、制度及人员岗位职责。

(2) 文档清单及编码系统。

(3) 文档管理计算机管理系统。

(4) 文件信息流管理系统。

(5) 文件资料归档系统。

(6) 现场记录的内容、职责和审核。

(7) 现场指令、通知、报告内容和程序。

（十）监理设施

(1) 制订现场交通、通信、试验、办公、食宿等设施设备的使用计划。

(2) 制定交通、通信、试验、办公等设施使用的规章制度。

（十一）其他

根据合同项目需要应包括的其他内容。

第三节　监理实施细则

一、监理实施细则的概念和作用

监理实施细则是在监理规划指导下，在落实了各专业监理责任后，由专业监理工程师针对项目的具体情况制定的更具有实施性和可操作性的业务文件。其内容是围绕专业或子项目的主要工作来编写的，起着具体指导监理实施工作的作用。

二、监理实施细则编写要点

（1）监理实施细则应在专项工程或专业工程施工前，由项目和专业监理工程师编制完成，相关各监理人员参与，并经总监理工程师批准。

（2）监理实施细则应符合建设监理规划的基本要求，充分体现工程特点和合同约定的要求，结合工程项目的施工方法和专业特点，具有明显的针对性。

（3）监理实施细则要体现工程总体目标的实施和有效控制，明确控制措施和方法，具备可行性和可操作性。

（4）监理实施细则应突出监理工作的预控性，要充分考虑可能发生的各种情况，针对不同情况制定相应的对策和措施，突出监理工作的事前审批、事中监督和事后检验。

（5）监理实施细则可根据实际情况按进度、分阶段进行编制，但应注意前后的连续性、一致性。

（6）总监理工程师在审核时，应注意各个监理实施细则间的衔接与配套，以组成系统、完整的监理实施细则体系。

（7）在监理实施细则条文中，应具体写明引用的规程、规范、标准及设计文件的名称、文号；文中涉及采用报告、报表时，应写明报告、报表所采用的格式。

（8）在监理工作实施过程中，监理实施细则应根据实际情况进行补充、修改和完善。

（9）监理实施细则的主要内容及条款可随工程不同而有所调整。

三、监理实施细则的主要内容

（一）总则

（1）编制依据，包括施工合同文件、设计文件与图纸、建设监理规划、经监理机构批准的施工组织设计及措施（作业指导书），由生产厂家提供的有关材料、构配件和工程设备的使用技术说明，工程设备的安装、调试、检验等技术资料。

（2）适用范围，写明该监理实施细则适用的项目或专业。

（3）负责该项目或专业工程的监理人员及职责分工。

（4）适用工程范围内使用的全部技术标准、规程、规范的名称、文号。

（5）发包人为该项工程开工和正常进展应提供的必要条件。

（二）开工审批内容和程序

（1）单位工程、分部工程开工审批程序和申请内容。

（2）混凝土浇筑开仓审批程序和申请内容。

（三）质量控制的内容、措施和方法

（1）质量控制标准与方法。根据技术标准、设计要求、合同约定等，具体明确工程质量的质量标准、检验内容及质量控制措施，明确质量控制点及旁站监理方案等。

（2）材料、构配件和工程设备质量控制。具体明确材料、构配件和工程设备的运输、储存管理要求，报验、签认程序，检验内容与标准。

（3）工程质量检测试验。根据工程施工实际需要，明确对承包人检测实验室配置与管理的要求，对检测试验的工作条件、技术条件、试验仪器设备、人员岗位资格与素质、工作程序与

制度等方面的要求;明确监理机构检验的抽样方法或控制点的设置、试验方法、结果分析及试验报告的管理。

(4) 施工过程质量控制。明确施工过程质量控制要点、方法和程序。

(5) 工程质量评定程序。根据规程、规范、标准、设计要求等,具体明确质量评定内容与标准,并写明引用文件的名称与章节。

(6) 质量缺陷和质量事故处理程序。

(四) 进度控制的内容、措施和方法

(1) 进度目标控制体系,包括:该项工程的开工、完工时间,阶段目标或里程碑时间,关键节点时间。

(2) 进度计划的表达方法,如横道图、柱状图、网络图(单代号、双代号、时标)、关联图、S曲线、"香蕉"图等,应满足合同要求和控制需要。

(3) 施工进度计划的申报。明确进度计划(包括总进度计划、单位工程进度计划、分部工程进度计划、年度计划、月计划等)的申报时间、内容、形式、份数等。

(4) 施工进度计划的审批。明确进度计划审批的职责分工、要点、时间等。

(5) 施工进度的过程控制。明确施工进度监督与检查的职责分工;拟订检查内容(包括形象进度、劳动效率、资源、环境因素等);明确进度偏差分析与预测的方法与手段(如采用的图表、计算机软件等);制定进度报告、进度计划修正与赶工措施的审批程序。

(6) 停工与复工。明确停工与复工的程序。

(7) 工期索赔。明确控制工期索赔的措施和方法。

(五) 投资控制的内容、措施和方法

(1) 投资目标控制体系,包括:投资控制的措施和方法;各年的投资使用计划。

(2) 计量与支付,包括:计量与支付的依据、范围和方法;计量申请与付款申请的内容及应提供的资料;计量与支付的申报、审批程序。

(3) 实际投资额的统计与分析。

(4) 控制费用索赔的措施和方法。

(六) 施工安全与环境保护控制的内容、措施和方法

(1) 监理机构内部的施工安全控制体系。

(2) 承包人应建立的施工安全保证体系。

(3) 工程不安全因素分析与预控措施。

(4) 环境保护的内容与措施。

(七) 合同管理的主要内容

(1) 工程变更管理。明确变更处理的监理工作内容与程序。

(2) 索赔处理。明确索赔处理的监理工作内容与程序。

(3) 违约管理。明确合同违约管理的监理工作内容与程序。

(4) 工程担保。明确工程担保管理的监理工作内容。

(5) 工程保险。明确工程保险管理的监理工作内容。

(6) 工程分包。明确工程分包管理的监理工作内容与程序。

(7) 争议的解决。明确合同双方争议的调解原则、方法与程序。

（8）清场与撤离。明确承包人清场与撤离的监理工作内容。

（八）信息管理

（1）信息管理体系，包括设置管理人员及职责、制定文档资料管理制度。

（2）编制监理文件格式、目录。制定建立文件分类方法与文件传递程序。

（3）通知与联络。明确监理机构与发包人、承包人之间通知与联络的方式与程序。

（4）监理日志。制定监理人员填写监理日志制度，拟定监理日志的格式和内容及管理方法。

（5）监理报告。明确监理月报、监理工作报告和监理专题报告的内容和提交时间、程序。

（6）会议纪要。明确会议纪要记录要点和发放程序。

（九）工程验收与移交程序和内容

（1）明确分部工程验收程序与监理工作内容。

（2）明确阶段验收程序与监理工作内容。

（3）明确单位工程验收程序与监理工作内容。

（4）明确合同项目完工验收程序与监理工作内容。

（5）明确工程移交程序与监理工作内容。

（十）其他

根据项目或专业需要应包括的其他内容。

第四节　监理报告

一、监理报告的编写要求

（1）在施工监理实施过程中，由监理机构提交的监理报告包括监理月报、监理专题报告、监理工作报告和监理工作总结报告。

（2）监理月报应全面反映当月的监理工作情况，编制周期与支付周期同步，在下月的 5 日前发出。

（3）监理专题报告针对施工监理中某项特定的专题撰写。专题事件持续时间较长时，监理机构可提交关于该专题事件的中期报告。

（4）在进行监理范围内各类工程验收时，监理机构应按规定提交相应的监理工作报告。监理工作报告应在验收工作开始前完成。

（5）监理工作结束后，监理机构应在以前各类监理报告的基础上编制全面反映所监理项目情况的监理工作总结报告。监理工作总结报告应在结清监理费用后 56 日内发出。

（6）总监理工程师应负责组织编制监理报告，审核签字、盖章后，报送发包人和监理单位。

（7）监理报告应真实反映工程或事件状况、监理工作情况，做到内容全面、重点突出、语言简练、数据准确，并附必要的图表、照片和音像资料。

二、监理月报的主要内容

监理月报应真实反映工程现状和监理工作情况，做到数据准确、重点突出、语言简练，并附必要的图表和照片。监理月报的主要内容如下：

（1）本月工程描述。

（2）工程质量控制，包括本月工程质量状况及影响因素分析、工程质量问题处理过程及采取的控制措施等。

（3）工程进度控制，包括本月施工资源投入、实际进度与计划进度比较、对进度完成情况的分析、存在的问题及采取的措施等。

（4）工程投资控制，包括本月工程计量、工程款支付情况及分析、本月合同支付中存在的问题及采取的措施等。

（5）合同管理其他事项，包括：本月施工合同双方提出的问题，监理机构的答复意见，工程分包、变更、索赔、争议等处理情况，以及对存在的问题采取的措施等。

（6）施工安全和环境保护，包括本月施工安全措施执行情况、安全事故及处理情况、环境保护情况、对存在的问题采取的措施等。

（7）监理机构运行状况，包括：本月监理机构人员及设施、设备情况，尚需发包人提供的条件或解决的情况等。

（8）本月监理小结，包括对本月工程质量、进度、计量与支付、合同管理其他事项、施工安全、监理机构运行状况的综合评价。

（9）下月监理工作计划，包括：监理工作重点，在质量、进度、投资、合同其他事项和施工安全等方面需采取的预控制措施等。

（10）本月工程监理大事记。

（11）其他应提交的资料和说明事项等。

（12）监理月报中的表格宜采用规范中要求的施工监理工作常用表格。

三、监理专题报告的主要内容

（1）事件描述。

（2）事件分析，包括事件发生的原因及责任分析、事件对工程质量与安全的影响分析、事件对施工进度影响的分析和事件对工程费用影响的分析。

（3）事件处理，包括承包人对事件处理的意见、发包人对事件处理的意见、设计单位对事件处理的意见、其他单位或部门对事件处理的意见、监理机构对事件处理的意见及事件最后处理方案或结果（如果为中期报告，应描述截至目前事件处理的现状）。

（4）对策与措施（为避免此类事件再次发生或其他影响合同目标实现事件的发生，监理机构提出的意见和建议）。

（5）其他应提交的资料和说明事项等。

四、监理工作报告的主要内容

（1）验收工程概况，包括工程特性、合同目标、工程项目组成等。

（2）监理规划，包括监理制度的建立、监理机构的设置与主要工作人员、检测采用的方法和主要设备等。

（3）监理过程，包括监理合同履行情况和监理过程情况。

（4）监理效果，包括质量控制监理工作成效及综合评价、投资控制监理工作成效及综合评价、进度控制监理工作成效及综合评价和施工安全与环境保护监理工作成效及综合评价。

（5）经验与建议。

（6）其他需要说明或报告的事项。

（7）其他应提交的资料和说明事项等。

（8）附件，通常包括监理机构的设置与主要工作人员情况表、工程建设监理大事记等。

五、监理工作总结报告的主要内容

监理工作结束后，监理单位应向建设单位提交项目监理工作总结报告，其主要内容包括：

（1）监理工程项目概况（包括工程特性、合同目标、工程项目组成等）。

（2）监理工作综述（包括监理机构设置与主要工作人员，监理工作内容、程序、方法，监理设备情况等）。

（3）监理规划执行、修订情况的总结评价。

（4）监理合同履行情况和监理过程情况简述。

（5）对质量控制的监理工作成效进行综合评价。

（6）对投资控制的监理工作成效进行综合评价。

（7）对施工进度控制的监理工作成效进行综合评价。

（8）对施工安全与环境保护监理工作成效进行综合评价。

（9）经验与建议。

（10）工程建设监理大事记。

（11）其他需要说明或报告的事项。

（12）其他应提交的资料和说明事项等。

第五节　水利工程建设监理日志

监理日志是工程实施过程中监理工作的原始记录和最真实的工作依据，是项目监理部监理工作状况的综合反映，是监理的工作量及价值的体现，是施工人员素质能力和技术水平的体现。它作为监理的工程跟踪资料，是监理资料的重要组成部分，能动态地反映出监理工程的实际施工全貌和项目监理部的工作成效，其内容必须真实、准确、全面。监理日志由监理机构指定专人填写，按月装订成册。

1. 监理日志分类与填写

（1）监理日志可分项目监理日志和专业监理日志，每个工程项目必须设项目监理日志。对于专业不复杂的工程项目，经项目监理工程师确定，亦可取消专业监理日志，只设项目监理日志。

（2）专业监理日志和项目监理日志不分层次，平行记载并归档。

（3）专业监理日志由专业监理工程师填写，定期由项目总监理工程师审阅并逐日签字；项目监理日志可与主要专业（如土建专业）监理日志合并，由项目总监理工程师或项目总监理工程师指定专人当日填写，项目总监理工程师每日签阅。

2. 专业监理日志记录内容

1）日期及气象情况

记录当天日期、气温及天气情况(分上午、下午及晚上)，主要包括：当日最高、最低气温，当日降雨(雪)量，当天的风力。气候条件不仅影响工程进度，而且也影响工程质量，因此要详细记录气候情况。

2）施工工作情况

(1) 施工进度情况。

记录当天施工部位、施工内容、施工进度、施工班组及作业人数、施工投入使用的机械设备数量和名称。除应记录本日开始的施工内容、正在施工的内容及结束的施工内容外，还应记录留置试块的编号(与施工部位对应)。重要的隐蔽工程验收、施工试验、检测等应予摘要记录，以备检索。若发生施工延期或暂停施工，则应说明原因。要深入施工现场对每天的进度计划进行跟踪检查，检查施工单位各项资源的投入和施工组织情况，并详细记录监理日志。

(2) 建筑材料情况。

记录当天建筑材料(含构配件、设备)进场情况，填写材料(含构配件、设备)名称、规格型号、数量、产地、所用部位、取样送检委托单号、试验合格与否(补填)、验证情况、不合格材料处理等。对进场的原材料应详细记入监理日志。需要进行见证取样的，应及时取样送检，并将取样数量、部位及取样送检人记录清楚。

(3) 施工机械情况。

记录当天施工机械运转情况，填写机械名称、规格型号、数量及机械运转是否正常，若出现异常，则应注明原因。

3）本专业监理工作情况

(1) 现场质量(安全)问题的发现和处理。监理人员应做好旁站、巡视和平行检验等现场工作。现场监理工作要深入、细致，这样才能及时发现问题、解决问题，监理人员应在当天现场检查工作结束后，按不同施工部位、不同工序进行分类整理，并按时间顺序记录当日主要监理工作和监理人员在现场发现及预见到的问题，并应逐条记录所采取的措施及处理结果，对于当日没有结果的问题，应在以后的监理日志中得到明确反映。

(2) 当日收发文号、收发文的主题及重要文件的内容摘要，包括：收到的各方要求、请示来文和当日签发的监理指令(如指令单、通知单、联系单)，监理报表(各种施工单位报审表及监理签证等)，并应逐一说明监理落实处理上述收发文的情况。

(3) 有关会议纪要和工程变更及洽商摘要。

(4) 对本专业重要监理事件的记录。

(5) 其他事宜。

3. 项目监理日志记录内容

1）日期及气象情况

记录当天日期、气温及天气情况(分上午、下午及晚上)。

2）项目施工工作情况

记录主要专业相应施工工作情况。

3）项目监理工作情况

(1) 与项目监理日志合并的主要专业监理工作情况，内容可比照专业监理日志的相应要求填写。

(2) 专业监理日志所未记载的收发文。

(3) 涉及整个项目的会议及工地洽商等。

(4) 专业监理日志所未记载的综合性监理事件,对于重大监理事件,应予详细记载。

(5) 其他事宜。

4. 监理日志记录注意事项

(1) 准确记录日期、气象情况。有些监理日志往往只记录时间,而忽视气象记录,其实气象情况与工程质量有直接关系。因此,监理日志除写明日期外,还应详细记录当日气象情况(包括气温、晴雨、雪、风力等天气情况)及因天气原因而延误的工期情况。

(2) 做好现场巡查,真实、准确、全面地记录工程相关问题。监理人员在书写监理日志之前,必须做好现场巡查,增加巡查次数,提高巡查质量,巡查结束后按不同专业、不同施工部位进行分类整理,最后工整地书写监理日志,并由记录人签名。记录监理日志时,要真实、准确、全面地反映与工程相关的一切问题(包括"三控制、三管理、一协调")。

(3) 监理日志应注意监理事件的"闭合"。监理人员在记监理日志时,往往只记录工程存在的问题,而没有记录问题的解决方法,从而存在"缺口"。发现问题是监理人员经验和观察力的表现,而解决问题是监理人员能力和水平的体现,是监理的价值所在。在监理工作中,并不只是发现问题,更重要的是怎样科学合理地解决问题。所以,监理日志要记录好发现的问题、解决的方法及整改的过程和程度,监理日志应记录所发现的问题、采取的措施及整改的过程和效果,使监理事件圆满"闭合"。

(4) 关心安全文明施工管理,做好安全检查记录。一般的委托监理合同中,大多不包括安全内容。虽然安全检查属于委托监理合同外的服务,但直接影响操作工人的情绪,进而影响工程质量,所以监理人员也要多关心、多提醒,做好检查记录,从而保证监理工作的正常开展。

(5) 监理日志应内容严谨真实、书写工整、用语规范。监理日志体现了记录人对各项活动、问题及其相关影响的表达。文字如处理不当,比如错别字多、涂改明显、语句不通、不符合逻辑,或用词不当、用语不规范、采用日常俗语等都会产生不良后果。语言文字表达能力不足的监理人员在日常工作中要多熟悉图纸、规范,提高技术素质,积累经验,掌握写作要领,严肃认真地记录好监理日志。

(6) 监理日志记录后,要及时交项目总监理工程师审阅,以便及时沟通和了解,从而促进监理工作正常有序地开展。

复习思考题

1. 水利工程建设监理大纲有哪些作用和主要内容?

2. 什么是建设监理规划? 其编写依据是什么?

3. 水利工程建设监理规划有哪些编写要求? 有哪些主要内容?

4. 水利工程监理实施细则有哪些编写要点?

5. 编写水利工程监理报告有哪些要求?

6. 水利工程监理月报有哪些主要内容?

7. 水利工程监理专题报告有哪些主要内容?

8. 水利工程监理工作报告有哪些主要内容?

9. 水利工程监理工作总结报告有哪些主要内容?

10. 水利工程专业监理日志的记录内容是什么?

11. 水利工程项目监理日志的记录内容是什么?

12. 记录水利工程监理日志时有哪些注意事项?

第四章 水利工程建设监理招标与投标

第一节 监理招标

一、建设工程监理的范围

建设工程监理范围可以分为实体性的工程范围和程序性的建设阶段范围。

（一）工程实体范围

为了有效发挥建设工程监理的作用，加大推行监理的力度，根据有关法律、法规对实行强制性监理的工程范围做了原则性的规定。下列建设工程必须实行监理：

（1）国家重点建设工程：依据《国家重点建设项目管理办法》所确定的对国民经济和社会发展有重大影响的骨干项目。

（2）大中型公用事业工程，包括：项目总投资额在3000万元以上的供水、供电、供气、供热等市政工程项目；科技、教育、文化等项目；体育、旅游、商业等项目；卫生、社会福利等项目；其他公用事业项目。

（3）成片开发建设的住宅小区工程：建筑面积在5万平方米以上的住宅建设工程。

（4）利用外国政府或者国际组织贷款、援助资金的工程，包括：使用世界银行、亚洲开发银行等国际组织贷款资金的项目；使用国外政府及其机构贷款资金的项目；使用国际组织或者国外政府援助资金的项目。

（5）国家规定必须实行监理的其他工程，包括：项目总投资额在3000万元以上关系社会公共利益、公众安全的交通运输、水利建设、城市基础设施、生态环境保护、信息产业、能源等基础设施项目，以及学校、影剧院、体育场馆项目。

（二）工程程序范围

根据基本建设程序的各个阶段，建设工程监理可以适用于建设工程投资决策阶段和实施阶段，但目前主要用于建设工程施工阶段。

在建设工程施工阶段，建设单位、勘察单位、设计单位、施工单位和工程监理企业等工程建设的各类行为主体均出现在建设工程当中，形成了一个完整的建设工程组织体系。在这个阶段，建筑市场的发包体系、承包体系、管理服务体系的各主体在建设工程中会合，由建设单位、设计单位、施工单位和工程监理企业各自承担工程建设的责任和义务，最终将建设工程建成投入使用。在施工阶段委托监理，其目的是有效地发挥监理的规划、控制、协调作用，为在计划目标内建成工程提供更好的管理。

二、项目监理招标应当具备的条件

项目监理招标应当具备下列条件：

（1）项目可行性研究报告或者初步设计已经批复。

（2）监理所需资金已经落实。

（3）项目已列入年度计划。

三、招标方式

项目监理招标的方式有两种：

（1）公开招标。这是一种无限竞争性招标，招标单位可以通过报刊、网络或其他方式发布招标公告。

（2）邀请招标。这是一种有限竞争性招标，由招标单位发出招标邀请书，邀请三个以上（含三个）有能力承担相应监理业务的单位参加投标。

对监理业务服务费不足 50 万元人民币、有保密性要求或者有特殊专业性、技术性要求，不宜采用公开招标和邀请招标的工程项目，经管理该工程招标的建设行政主管部门负责人批准，可以进行比选确定。

四、监理的招标程序

招标是招标人选择中标人并与其签订合同的过程，而投标则是投标人力争获得实施合同的竞争过程。招标人和投标人均需遵循招投标法律和法规的规定进行招标投标活动。监理招标应按下列程序进行：

（1）招标单位自行办理招标事宜的，到当地招标办办理备案手续。

（2）编制招标文件。

（3）发布招标公告或发出邀标通知书。

（4）向投标单位发出投标资格预审通知书，对投标单位进行资格预审。

（5）向投标单位发出招标文件。

（6）组织必要的答疑、现场勘察，解答投标单位提出的问题，编写答疑文件或补充投标文件等。

（7）接受投标书。

（8）组织开标、评标、决标。

（9）招标单位自确定中标单位之日起 15 日内向当地招标办提交招标投标情况的书面报告。

（10）向投标单位发出中标或未中标通知书。

（11）与中标单位订立书面委托监理合同。

第二节　监理招标文件

按《中华人民共和国招标投标法》第十九条的规定，招标人应当根据招标项目的特点和需要编制招标文件。

一、监理工作

1. 监理服务的工作范围

监理委托合同的标的，是监理单位为发包人提供的监理服务。《工程建设监理规定》中明确规定:"工程建设监理的主要内容是控制工程建设的投资、建设工期和工程质量;进行工程建设合同管理,协调有关单位间的工作关系。"

按照这一规定,委托监理业务的范围非常广泛,从工程建设各阶段来说,可以涵盖项目前期立项咨询、设计阶段监理、招标阶段监理、施工阶段监理、保修阶段监理。在每一阶段内,又可以进行投资、质量、工期的三大控制,以及合同管理和信息管理。

2. 按照工作性质划分的委托工作

(1) 工程技术咨询服务,例如,进行可行性研究,各种方案的成本效益分析,编制特殊工程的建筑设计标准,准备技术规范,提出质量保证措施。

(2) 协助发包人选择承包商,组织设计、施工、设备采购招标等。

(3) 技术监督和检查,包括:检查工程设计、材料和设备质量,对操作或施工质量进行监理和检查等。

(4) 施工管理,包括质量控制、成本控制、计划和进度控制、施工安全控制等。

3. 项目建设不同阶段的委托监理工作

1) 建设前期阶段的工作

(1) 对项目的投资机会研究,包括确定投资的优先性和部门方针。

(2) 对建设项目的可行性研究,确定项目的基本特征及其可行性。

(3) 为了顺利实施开发计划和投资项目,并充分发挥其作用,提出经营管理和机构方面所需的变更和改进意见。

(4) 参与设计任务书的编制。

2) 设计阶段的工作

(1) 提出设计要求,参与评选方案。

(2) 参与选择勘察、设计单位,协助发包人签订勘察、设计合同。

(3) 监督初步设计和施工图设计工作的执行,控制设计质量,并对设计成果进行审核。

(4) 控制设计进度以满足进度要求,并监督设计单位实施。

(5) 审核概(预)算,实施或协助实施投资控制。

(6) 参与工程主要设备选型。

3) 招标阶段的工作

(1) 编制招标文件和评标文件。

(2) 协助评审投标书,提出决标评估意见。

(3) 协助发包人与承建单位签订承包合同。

4) 施工阶段的工作

(1) 协助发包人编写开工报告。

(2) 审查承建单位各项施工准备工作,发布开工通知。

(3) 督促承建单位建立、健全施工管理制度和质量保证体系,并监督其实施。

(4) 审查承建单位提交的施工组织设计、施工技术方案和施工进度计划,并督促其实施。

(5) 组织设计交底及图纸会审,审查设计变更。

(6) 审核和确认承建单位提出的分包工程项目及选择的分包单位。

(7) 复核已完工程量,签署工程付款证书,审核竣工结算报告。

(8) 检查工程使用的原材料、半成品、成品、构配件和设备的质量,并进行必要的测试和监控。

（9）监督承建单位严格按技术标准和设计文件施工，控制工程质量。重要工程要督促承建单位实施预控措施。

（10）监督工程施工质量，对隐蔽工程进行检验签证，参与工程质量事故的分析及处理。

（11）分阶段进行进度控制，及时提出调整意见。

（12）调解合同纠纷和处理索赔事宜。

（13）督促检查安全生产、文明施工。

（14）组织工程阶段验收及竣工验收，并对工程施工质量提出评估意见。

5）保修阶段的工作

（1）协助组织和参与检查项目正式运行前的各项准备工作。

（2）对保修期间发现的工程质量问题，参与调查研究，弄清情况，鉴定工程质量问题的责任，并监督保修工作。

4. 依据项目的特点委托工作任务

监理招标发包的工作内容和范围可以是整个工程项目的全过程，也可以是监理招标人与其他人签订的一个或几个合同的履行。划分合同工作范围时，通常考虑的因素包括：

（1）工程规模。对于中、小型工程项目，有条件时可将全部监理工作委托给一个单位；对于大型或复杂工程，则应按设计、施工等不同阶段及监理工作的专业性质分别委托给几家单位。

（2）工程项目的专业特点。不同的施工内容对监理人员的素质、专业技能和管理水平的要求不同，应充分考虑专业特点的要求。如将土建和安装工程的监理工作分开招标，甚至有特殊基础处理时可将该部分从土建中分离出去单独招标。

（3）被监理合同的难易程度。工程项目建设期间，招标人与第三人签订的合同较多，对易于履行合同的监理工作可并入相关工作的委托监理内容之中。如将采购通用建筑材料购销合同的监理工作并入施工监理的范围之内，而设备制造合同的监理工作则需委托专门的监理单位。

二、招标文件的主要内容

招标文件的主要内容包括以下部分：

（1）投标邀请书。投标邀请书的具体格式由招标人确定，内容一般包括：招标单位名称；建设项目资金来源；工程项目概况和本次招标工作范围的简要介绍；购买资格预审文件的地点、时间和价格；投标单位考察现场的时间；投标截止时间；投标文件递送时间；开标时间、开标地点等有关事项。

（2）投标人须知。投标人须知应当包括：招标项目概况，监理范围、内容和监理服务期，招标人提供的现场工作及生活条件（包括交通、通信、住宿等）和试验检测条件，对投标人和现场监理人员的要求，投标人应当提供的有关资格和资信证明文件，投标文件的编制要求，提交投标文件的方式、地点和截止时间，开标日程安排，投标有效期等。

（3）书面合同书格式。大、中型项目的监理合同书应当使用《工程建设监理合同示范文本》，小型项目可参照使用。合同的标准条件部分不得改动，结合委托监理任务的工程特点和项目地域特点，双方可针对标准条件中的要求予以补充、细化或修改。在编制招标文件时，为了能使投标人明确义务和责任,专用条件的相应条款内容均应写明。然而招标文件专用条款的内容只是编写投标书的依据,如果通过投标、评标和合同谈判,发包人同意接受投标书中的某些建议,则双方协商达成一致修改专用条款的约定后再鉴证合同。

（4）投标报价书、投标保证金和授权委托书、协议书和履约保函的格式。

（5）工程技术文件。工程技术文件是投标人完成委托监理任务的依据,应包括以下内容:① 工程项目建议书;② 工程项目批复文件;③ 可行性研究报告及审批文件;④ 应遵守的有关技术规定;⑤ 必要的设计文件、图纸和有关资料。

（6）投标报价要求及其计算方式。

（7）评标标准与方法。

（8）投标文件格式,包括投标文件格式、监理大纲的主要内容要求、投标单位对投标负责人的授权书格式、履约保函格式。

（9）其他辅助资料,包括:拟参与工程监理工作的主要人员汇总表,拟参与工程的主要监理人员简历表,拟用于工程的办公、检测设备及仪器清单。

第三节　监理投标人的资格审查

国家有关规定对投标人资格条件或者招标文件对投标人资格条件有规定的,投标人应当具备规定的资格条件,对于一些大型建设项目,要求供应商或承包商有一定的资质,如水利、交通等行业主管部门对承揽重大建设项目的投标人都有一系列的规定,对于参加国家重点建设项目的投标人,必须达到甲级资质。当投标人参加这类招标时必须满足相应的资质要求。

资格审查应主要审查潜在投标人或者投标人是否符合下列条件:

（1）具有独立合同签署及履行的权利。

（2）具有履行合同的能力,包括专业、技术资格和能力、资金、设备和其他物资设施能力、管理能力、类似工程经验、信誉状况等。

（3）没有处于被责令停业,投标资格被取消,财产被接管、冻结等状态。

（4）在最近3年内没有骗取中标和严重违约及重大质量问题。

资格审查时,招标人不得以不合理的条件限制、排斥潜在投标人或者投标人,不得对潜在投标人或者投标人实行歧视待遇。任何单位和个人不得以行政手段或者其他不合理方式限制投标人的数量。

一、资格审查文件

不论是公开招标还是邀请招标进行资格审查比较,都要考察投标人的资格条件、经验条件、资源条件、公司信誉和承接新项目的监理能力几个方面。

（一）资格条件

（1）资质等级证书。

（2）营业执照、注册范围。

（3）隶属关系。

（4）公司的组成形式,以及总公司和分公司的所在地。

（5）法人条件和公司章程。

（二）经验条件

（1）已监理过的工程项目。

（2）已监理过与招标工程类似的工程项目。

（三）资源条件

（1）公司人员。

（2）开展正常监理工作可采用的检测方法和手段。

（3）使用的计算机软件管理能力。

（四）公司信誉

（1）监理单位在专业方面的名望、地位。

（2）在以往服务的工程项目中的信誉。

（3）是否能全心全意地与发包人和承包人合作。

（五）承接新项目的监理能力

（1）正在进行监理工作的工程项目的数量、规模。

（2）正在进行监理工作的各项目的开工和预计竣工时间。

二、资格审查的方法和分类

（一）资格审查的方法

监理招标对投标人的资格审查方法与其他招标的资格预审方法是有所区别的，施工和供货招标是发出资格预审表格，由投标人填写后进行审查比较，而监理招标可以首先以会谈的形式对监理单位的主要负责人或拟派驻的总监理工程师进行考察，然后再让其报送相应的资格材料。

招标前，招标人可以分别邀请每一家公司来进行委托监理任务的意向性洽谈。首先向对方介绍拟建项目的简单情况，监理服务的要求、工作范围、拟委托的权限和要求达到的目的等情况，并听取对方就该公司业务情况的介绍，然后针对所提供的该监理公司资质证明文件中的有关内容，请其做进一步的说明。这种做法，一方面，初选名单范围较宽，没有必要让监理单位做更多的准备工作，以便节约时间和费用；另一方面，当面洽谈有助于更全面、详细地了解对方的资质情况，以及听取他们对完成该项目监理工作的建议。与初选各家公司会谈后，再对各家的资质进行评审和比较，确定邀请投标的监理单位名单。

初选审查还只限于对邀请对象的资质、能力是否与拟实施项目特点相适应的总体考查，而不是评定其准备实施该项目监理工作的建议是否可行、适用。为了能够对监理单位有较深入、全面的了解，应通过以下方法收集有关信息：索取监理单位的情况介绍资料；向其已监理过的工程的发包人咨询；考查其已监理过的工程项目。

（二）资格审查的分类

资格审查分为资格预审和资格后审。资格预审是指在投标前对潜在投标人进行资格审查的审查方式；资格后审是指在开标后，招标人对投标人进行资格审查，提出资格审查报告，经参审人员签字由招标人存档备查，同时交评标委员会参考的审查方式。目前采用较多的是资格预审。

资格预审一般按照下列原则进行：

（1）招标人组建的资格预审工作组负责资格预审。

（2）资格预审工作组按照资格预审文件中规定的资格评审条件，对所有潜在投标人提交的资格预审文件进行评审。

（3）资格预审完成后，资格预审工作组应提交由资格预审工作组成员签字的资格预审报告，并由招标人存档备查。

（4）经资格预审后，招标人应当向资格预审合格的潜在投标人发出资格预审合格通知书，告知获取招标文件的时间、地点和方法，并同时向资格预审不合格的潜在投标人告知资格预审结果。

第四节　监理投标文件的编制

一、监理投标文件的组成

监理投标文件一般包括下列内容：

（1）投标报价书。

（2）投标保证金。

（3）委托投标时，法定代表人签署的授权委托书。

（4）投标人营业执照、资质证书及其他有效证明文件的复印件。

（5）监理大纲。

（6）项目总监理工程师及主要监理人员简历、业绩、学历证书、职称证书、监理工程师资格证书和岗位证书等证明文件。

（7）拟用于工程的办公、检测设施、设备、仪器。

（8）近3～5年完成的类似工程、有关方面对投标人的评价意见及获奖证明。

（9）投标人近3年的财务状况。

（10）投标报价的计算和说明。

（11）招标文件要求的其他内容。

二、监理投标文件的编制

《中华人民共和国招标投标法》第二十七条规定，投标人应当按照投标文件的要求编制投标文件。

投标人要到指定的地点购买招标文件，并准备投标文件。投标人在编制投标文件时必须按照招标文件的要求编写。投标人应认真研究、正确理解招标文件的全部内容，并按要求编制投标文件。投标文件应当对招标文件提出的实质性要求和条件作出响应。实质性要求和条件是指招标文件中有关招标项目的价格、项目的计划、技术规范、合同的主要条款等，投标文件必须对这些条款作出响应。这就要求投标人必须严格按照招标文件填报，不得对招标文件进行修改，不得遗漏或者回避招标文件中的问题，更不能提出任何附带条件。投标文件通常可分为技术标（技术建议书）和商务标（财务建议书）两大部分。这两部分可以分别考虑，也可以同时综合考虑，采用哪种方法要根据委托监理工作的项目特点和工作范围要求的内容等因素来决定。技术建议书主要分为监理单位的经验、拟完成委托监理任务的实施方案（监理大纲）和人员配备方案三个主要方面；财务建议书则主要包括报价的合理性内容。

监理投标文件的编制内容如下。

(一) 监理经验

监理经验有以下两个方面：

(1) 监理一般经验。投标人提供的最近几年所承担的工作项目一览表,内容包括数量、规模、专业性质、监理工作内容、监理效果等。

(2) 特殊工程项目经验。对此应根据工程项目的专业特点,看其是否具有所要求的监理经验。一方面其所监理过的工程是否有与该工程同类的项目;另一方面还要根据该工程特殊要求的专业特点,如复杂地基的处理、特殊施工工艺要求(特殊焊接工艺、大型专业设备安装等),看其监理经验是否能满足要求。

(二) 监理实施方案

监理实施方案(监理大纲)包括以下几个方面内容:

(1) 监理工作的指导思想和工作目标:理解发包人对该项目的建设意图、工作目标,在内容上包括全部委托的工作任务,监理目标与投资目标和建设意图一致。

(2) 项目监理班子的组织结构:在组织形式、管理模式等方面合理,结合项目实施的具体特点,与发包人的组织关系和承包人的组织关系协调等。

(3) 工作计划:在工程进展中各个阶段的工作实施计划合理、可行,在每个阶段中如何控制项目目标,以及组织协调的方法。

(4) 对工期、质量、投资进行控制的方法:应用经济、合同、技术、组织措施保证目标的实现,方法科学、合理、有效。

(5) 计算机的管理软件:所拥有和准备使用的管理软件的类型、功能满足项目监理工作的需要。

(6) 提出的管理方案有创造性:监理服务的技术手段独特先进,既有对替代方案有独特实用价值的详细说明,又有技术转让的内容及其采用价值分析等。

(三) 派驻人员计划

1. 项目监理机构的人员结构

项目监理机构应具有合理的人员结构,包括以下两方面的内容:

1) 合理的专业结构

项目监理机构应由与监理工程的性质(民用项目、专业性强的生产项目)及业主对工程监理的要求(是全过程监理或是某一阶段如设计或施工阶段的监理,是投资、质量、进度的多目标控制或是某一目标的控制)相适应的各专业人员组成,也就是各专业人员要配套。应根据项目特点和准备委托监理任务的工作范围,考虑经济师、土建工程师、机械工程师等是否能够满足开展监理工作的需要,专业是否覆盖项目实施过程中的各种专业,以及具备高、中级职称和年龄结构组成的合理性。

一般来说,项目监理机构应具备与所承担的监理任务相适应的专业人员。但是,当监理工程局部有某些特殊性,或业主提出某些特殊的监理要求需要采用某种特殊的监理手段,如局部的钢结构、网架、罐体等质量监控需采用无损探伤、X光及超声探测仪,水下及地下混凝土桩基需要用遥测器探测等时,将这些局部的专业性的监控工作另行委托给有相应资质的咨询机构来承担,也应视为保证了人员合理的专业结构。

2) 合理的技术职务、职称结构

为了提高管理效率和经济性,项目监理机构的监理人员应根据建设工程的特点和建设工程监理工作的需要确定其技术职务、职称结构。合理的技术职称结构表现在高级职称、中级职称和初级职称有与监理工作要求相称的比例。

(1) 总监理工程师人选:工程项目建设监理,我国实行的是总监理工程师负责制。因此,总监理工程师人选合适,是监理任务成功的关键。主要根据项目本身的特点,看其学历、专业、现任职务、年龄、健康状况、以往的工作成就等一般条件是否符合要求;此外,要看其在以往监理工程中所担任的职务,与本项目类似工程的工作经验,对项目的理解和熟悉程度,应变与决策能力,对项目实施监理的具体设想、专业水平和管理能力,责任心,以及能否与发包人顺利交流及是否善于与被监理单位交往等。

(2) 从事监理工作的其他人员。参与监理工作的人员(除总监理工程师外)还包括专业监理工程师和其他监理人员,从投标书中所提供的拟派驻项目人员名单中,看主要监理人员的学历、专业成就、技术职称或职务,参与过哪些工程的监理工作。

2. 项目监理机构监理人员数量的确定

根据工程建设强度、建设工程复杂程度、监理单位的业务水平等配备具体的监理人员;专业类别较多的工程,派驻人员数量可适当增加。项目监理机构的监理人员数量和专业配备应随工程施工进展情况做相应的调整,从而满足不同阶段监理工作的需要。

(四) 将提供给业主的监理阶段性文件

在监理大纲中,监理单位还应该明确未来工程监理工作中向业主提供的阶段性监理文件。这将有助于满足业主掌握工程建设过程的需要,有利于监理单位顺利承揽该建设工程的监理业务。

(五) 监理服务费计价方式

监理服务费的计算,按招标文件提供的格式、计算方法确定。

第五节　评标、定标和签订合同

一、评标

(一) 评标工作程序

评标工作一般按照以下程序进行:

(1) 招标人从评标专家库中抽选评标专家与业主代表组成评标委员会,由评标委员会成员推荐产生评标委员会主任。

(2) 在评标委员会主任的主持下,根据需要,讨论通过成立有关专业组和工作组。

(3) 熟悉招标文件。

(4) 组织评标人员学习评标标准与方法。

(5) 评标委员会对投标文件进行符合性和响应性评定。

(6) 评标委员会对投标文件中的算术错误进行更正。

(7) 评标委员会根据招标文件规定的评标标准与方法对有效投标文件进行评审。

（8）评标委员会听取项目总监理工程师陈述。

（9）经评标委员会讨论，并经二分之一以上成员同意，提出需投标人澄清的问题，并以书面形式送达投标人。

（10）投标人对需书面澄清的问题，经法定代表人或者授权代表人签字后，作为投标文件的组成部分，在规定的时间内送达评标委员会。

（11）评标委员会依据招标文件确定的评标标准与方法，对投标文件进行横向比较，确定中标候选人推荐顺序。

（12）在评标委员会三分之二以上成员同意并在全体成员签字的情况下，通过评标报告；评标委员会成员必须在评标报告上签字。若有不同意见，应明确记载并由其本人签字，方可作为评标报告附件。

（二）评审内容

评标委员会对各投标书进行审查评阅，主要考察以下几方面的合理性：

（1）投标人的资质，包括资质等级、批准的监理业务范围、主管部门或股东单位人员综合情况等。

（2）监理大纲。

（3）拟派驻项目的主要监理人员（重点审查总监理工程师和主要专业监理工程师）。

（4）人员派驻计划和监理人员的素质（通过人员的学历证书、职称证书和上岗证书反映）。

（5）监理单位提供用于工程的检测设备和仪器，或委托有关单位检测的协议。

（6）近几年监理单位的业绩及奖惩情况。

（7）监理费报价和费用组成。

（8）招标文件要求的其他情况。

在审查过程中对投标书不明确之处可采用澄清问题的方式请投标人予以说明，并可通过与总监理工程师会谈，考察他的风险意识、对业主建设意图的理解、应变能力、管理目标的设定等的素质高低。

（三）评标标准

监理评标通常采用综合评分法对各投标人的综合能力进行量化对比。依据招标项目的特点设置评分内容和分值的权重。招标文件中说明的评标原则和预先确定的记分标准开标后不得更改，作为评标委员的打分依据。

评标标准包括投标人的业绩和资信、项目总监理工程师的素质和能力、资源配置、监理大纲及投标报价等五个方面。按其重要程度，其权重可分别考虑为 20%、25%、25%、20%、10%，也可根据项目具体情况确定。

1. 投标人的业绩和资信

（1）资质证书、营业执照等相关情况。

（2）人力、物力与财力资源。

（3）近 3～5 年完成或者正在实施的项目情况及监理效果。

（4）投标人以往的履约情况。

（5）近 5 年受到的表彰或者不良业绩记录情况。

（6）有关方面对投标人的评价意见等。

2. 项目总监理工程师的素质和能力

(1) 项目总监理工程师的简历、监理资格。

(2) 项目总监理工程师主持或者参与监理的类似工程项目及监理业绩。

(3) 有关方面对项目总监理工程师的评价意见。

(4) 项目总监理工程师月驻现场工作时间。

(5) 项目总监理工程师的陈述情况等。

3. 资源配置

(1) 项目副总监理工程师、部门负责人的简历及监理资格。

(2) 项目相关专业人员和管理人员的数量、来源、职称、监理资格、年龄结构、人员进场计划。

(3) 主要监理人员的月驻现场工作时间。

(4) 主要监理人员从事类似工程的相关经验。

(5) 拟为工程项目配置的检测及办公设备。

(6) 随时可调用的后备资源等。

4. 监理大纲

(1) 监理范围与目标。

(2) 对影响项目工期、质量和投资的关键问题的理解程度。

(3) 项目监理组织机构与管理的实效性。

(4) 质量、进度、投资控制和合同、信息管理的方法与措施的针对性。

(5) 拟定的监理质量体系文件等。

(6) 工程安全监督措施的有效性。

5. 投标报价

(1) 监理服务范围、时限。

(2) 监理服务费用结构、总价及所包含的项目。

(3) 人员进场计划。

(4) 监理服务费用报价取费原则是否合理。

(四) 评标

项目监理评标标准和方法应当体现根据监理服务质量选择中标人的原则。评标标准和方法应当在招标文件中载明,在评标时不得另行制定或者修改、补充任何评标标准和方法。

项目监理招标不宜设置标底。

评标方法主要为综合评分法、两阶段评标法和综合比选法,可根据工程规模和技术难易程度选择采用。大、中型项目或者技术复杂的项目宜采用综合评分法或者两阶段评标法,项目规模小或者技术简单的项目可采用综合比选法。

(1) 综合评分法。根据评标标准设置详细的评价指标和评分标准,经评标委员会集体评审后,评标委员会分别对所有投标文件的各项评价指标进行评分,去掉最高分和最低分后,其余评委评分的算术和即为投标人的总得分。评标委员会根据投标人总得分的高低排序选择中标候选人1~3名。若候选人出现分值相同的情况,则对分值相同的投标人改为投票法,以少数服从多数的方式,也可根据总监理工程师、监理大纲的得分高低决定次序,选择中标候选人。

(2) 两阶段评标法。对投标文件的评审分为两阶段进行。首先进行技术评审,然后进行商务评审。有关评审方法可采用综合评分法或综合比选法。评标委员会在技术评审结束之前,不得接触投标文件中商务部分的内容。

评标委员会根据确定的评审标准选出技术评审排序在前几名的投标人,而后对其进行商务评审。根据规定的技术和商务权重,对这些投标人进行综合评价和比较,确定中标候选人1~3名。

(3)综合比选法。根据评标标准设置详细的评价指标,评标委员会成员对各个投标人进行定性比较分析,综合评比,采用投票表决的形式,以少数服从多数的方式,排序推荐中标候选人1~3名。

二、定标

获得最佳综合评价的投标人中标,中标人的投标应当符合下列条件之一:

(1)能够最大限度地满足招标文件中规定的各项综合评价标准。

(2)能够满足招标文件的实质性要求,并且投标价格较低。

招标单位根据评标委员会提出的书面评标报告,从推荐的中标候选单位中确定中标单位,招标单位也可以授权评标委员会直接确定中标单位。评标委员会经过评审可以否决所有投标单位,所有投标被否决的,招标单位应当重新组织招标。评标决标工作一般应在开标会议后15日内完成。中标单位确定后,招标单位应当向中标单位发出中标通知书,并同时将中标结果通知所有未中标的投标单位。

三、签订合同

招标单位和中标单位应当自中标通知书发出之日起30日内按照招标文件和中标单位的投标文件订立书面委托监理合同(可采用建设工程委托监理合同示范合同文本),招标单位和中标单位不得再行订立背离合同实质性内容的其他协议。

所订立的合同应向当地建设主管部门备案。

建设工程委托监理合同的主要内容:第一部分为建设工程委托监理合同;第二部分为标准条件;第三部分为专用条件。

复习思考题

1. 哪些建设工程必须实行工程监理?

2. 水利工程项目监理招标必须具备哪些条件?

3. 水利工程监理招标有哪些方式?

4. 水利工程监理应按照哪些程序进行?

5. 水利工程监理招标有哪些主要内容?

6. 潜在投标人应该符合哪些条件?

7. 资格预审应该遵循哪些原则?

8. 水利工程监理投标文件主要包括哪些内容?

9. 水利工程监理实施方案(监理大纲)包括哪些内容?

10. 评标工作有哪些程序?

第五章　水利工程建设进度控制

第一节　进度控制的作用和任务

一、进度控制的概念

建设工程进度控制是指对工程项目建设各阶段的工作内容、工作程序、持续时间和衔接关系根据进度总目标及资源配置的原则编制计划并付诸实施,然后在进行计划的实施过程中经常检查实际进度是否按计划进度要求进行,对出现的偏差情况进行分析,采取补救措施或调整、修改原计划后再付诸实施,如此循环,直到建设工程竣工验收交付使用。建设工程进度控制的最终目的是确保建设项目按预定的时间动用或提前交付使用。建设工程进度控制的总目标是确保建设工期。而进度控制目标能否实现,主要取决于处在关键线路上的工程内容能否按预定的时间完成。当然,同时要防止非关键线路上的工作延误情况。保证工程项目按期建成交付使用,是建设工程施工阶段进度控制的最终目的。为了有效地控制施工进度,首先要将施工进度总目标从不同的角度进行层层分解,形成施工进度控制目标体系,从而作为对实施进行控制的依据。

建设工程施工进度控制目标体系包括:各单位工程交工动用的分目标及按承包单位施工阶段和不同计划期划分的分目标;各目标间的相互联系。其中,下级目标受上级目标的制约,下级目标保证上级目标,最终保证施工进度总目标的实现。为了提高进度计划的可预见性和进度控制的主动性,在确定施工进度控制目标时,必须全面细致地分析与建设工程进度有关的各种有利因素和不利因素,确定施工进度控制目标的主要依据有:建设工程总进度目标对施工工期的要求;工期定额、类似工程项目的实际进度;工程难易程度和工程条件的落实情况等。

在确定施工进度分解目标时,还要考虑以下各个方面:

(1) 对于大型建设工程项目,应根据尽早提供可动用单元的原则,集中力量分期分批建设,以便尽早投入使用,尽快发挥投资效益。

(2) 合理安排土建与设备的综合施工。

(3) 结合本工程的特点,参考同类建设工程的经验来确定施工进度目标。

(4) 做好资金供应能力、施工力量的配备、物资(材料、构配件、设备)供应能力与施工进度的平衡工作,确保工程进度目标的要求而不落空。

(5) 考虑外部协作条件的配合情况。

(6) 考虑工程项目所在地区地形、地质、水文、气象等方面的限制条件。

总之,要想对工程项目的施工进度实施控制,就必须有明确、合理的进度目标(进度总目标和进度分目标),否则,控制便失去了意义。

二、建设工程进度控制的依据

监理单位只承担监督合同双方履行合同的职责,没有修改合同的权利。因此,监理工程师应严格按合同的有关规定,执行监理工作任务,对合同工期控制遵循以下原则:

(1) 以合同期为准,严格执行合同。

(2) 发生超常规的自然条件(暴雨、洪水、地震……)或因业主方未能按合同规定提供必需的条件(设计图纸、施工场地、移民搬迁、水源、电源及业主方提供的主要建筑材料)时,监理人员应根据施工单位申报的调整工期意见,实事求是地核实影响范围、程度和时间,提出初审意见,报业主方审定。

(3) 由于施工单位的施工力量投入不足或管理不力,造成工期延误,除要求施工方及时加大投入或改善管理,以提高施工强度,为业主挽回工期外,对延误工期部分将根据合同有关规定提出具体处理意见,报业主方审定。

(4) 一个合同中有分阶段交付使用的要求的,按分阶段控制,将阶段工期与总工期衔接起来,以保证阶段工期和总工期的实现,并及时做好阶段初检工作。

三、建设工程进度控制的任务和作用

(1) 设计准备阶段控制的任务是:收集有关工期的信息,进行工期目标和进度控制决策;编制工程项目建设总进度计划;编制设计准备阶段详细工作计划,并控制其执行;进行环境及施工现场条件的调查和分析。

(2) 设计阶段进度控制的任务是:编制设计阶段工作计划,并控制其执行;编制详细的出图计划,并控制其执行。

(3) 施工阶段进度控制的任务是:编制施工总进度计划,并控制其执行;编制单位工程施工进度计划,并控制其执行;编制工程年、季、月实施计划,并控制其执行。

为了有效地控制建设工程进度,监理工程师要在设计准备阶段向建设单位提供有关工期的信息,协助建设单位确定工期总目标,并进行环境及施工现场条件的调查和分析。在设计阶段和施工阶段,监理工程师不仅要审查设计单位和施工单位提交的进度计划,更要编制监理进度计划,以确保进度控制目标的实现。

四、建设工程进度控制措施

在施工招标时确定中标单位并签订工程发包合同后,以发包合同规定的施工期为监理进度控制目标。如果业主要求提前完工或承包商承诺提前竣工,则监理机构将全力支持、配合、协调、监督施工单位采取一定的组织、技术、经济、合同措施,力保按期完工。

(一)组织措施

进度控制的组织措施主要包括:建立进度控制目标体系,明确建设工程现场监理组织机构中的进度控制人员及其职责分工;建立工程进度报告制度及进度信息沟通网络;建立进度计划审核制度和进度计划实施中的检查分析制度;建立进度协调会议制度,包括协调会议举行的时间、地点,协调会议参加人员等;建立图纸审查、工程变更和设计变更管理制度。

在监理工作中,监理单位召集现场各参建单位参加现场进度协调会议,监理单位协调承包单位不能解决的内外关系。因此,在会议之前监理人员要收集相关的进度控制资料,如承包商的人员投入情况、机械投入情况、材料进场和验收情况、现场操作方法和施工措施环境情况。这些都将是监理组织进度专题会议的基础资料之一。通过这些事实,监理人员才能对承包商的施工进度有一个真切的结论,除指出承包商进度落后这一结论和要求承包商进行改正的监理意思外,监理人员还要建设性地对如何改正提出自己的看法,对承包商将要采取的措施得力与否进行科学的评价。有时,监理单位可以组织现场专题会议。现场专题会议一般是由现场的项目经理、副经理、相关管理人员、各专业工种负责人、业主代表和监理人员参加,由项目总监理工程师主持,会议有记录,会后编制会议纪要。当实际进度与计划进度出现差异时,在分析原因的基础上要求施工单位采取以下组织措施:增加作业队伍、工作人数、工作班次,开内部进度协调会等。必要时同步采取其他配套措施:改善外部配合条件、劳动条件,实施强有力的调度,督促承包商调整相应的施工计划、材料设备供应计划、资金供应计划等,在新的条件下组织新的协调和平衡。

(二)技术措施

进度控制的技术措施主要包括:审查承包商提交的进度计划,使承包商能在合理的状态下施工;编制进度控制工作细则,指导监理人员实施进度控制;采用网络计划技术及其他科学适用的计划方法,并结合电子计算机的应用,对建设工程进度实施动态控制。

进度控制很大程度上是基于对承包商的前期工作、期间工作及期后工作信息的收集和分析。作为监理工程师应该具备对承包商现场状态的洞察能力。进度控制无非是对承包商的资源投入状态、资源过程利用状态及资源使用后与目标值的比较状态三个方面内容的控制。对这三个方面的控制监理是对进度要素的控制。建立进度控制的方法即对这些要素具体的综合运用。工程开工时,监理机构指令施工单位及时上报项目实施总进度计划及网络图。总监理工程师审核施工单位提交的总进度计划是否满足合同总工期控制目标的要求,进行进度目标的分解和确定关键线路与节点的进度控制目标,制订监理进度控制计划。为了做好工期的预控,即施工进度的事前控制,监理人员主要按照《建设工程监理规范》的要求,审批承包单位报送的施工总进度计划;审批承包单位编制的年、季、月度施工进度计划;专业监理工程师对进度计划实施的情况检查、分析;当实际进度符合计划进度时,要求承包单位编制下一期进度计划;当实际进度滞后于计划进度时,专业监理工程师书面通知承包单位采取纠偏措施并监督实施技术措施,如缩短工艺时间、减少技术间歇、实行平行流水立体交叉作业等。

(三)经济措施

进度控制的经济措施主要包括:及时办理工程预付款及工程进度款制度手续;对应急赶工给予优惠的赶工费用;对工期提前给予奖励;对工程延误收取误期损失赔偿金;加强索赔管理,公正地处理索赔。

监理工程师应认真分析合同中的经济条款内容。监理工程师在控制过程中,可以与承包商进行多方面、多层次的交流。经济支付是杠杆,也是不可缺少的方法之一,而且是重要的进度控制手段。在进度控制的过程中,从对进度有利的前提出发,监理工程师也可以促使甲乙双方对合同的约定进行合理的变更。

(四)合同措施

进度控制的合同措施主要包括:推行 CM(建设管理)承发包模式,对建设工程实行分段设计、分段发包和分段施工;加强合同管理,协调合同工期与进度计划之间的关系,保证合同中进度目标的实现;严格控制合同变更,对各方提出的工程变更和设计变更,监理工程师应严格审查后再补入合同文件之中;加强风险管理,在合同中应充分考虑风险因素及其对进度的影响,以及相应的处理方法。

运用合同措施是控制工程进度最理性的手段,全面实际地履行合同是承包商的法律义务。当建设单位要求暂时停工,且工程需要暂停施工;或者为了保证工程质量而需要进行停工处理;或者施工出现了安全隐患,总监理工程师有必要停工以消除隐患;或者发生了必须暂时停止施工的紧急事件;或者承包单位未经许可擅自施工,或拒绝项目监理机构管理时,总监理工程师按照《建设工程监理规范》的规定,有权签发工程暂时停工指令。这往往发生在赶工时,重进度轻质量的情况下,此时监理人员要采取强制干预措施,控制施工节奏。

总之,在工程进度管理中,建设单位起主导作用,施工单位起中心作用,监理单位起重要作用。只有三者有机结合,再加上其他单位的大力配合,才能使工程顺利进行,按期竣工。

第二节　　影响工程进度控制的主要因素

影响工程进度的因素很多,在工程建设过程中,常见的影响因素有业主因素、勘察设计因素、施工技术因素、自然环境因素、组织管理因素、社会环境因素、材料因素、设备因素、资金因素等。根据来源划分,影响工程进度的因素归纳起来包括以下几个方面:

(1)建设单位因素:业主使用要求改变而进行设计变更;资金投入不足,并不能及时到位;图纸未及时到位;建设单位供应材料设备未及时送到施工现场;应确定事项未及时确定;场地拆迁不彻底等。

(2)承建单位因素:承建单位(包括总承包单位、各专业分承包单位、材料供应单位、设备制造安装单位)人力、技术力量投入不足;施工方案欠佳;出现施工质量问题需处理;所采用工程材料、产品质量差,需要整改;工程材料不足,供应不及时;资金调用失控,出现资金短缺现象。

(3)设计单位因素:未及时向业主提交满足进度计划的设计;设计图纸与现场施工有矛盾,需修改;现场发现配套专业设计与土建有矛盾;变更设计较多。

(4)不利自然条件因素:发生了不可抗力,如台风、暴雨、非典、电网不正常供电、不明障碍物等。

(5)组织管理因素:向有关部门提出各种申请审批手续的延误;合同签订时条款不完善,计划安排不周密,组织协调不力,导致停工停料、相关作业脱节;领导不力,指挥失当,使参加工程建设的各单位、各专业、各个施工过程之间交接、配合上发生矛盾等。

(6)外部单位因素:外部单位临近施工的干扰;与工程有关的市政、规划、消防、电力、自来水、电信等部门的协调不及时。

第三节　　进度控制的方法

工程施工前期的进度控制及准备工作是对施工过程进行动态控制和对工程进度进行主动控制的前提和基础。监理单位应针对工程特点和施工总进度目标,绘制施工进度计划网络图,编制施工进度总控制计划;对施工进度总目标进行层层分解,明确各单项工程各阶段的起止时间,通过运用网络技术定期分析、评价承包的实施进度,当施工进度延误时,要协助承包方查找原因,并制定科学合理的赶工措施;密切注意关键路线项目各重要事件的进展,逐旬、逐月检查承包方的人员、原材料及施工设备的进场情况及进度的实施情况;完善现场例会制度,及时发现、协调和解决影响工程进展的外部条件和干扰因素,促进工程施工的顺利进行;编制和建立适合工程特点的用于进度控制和施工记录的各种图表,便于及时对工程进度进行分析和评价,同时也可以作为进度控制和合同管理的依据。

一、编制和适时调整总进度计划

(一)施工总进度计划的编制

施工总进度计划一般是建设工程项目的施工进度计划。它是用来确定建设工程项目中所包含的各单位工程的施工顺序、施工时间及相互衔接关系的计划。编制施工总进度计划的依据包括施工总方案、资源供应条件、各类定额资料、合同文件、工程项目建设总进度计划、工程运用时间目标、建设地区自然条件及有关技术经济资料等。

施工总进度计划的编制步骤和方法如下:

1. 计算工程量

根据批准的工程项目一览表,按单位工程分别计算其主要实物工程量,只需粗略地计算即可。

工程量的计算可按初步设计(或扩大初步设计)图纸和有关定额手册或资料进行。

2. 确定各单位工程的施工工期

各单位工程的施工工期应根据合同工期确定,同时还要考虑建筑类型、结构特征、施工方法、施工管理水平、施工机械化程度及施工现场条件等因素。

3. 确定各单位工程的开竣工时间和逻辑关系

确定各单位工程的开竣工时间和逻辑关系主要应考虑以下几点:同一时期平行施工的项目不宜过多,以避免人力、物力过于分散;尽量做到均衡施工,以使劳动力、施工机械和主要材料的供应在整个工期范围内达到均衡;尽量提前建设可施工使用的永久性工程,以节省临时工程费用;急需和关键的工程先施工,以保证工程项目如期交工;对于某些技术复杂、施工周期较长、施工困难较多的工程,亦应安排提前施工,以利于整个工程项目按期交付使用;施工顺序必须与主要生产系统投入生产的先后次序相吻合,同时还要安排好配套工程的施工时间,以保证建设工程能迅速投入生产或交付使用;应注意季节对施工顺序的影响,使施工季节不导致工期拖延,不影响工程质量;安排一部分附属工程或零星项目作为后备项目,用以调整主要项目的施工进度;注意主要工种和主要施工机械能否连续施工。

4. 初拟施工总进度计划

按照各单位工程的逻辑关系和工期初拟施工总进度计划,施工总进度计划既可以用横道图表示,也可以用网络图表示。

5. 修正施工总进度计划

初步施工总进度计划编制完成后,要对其进行检查,主要是检查总工期是否符合要求,资源使用是否均衡且其供应是否能得到保证,从而确定正式的施工总进度计划。

（二）单位工程施工进度计划的编制

单位工程施工进度计划的编制步骤如下：

1. 划分工作项目

工作项目是包括一定工作内容的施工过程，它是施工进度计划的基本组成单元。工作项目内容的多少和划分的粗细程度，应该根据计划的需求来确定。对大型建设工程，经常需要编制控制性施工进度计划，此时工作项目可以划分得粗一些，一般只明确到分部工程即可。如果编制实施性施工进度计划，工作项目就应该划分得细一些。在一般情况下，单位施工进度计划中的工作项目应明确到分项工程或更具体，以满足指导施工作业、控制施工进度的要求。

由于单位工程中的工作项目较多，故应在熟悉施工图纸的基础上，根据建筑结构的特点及已确定的施工方案，按施工顺序逐项列出，以防止漏项或重项。凡与工程对象有关的内容均应列入计划，而不属于直接施工的辅助性项目和服务性项目则不必列入。

另外，有些分项工程在施工顺序上和时间安排上是相互穿插进行的，或者是由同一专业施工队完成的，为了简化进度计划的内容，应尽量将这些项目合并，以突出重点。

2. 确定施工顺序

确定施工顺序是为了按照施工的技术规律和合理的组织关系，解决各个项目之间在时间上的先后次序和搭接问题，以达到保证质量、安全施工、充分利用空间、争取时间、实现合理安排工期的目的。

3. 计算工程量

工程量的计算应根据施工图和工程量计算规则，按所划分的每一个工作项目进行。计算工程量时应注意以下问题：工程量的计算单位应与相应定额手册中所规定的计量单位相一致，以便计算劳动力、材料和机械数量时直接套用定额，而不必进行换算；要结合具体的施工方案和安全技术要求计算工程量；应结合施工组织的要求，按已划分的施工段分层分段进行计算。

4. 计算劳动量和机械台班数

当某工作项目由若干个分项工程合并而成时，应分别根据各分项工程的时间额（或产量定额）及工程量计算出综合时间定额（或综合产量定额）。

5. 确定工作项目的持续时间

根据工作项目所需要的劳动量或机械台班数，以及该工作项目每天安排的工人数或配备的机械台数，即可计算出各工作项目的持续时间。

6. 绘制施工进度计划图

绘制施工进度计划图，首先应选择施工进度计划的表达形式。目前，常用来表达建设工程施工进度计划的有横道图和网络图两种形式。

7. 施工进度计划的检查与调整

在施工进度计划初始方案编制好后，需要对其进行检查和调整，以便使进度计划更加合理。进度计划检查的主要内容包括：各工作项目的施工顺序、平行搭接和技术间歇是否合理；总工期是否满足合同规定；主要工种的工人是否能满足连续、均衡施工的要求；主要机具、材料等的利用是否均衡和充分。在这一项中，首要的是前两方面的检查，如果不满足要求，则必须进行调整。只有在前两个方面均达到要求的前提下，才能进行后两个方面的检查与调整。前者是解决可行与否的问题，而后者则是优化的问题。

（三）调整总进度计划

工期目标的按期实现，首要前提是要有一个科学合理的进度计划。如果实际进度与计划进度出现偏差，则应根据工作偏差对其后续工作和总工期的影响情况，调整后续施工的进度，以确保工程进度与目标实现。进度控制程序如图 5-1 所示。

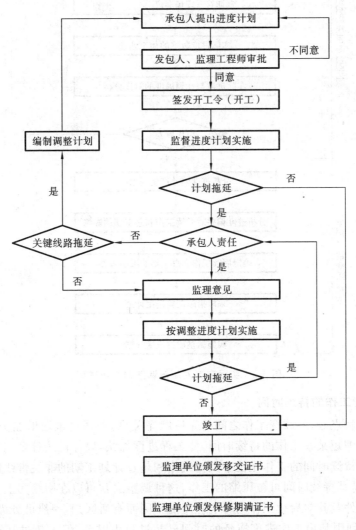

图 5-1　进度控制程序

在工程实施过程中，监理工程师严格执行施工合同中对进度、开工及延期开工、暂停施工、工期延误、工程竣工的承诺。建立实际进度监测与调整的系统过程，如图 5-2 所示。通过检查分析，如果发现原有进度计划已不适应实际情况，为确保进度控制目标的实现或需要确定新的计划目标，就必须对原有的进度计划进行调整，以形成新的进度计划，作为进度控制的新依据。

在实际工作中应根据具体情况进行进度计划的调整。施工进度调整的方法常用的有两种：一种是通过压缩关键工作的持续时间来缩短工期；另一种是通过组织搭接作业或平行作业来缩短工期。

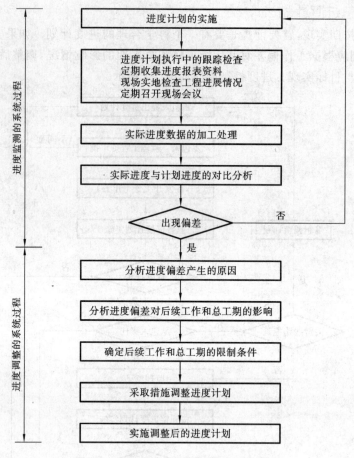

图 5-2　实际进度监测与调整的系统过程

1. 缩短关键工作的持续时间

这种方法的特点是,不改变工作之间的先后顺序关系,而通过采取增加资源投入、提高劳动效率等措施来缩短某些工作的持续时间,使工程进度加快,以保证按计划工期完成该工程项目。这些被压缩持续时间的工作是位于关键线路和超过计划工期的非关键线路上的工作。同时,这些工作又是其持续时间可被压缩的工作,这种调整通常可以在网络图上直接进行。其调整方法视限制条件及其对后续工作的影响程度的不同而有所区别,一般可分为如下两种情况。

(1) 网络计划中某项工作进度拖延的时间已超过自由时差,但未超过其总时差。此时该工作的实际进度不会影响总工期,而只对其后续工作产生影响。因此,在进行调整前,需要确定其后续工作允许拖延的时间限制,并以此作为进度调整的限制条件。该限制条件的确定较复杂,尤其是当后续工作有多个平行的承包单位负责实施时更是如此。后续工作如不能按原计划进行,则在时间上产生的任何变化都可能使合同不能正常履行,而导致蒙受损失的一方提出赔偿。因此,寻求合理的调整方案,把进度拖延后对其后续工作的影响减小到最低程度,是监理工程师的一项重要工作。

(2) 网络计划中某项工作进度拖延的时间超过其总时差。如果网络计划中某项工作进度拖延的时间超过其总时差,则无论该工作是否为关键工作,其实际进度都将对后续工作和总工期产生影响。此时,进度计划的调整方法又可分为以下两种情况:

①　项目总工期不允许拖延。如果工程项目必须按照原计划工期完成,则只能采取缩短关键线路上后续工作持续时间的方法来达到调整计划的目的。这种方法实质上就是工期优化的方法。

②　项目总工期允许拖延的时间有限。如果项目总工期允许拖延,但允许拖延的时间有限,则当实际进度拖延时间超过此限制时,也需要对网络计划进行调整,以便满足要求。具体的调整方法是,以总工期的限制时间作为规定工期,对检查日期之后尚未实施的网络计划进行工期优化,即通过缩短关键线路上后续工作持续时间的方法来使总工期满足规定工期的要求。

缩短关键工作的持续时间通常需要采取一定的措施来达到目的。具体的措施包括:

组织措施:增加工作面,组织更多的施工队伍;增加每天的施工时间;增加劳动力和施工的机械数目。

技术措施:改进施工工艺和施工技术,缩短工艺技术间歇时间;采用更先进的施工方法,以减少施工过程的数量;采用更先进的施工机械。

经济措施:实行包干奖励;提高奖金数额;对所采取的技术措施给予相应的经济补偿。

其他配套的措施:改善外部配合条件;改善劳动条件;实施强有力的调度措施等。

一般说来,不管采取哪种措施,都会增加费用。因此,在调整施工进度计划时,应利用费用最低的原理选择单位费用增加量最少的关键工作作为压缩对象。

2. 改变某些工作间的逻辑关系

当工程项目实施中产生的进度偏差影响到总工期,且有关工作的逻辑关系允许改变时,可以改变关键线路和超过计划工期的非关键路线上的有关工作之间的逻辑关系,以达到缩短工期的目的。例如,将按照顺序进行的工作改为平行作业、搭接作业及分段组织流水作业等,都可以有效地缩短工期。这种方法的特点是不改变工作的持续时间,而只改变工作的开始时间和完成时间。对于大型的建设工程,由于其单位工程较多且互相的制约比较少,可调整的幅度比较大,因此采取平行作业的方法来调整施工进度计划较容易。而对于单位工程项目,由于受工作之间工艺关系的限制,可调整的幅度比较小,因此通常采用搭接作业的方法来调整施工进度计划。但不管是采用搭接作业还是平行作业,建设工程的单位时间内的资源需求都将会增加。

二、工序控制

工序控制是指根据工程的施工进展,编制分项工程资源和工序控制计划(包括工程图纸供应计划、施工设备及劳动组织控制计划、材料供应计划、各个施工作业计划等)来控制进度的方法。

一般要求承包商报送的施工进度计划以横道图或网络图的形式编制,同时说明施工方法、施工场地、道路利用的时间和范围、项目法人所提供的临时工程和辅助设施的利用计划(并附机械设备需要计划)、主要材料需求计划、劳动力计划、资金计划及附属设施计划等。工序控制一般包括以下几个方面。

1. 施工机械、物资供应计划

为了实现月施工计划,对需要的施工机械、物资必须落实,主要包括机械需要计划、主要材料需要计划。

2. 技术组织措施计划

合同要求编制技术组织措施方面的具体工作计划,如保证完成关键作业项目、实现安全施工等。对关键线路上的施工项目,严格控制施工工序,并随工程的进展实施动态控制;对于重要的分部、分项工程的施工,承包单位在开工前,应向监理工程师提交详细方案,说明为完成该项工程的施工方法、施工机械设备及人员配备与组织、质量管理措施及进度安排等,报请监理工程师审查认可后方能实施。

3. 施工进度计划控制

总体工程开工前,首先要求承建单位报送施工进度总计划,监理部门审查其逻辑关系、施工程序和资源的投入均衡与否及其对工程施工质量和合同工期目标的影响。承建单位根据监理部门批准的进度计划,结合实际工程的进度,按月向监理部门报送当月实际完成的施工进度报告和下月的施工进度计划。

4. 工程施工过程控制

监理工程师对施工开工申请单中陈述的人员、施工机具、材料及设备到场情况,施工方法和施工环境进行检查。例如,检查主要专业操作工持证上岗资料;检查五大员(施工员、质检员、材料员、安全员、试验员)是否到岗;检查施工机具是否完好,能否正常运行,能否达到设计要求;检查进场材料是否与设计要求品种、规格一致,是否有出厂标签、产品合格证、出厂试验报告单等。工程施工过程中,监理工程师应密切注意施工进度进展情况,并且通过计算机项目管理程序进行动态跟踪,如工程出现工期延误的情况,监理部门及时召开协调会议,查出原因,不管是不是由于建设单位造成的,都应及时与建设单位协商,尽快解决存在的问题。

三、形象进度控制

施工进度表和材料进场计划表是控制和保证按期完工的形象图表。根据批准的施工技术方案计算各分项工程的工程量所需的劳动力和材料、设备,按照合同工期和劳动工日定额,排出各工序的开、竣工时间和顺序,形成施工进度安排。安排时要尽可能使主要工序和关键机械(如基槽土方的机械开挖)连续,均衡施工,避免尖峰和停顿。处理好时间和空间、需要和条件、进度和供应等方面的关系。工程进度表一般采用横道图或工程进度曲线,这样能直观、方便地检查和控制。在计划图上进行实际进度记录,并跟踪记录每个施工过程的开始日期、完成日期,记录每日完成数量、施工现场发生的情况、干扰因素的排除情况。跟踪形象进度对工程量、总产值,以及耗用的人工、材料和机械台班等的数量进行统计与分析,编制检查期内实际完成和累计完成工程量报表,进行实际进度与计划进度的比较。实际进度与计划进度的比较方法有如下几种。

(一)横道图比较法

横道图比较法是指项目实施过程中检查实际进度收集到的数据,经过加工整理后直接用横道线平行绘于原计划的横道线处,进行实际进度与计划进度比较的方法。采用横道图比较法,可以形象、直观地反映实际进度与计划进度的比较情况。

1. 匀速进展横道图比较法

匀速进展是指在工程项目中,每项工作在单位时间内完成的任务量都是相等的,即工作进展速度是均匀的。此时,每项工作累计完成的任务量与时间呈线性关系,如图 5-3 所示。完成的任务量可以用实物工作量、劳动消耗量或费用支出表示。为了便于比较,通常用上述物理量的百分比表示。

匀速进展横道图比较法实施步骤如下:编制横道图进度计划→在进度计划上标出检查日期→将检查收集到的实际进度数据经加工整理后按比例用黑粗线标于计划进度的下方。如图 5-4 所示。

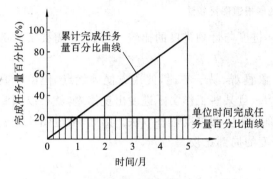

图 5-3 匀速进展工作时间与完成任务量关系曲线   图 5-4 匀速进展横道图比较法

对比分析实际进度与计划进度:如果黑粗线右端落在检查日期左侧,表明实际进度拖后;如果黑粗线右端落在检查日期的右侧,表明实际进度超前;如果黑粗线右端与检查日期重合,表明实际进度与计划进度一致。

必须指出,该方法仅适用于工作从开始到结束的整个过程中,其进展速度均为固定不变的情况。如果工作的进展速度是变化的,则不能采用这种方法进行实际进度与计划进度的比较,否则,会得出错误的结论。

2. 非匀速进展横道图比较法

当不同单位时间里的进展速度不相等时,累计完成的任务量与时间的关系就不可能是线性关系。此时,应采用非匀速进展横道图比较法进行实际进度与计划进度的比较。

非匀速进展横道图比较法是在用黑粗线表示工作实际进度的同时,还要标出其对应时刻完成任务量的累计百分比,并将该百分比与其同时刻计划完成任务量的累计百分比相比较,判断工作实际进度与计划进度之间的关系。

非匀速进展横道图比较法实施步骤如下:编制横道图进度计划→在横道图上方标出各主要时间工作的计划完成任务量累计百分比→用黑粗线标出相应时间工作的实际完成任务量累计百分比→用粗黑线标出工作的实际进度,从开始之日标起,同时反映出该工作在实施过程中的连续与间断情况→通过比较同一时刻实际完成任务量累计百分比和计划完成任务量累计百分比,判断工作实际进度与计划进度之间的关系。如图 5-5 所示,如果同一时刻横道线上方累计百分比大于横道线下方累计百分比,则表明实际进度拖后,拖欠的任务量为两者之差;如果同一时刻横道线上方累计百分比小于横道线下方累计百分比,则表明实际进度超前,超前的任务量为两者之差;如果同一时刻横道线上、下方两个累计百分比相等,则表明实际进度与计划进度一致。

可以看出,由于工作进展速度是变化的,因此在图中的横道线,无论是计划的还是实际的,只能表明工作的开始时间、完成时间和持续时间,并不表示计划完成的任务量和实际完成的任务量。此外,采用非匀速进展横道图比较法,不仅可以进行某一时刻(如检查日期)实际进度与

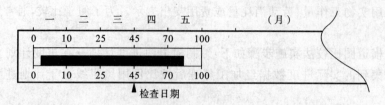

图 5-5　非匀速进展横道图比较法

计划进度的比较,而且还能进行某一时间段实际进度与计划进度的比较。当然,这需要实施部门按规定的时间记录当时的任务完成情况。

横道图比较法虽有记录、比较方法简单,形象直观、易于掌握,使用方便等优点,但由于其以横道图为基础,因而带有不可克服的局限性。一旦某些工作实际进度出现偏差,就难以预测其对后续工作和工程总工期的影响,也就难以确定相应的进度调整方法。因此,横道图比较法适用于工程项目中某些工作实际情况与计划进度的局部比较。

(二)S曲线比较法

S曲线比较法是以横坐标表示时间、纵坐标表示累计完成任务量百分比,绘制一条按计划时间累计完成任务量的S曲线;然后将工程项目实施过程中各检查时间累计完成任务量的S曲线也绘制在同一坐标系中,进行实际进度与计划进度比较的一种方法。其实际进度与计划进度的比较同横道图比较法的一样,S曲线比较法也是在图上进行工程项目实际进度与计划进度的直观比较。在工程项目实施过程中,按照规定时间将检查收集到的实际累计完成任务量绘制在原计划S曲线上,即可得到实际进度S曲线,如图5-6所示。

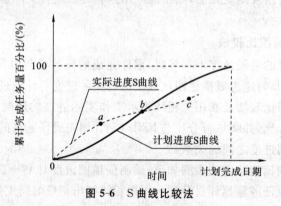

图 5-6　S曲线比较法

在图 5-6 中,工程项目实际进度状况是:如果工程实际进展点落在计划进度S曲线左侧,表明此时实际进度比计划进度超前,如图 5-6 中的 a 点;如果工程实际进展点落在计划进度S曲线右侧,表明此时实际进度拖后,如图 5-6 中的 c 点;如果工程实际进展点落在计划进度S曲线上,则表示此时实际进度与计划进度一致,如图 5-6 中的 b 点。

(三)香蕉曲线比较法

香蕉曲线是由两条S曲线组合而成的闭合曲线。由S曲线比较法可知,工程项目累计完成任务量百分比与计划时间的关系,可以用一条S曲线表示。对于一个工程项目的网络计划来说,以其中各项工作的最早开始时间安排进度而绘制的S曲线,称为ES曲线;以其中各项工作的最迟开始时间安排进度而绘制S曲线,称为LS曲线。两条S曲线具有相同的起点和终点,因此两条曲线是闭合的。在一般情况下,ES 曲线上的其余各点均落在 LS 曲线的相应点的左侧。由于该闭合线形似香蕉,故称为香蕉曲线,如图 5-7 所示。

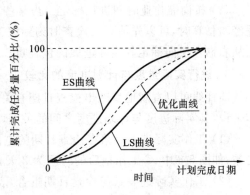

图 5-7　香蕉曲线比较法

香蕉曲线比较法能直观地反映工程项目的实际进度情况,并采用该方法可以获得比采用 S 曲线比较法更多的信息。其主要作用如下:

(1) 合理安排工程项目进度计划。如果工程项目中的各项工作均按其最早开始时间安排进度,将导致项目的投资较大,而如果各项工作都按其最迟开始的时间安排进度,则一旦受到进度影响因素的干扰,又将导致工期拖延,使工程进度风险加大。因此,科学合理的进度计划优化曲线应处于香蕉曲线所包括的区域之内。

(2) 定期比较工程项目的实际进度与计划进度。在工程项目的实施过程中,根据每次检查收集到的实际完成任务量,绘制出实际进度 S 曲线,便可以与计划进度相比较。工程项目实施进度的理想状态是,任一时刻工程实际进展点应落在香蕉曲线图的范围之内。如果工程实际进展点落在 ES 曲线的左侧,表明实际进度比各项工作按其最早开始时间安排的计划进度超前;如果工程实际进展点落在 LS 曲线的右侧,表明实际进度比各项工作按其最迟开始时间安排的计划进度拖后。

(3) 预测后期工程进展趋势。利用香蕉曲线可以对后期工程的进展情况进行预测。判断工程项目按照目前的施工进度在检查日期之后完成工程的情况。

(四) 前锋线比较法

前锋线比较法是通过绘制某检查时刻工程项目实际进度前锋线,进行工程实际进度与计划进度比较的方法,它主要适用于时标网络计划。所谓前锋线,是指在原时标网络计划上,从检查时刻的时标点出发,用点画线依次将各项工作实际进度位置点连接而成的折线。前锋线比较法就是通过实际进度前锋线与原进度计划中各工作箭线交点的位置来判断工作实际进度与计划进度的偏差,进而判定该偏差对后续工作及总工期影响的一种方法。

采用前锋线比较法进行实际进度与计划进度的比较,其步骤如下:

1. 绘制时标网络计划图

工程项目实际进度前锋线在时标网络计划图上表示,为清楚起见,可在时标网络计划图的上方和下方各设一时间坐标。

2. 绘制实际进度前锋线

一般从时标网络计划图上方时间坐标的检查日期开始绘制,依次连接相邻工作的实际进展点,最后与时标网络计划图下方坐标的检查日期相连接。

工作实际进展点的标定方法有两种:

(1) 按该工作已完成任务量比例进行标定。假设工程项目中各项工作均为匀速进展,根据实际进度检查时刻该工作已完成任务量占其计划完成总任务量的比例,在工作箭线上从左至右按相同的比例标定其实际进展点。

（2）按尚需作业时间进行标定。当某些工作的持续时间难以按实物工程量来计算而只能凭经验估算时，可以先估算出检查时刻到该工作全部完成尚需作业的时间，然后在该工作箭线上从右向左逆向标定其实际进展的位置点。

3. 进行实际进度与计划进度的比较

前锋线可以直观地反映出检查日期有关工作实际进度与计划进度之间的关系。对某项工作来说，其实际进度与计划进度之间的关系可能存在以下三种情况：

（1）工作实际进展点落在检查日期的左侧，表明该工作实际进度拖后，拖后的时间为二者之差；如图 5-8 中，C 工作拖后的时间为 2 天，E 工作拖后的时间为 1 天。

（2）工作实际进展点与检查日期重合，表明该工作实际进度与计划进度一致，如图 5-8 中 D 工作。

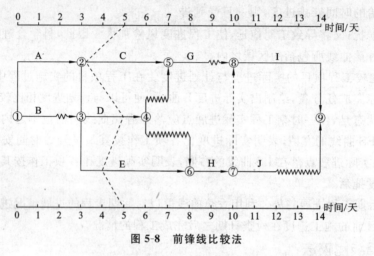

图 5-8　前锋线比较法

（3）工作实际进展点落在检查日期的右侧，表明该工作实际进度超前，超前的时间为二者之差。

4. 预测进度偏差对后续工作及总工期的影响

通过实际进度与计划进度的比较确定进度偏差后，还可根据工作的自由时差和总时差预测该进度偏差对后续工作及项目总工期的影响。由此可见，前锋线比较法既适用于实际进度与计划进度的局部比较，又可用来分析和预测工程项目整体进度状况。

例如，某分部工程时标网络计划如图 5-8 所示。当该计划执行到第 5 天结束时检查实际进展情况，实际进度前锋线表明工作 D 仍有总时差 2 天；工作 G 的最早开始时间将会受影响。

（五）列表比较法

当工程进度计划用非时标网络图表示时，可以采用列表比较法进行实际进度与计划进度的比较。这种方法是记录检查应该进行的工作名称及其已经作业的时间，然后列表计算有关时间参数，并根据工作总时差进行实际进度与计划进度比较的方法。

采用列表比较法进行实际进度与计划进度比较的步骤如下：

（1）对于实际进度检查日期应该进行的工作，根据已作业的时间，确定其尚需作业时间。

（2）根据原进度计划，计算从检查日期开始至原计划最迟完成时间的尚余时间。

（3）计算工作尚有总时差，其值等于工作从检查日期到原计划最迟完成时间尚余时间与该工作尚需作业时间之差。

（4）比较实际进度与计划进度，可能有以下几种情况：① 如果工作尚有时差与原有总时差相等，说明该工作实际进度与原计划进度一致；② 如果工作尚有时差大于原有总时差，说明该工作实际进度超前，超前的时间为二者之差；③ 如果工作尚有时差小于原有总时差，且仍为非负值，说明该工作进度拖后，拖后的时间为二者之差，此时工作实际进度偏差将影响总工期。

第四节　进度控制的具体措施

一、施工进度计划的审查

工程进度控制的具体手段是：建立严格的进度计划会商和审批制度；对进度计划执行情况进行考核，并实行奖惩；定期更新进度计划，及时调整偏差；通过进度计划滚动编制过程的远粗、近细，事先对工程进度动态控制；对工程总进度计划中的关键项目进行重点跟踪控制，达到确保工程建设工期的目的；根据整个工程实际进度，统一安排而提出指导性或目标性的年度、季度总进度计划，用于协调整个工程进度。工程进度涉及业主和承包商的利益，计划是工程进度的控制依据，也是管理工作的重要组成部分，科学合理的工程进度计划是保证施工工期的前提条件。工程进度的控制主要用于审查承包商所制订的施工组织计划的合理性和可行性，并对计划的执行情况进行追踪检查，当发现实际进度与计划不符时，及时提醒承包商，帮助分析查找原因，适时指导承包商调整进度计划，并监督和促进其采取行之有效的补救措施，审核施工单位编制的工程进度计划，并检查督促其执行。目标进度计划审查的主要内容如下：

（1）对承包人报送的实际进度计划（包括总进度计划、分年施工计划、季度施工计划、分月施工计划等）进行认真审批。看进度安排是否符合工程项目建设总进度计划中总目标和分目标的要求，是否符合施工合同中开工、竣工日期的规定。审查计划作业项目是否齐全、有无漏项。

（2）审查施工总进度计划中的项目是否有遗漏，分期施工是否满足分批动用的需要和配套动用的要求。

（3）按分项工程对总进度进行分解，对重点、关键部位或项目，制定工序控制计划和控制工作细则。分析各项目的完工日期是否符合合同规定的各个中间完工日期（主要进度控制里程碑）和最终完工日期；各道作业的逻辑关系是否正确、合理，是否符合施工工序；施工顺序的安排是否符合施工工艺的要求。对进度计划重点审查其逻辑关系、施工程序、资源的均衡投入与否，以及施工进度安排对工程支付、施工质量和合同工期目标的影响等方面。

（4）劳动力、材料、构配件、设备及施工机具、水、电等生产要素的供应计划是否能保证施工进度计划的实现，供应是否均衡，需求高峰期是否有足够能力实现计划供应，与之相应的人员、设备和材料及费用等资源是否合理，能否保证计划的实施。

（5）与外部环境是否有矛盾。如承包商的进度计划是否与项目法人的工作计划协调，与业主提供的设备条件和供货时间有无冲突，对其他标承包商的施工有无干扰；总包、分包单位编制的各项单位工程施工进度计划之间是否相协调；专业分工与计划衔接是否明确合理。

　　如果监理工程师在审查施工进度计划的过程中发现问题,应及时向承包单位提出书面修改意见(也称整改通知书),并协助承包单位修改。其中重大问题应及时向业主汇报。

二、优化调整进度计划

　　监理单位应跟踪计划的实施并进行监督,当发现进度计划执行受到干扰时,应采取调整措施。调整进度计划即对工期进行优化。所谓工期优化,是指网络计划的计算工期不满足要求工期时,通过压缩关键工作的持续时间以满足要求工期目标的过程。

　　网络计划工期优化的基本方法是在不改变网络计划中各项工作之间逻辑关系的前提下,通过压缩关键工作的持续时间来达到优化目标。在工期优化过程中,按照经济合理的原则,不能将关键工作压缩成非关键工作。此外,当工期优化过程中出现多条关键线路时,必须将各条关键线路的总持续时间压缩相同数值,否则,不能有效地缩短工期。

　　网络计划的工期优化可按下列步骤进行:

　　(1)确定初始网络计划的计算工期和关键线路。

　　(2)按要求工期计算应缩短的时间。

　　(3)选择应缩短持续时间的关键工作。选择压缩对象时宜在关键工作中考虑下列因素:① 缩短持续时间对质量和安全影响不大的工作;② 有充足备用资源的工作;③ 缩短持续时间所需增加费用最少的工作。

　　(4)将所选定的关键工作的持续时间压缩至最短,并重新确定计算工期和关键线路。若被压缩的工作变成非关键工作,则应延迟其持续时间,使之仍为关键工作。

　　(5)当计算工期仍超过要求工期时,则重复上述步骤,直至计算工期满足要求工期或计算工期已不能再缩短为止。

　　(6)当所有关键工作的持续时间都已达到其能缩短的极限而寻求不到继续缩短工期的方案,但网络计划的计算工期仍不能满足工期要求时,应对网络计划的原技术方案、组织方案进行调整,或对工期要求重新审定。

　　选择关键工作压缩其持续时间时,应选择优选系数最小的关键工作。若需要同时压缩多个关键工作的持续时间,则它们的优选系数之和(组合优选系数)最小者应优先作为压缩对象。

　　在工程实施过程中按照进度计划予以控制,若实际进度与计划进度偏差甚大,应及时调整进度计划措施。

　　监理工程师根据现场的施工进展情况,要求承包商适时提交反映实际进度的计划,以便及时掌握承包商投入的资源。因此,适时修正的施工进度计划是监理工程师实施进度控制的重要手段,也是监理工程师分析进度拖延的原因、分清施工延期责任、确定延期和赶工费用的基础。

三、工期延误补救

　　造成工程进度拖延的原因有两个方面:一是承包单位自身的原因;一是承包单位以外的原因。前者所造成的进度拖延称为工程延误,而后者所造成的进度拖延称为工程延期。当出现工程延误时,监理工程师有权要求承包单位采取有效措施加快施工进度。如果经过一段时间后,实际进度没有明显改进,仍然拖后于计划进度,而且显然影响工程按期竣工时,监理工程师应要求承包单位修改进度计划,并提交给监理工程师重新确认。工程延误通常可以采用停止付款、误期损失赔偿、取消承包资格等手段处理。

监理工程师对修改后的施工进度计划的确认并不是对工程延误的批准,他只是要承包单位在合理的状态下施工。因此,监理工程师对进度计划的确认并不能解除承包单位应负的一切责任,承包单位需要承担赶工的全部额外开支和误期损失赔偿。

(一)工程延误的处理措施

1. 在原计划范围内采取赶工措施

(1)在年度计划内调整。当月计划未完成,一般要求在下一个月的施工计划中补上。如果由于某种原因(如发生大的自然灾害,或材料、设备、资金未能按计划要求供应等)计划拖欠较多,则要求在季度或年度的其他月份内调整。

(2)在合同工期内跨年度调整。工程年度施工计划是报上级主管部门审查批准的,对于大型工程,还需经国家批准,因此是国家计划的一部分,应有其严肃性。当年计划应力争在当年内完成。只有在出现意外情况(如发生超标准洪水,造成很大损失,出现严重的不良地质情况,材料、设备、资金供应等无法保证时),承包商通过各种努力仍难以完成年度计划时,才允许将部分工程施工进度后延。在这种情况下,调整当年剩余月份的施工进度计划时,应保证合同书上规定的工程控制日期不变,因为它是关键线路上的工期。例如,向下一个工序的承包商移交工作面、某项工程完工等,若拖后很可能引起工期顺延,还可能引起下一工序承包商的索赔,这时,该承包商应加快进度并按原定时间完工。影响上述工程控制工期的关键线路上的施工进度应保证,非关键线路上的施工进度应尽可能保证。

当年的月(季)施工进度计划调整需跨年度时,应结合总进度计划调整考虑。

2. 超过合同工期的进度调整

在合同规定的控制工期内调整已无法实现时,只有靠超过工期来调整进度。这种情况只有在万不得已时才被允许。调整时应注意先调整投产日期外的其他控制日期。例如,厂房土建工期拖延可考虑以加快机电安装进度来弥补,开挖时间拖延可考虑以加快浇筑进度来弥补等,以不影响第一台机组发电时间为原则,可考虑将工期后延,但应报上级主管部门审批。进度调整时应使竣工日期推迟最短。

3. 工期提前的进度调整

当控制投产日期的项目完成计划后,且根据施工总进度安排,其后续施工项目和施工进度有可能缩短时,应考虑工程提前投产的可能性。例如,某发电厂工程,其厂房标计划完成较好,机组安装力量较强,工期有可能提前;而引水系统由于主客观原因,进度拖后较多,成了控制工程发电工期的拦路虎,这时就应想办法把引水系统进度赶上去。

一般情况下,只要能达到预期目标,调整越少越好。在进行项目进度调整时,应充分考虑以下各方面因素的制约:

(1)后续施工项目合同工期的限制。

(2)进度调整后,会不会给后续施工项目造成赶工或窝工而导致其工期和经济上遭受损失的制约。

(3)材料物资供应需求上的制约。

(4)劳动力供应需要的制约。

(5)工程投资分配计划的限制。

（6）外界自然条件的制约。

（7）施工项目之间逻辑关系的制约。

（8）后续施工项目及总工期允许拖延幅度的制约。

（二）工期延期的处理措施

工期延期是指由于承包单位以外的原因造成工期拖延,承包单位有权提出延长工期的申请,监理工程师应根据合同规定,审批工程延期时间。经监理工程师研究批准的工期延长时间,应纳入合同工期,作为合同工期的一部分,即新的合同工期应等于原定的合同工期加上监理工程师批准的工期延长时间。发生工期延长事件,不仅影响工程的进度,而且会对业主带来损失,因此,监理工程师应做好以下工作,以减少或避免工程延期事件的发生。

（1）选择合适的时机下达工程开工令。监理工程师在下达工程开工令之前,应充分考虑业主的前期准备工作是否充分,特别是征地,应充分考虑拆迁工作是否已解决,设计图纸能否及时提供,以及付款方面有无问题,要避免上述问题缺乏准备而造成工程延期。

（2）提醒业主履行施工承包合同中规定的职责。在施工过程中,监理工程师应经常提醒业主履行自己的职责,提前做好施工场地及设计图纸的提供工作,并能及时支付工程进度款,减少或避免由此造成的工程延期。

（3）妥善处理工程延期事件。在延期事件发生后,监理工程师应根据合同规定进行妥善处理,既要尽量减少工期延长时间及其损失,又要在研究调查的基础上合理批准工期延长时间。

此外,业主在施工过程中应减少干预、多协调,以避免由于业主的干扰和阻碍而导致延期事件的发生。

（三）工期进度计划的贯彻

1. 检查各层次的计划,形成严密的计划保证系统

施工总进度计划、单位工程施工进度计划、分部分项工程施工进度计划,都是围绕一个总任务而编制的,它们之前的关系是:高层次计划为低层次计划的依据,低层次计划为高层次计划的具体化。在其贯彻执行时,应当首先检查是否协调一致,计划目标是否层层分解,相互衔接。组成一个计划实施的保证体系,以施工任务书的方式下达到施工队以保证实施。

2. 层层签订承包合同或下达施工任务书

工期进度经理、施工队和作业班组之间分别签订承包合同,按计划目标明确规定合同工期、相互应承担的经济责任、享有的权限和利益,或者采用下达施工任务书的方法,将作业下达到施工班组,明确具体施工计划、技术措施、质量要求等内容。要求施工班组必须保证按作业计划时间完成规定的任务。

3. 计划全面交底,发动群众实施计划

施工进度计划的实施是全体工作人员共同的行动,有关人员都应明确各项计划的目标、任务、实施方案和措施,使管理层和作业层协调一致,将计划变成群众的自觉行动,充分发动群众,发挥群众的干劲和创造精神,在计划实施前,要进行计划交底工作,可以根据计划的范围召开全体职工代表大会或各级生产会议进行交底落实。

（四）督促施工单位工期进度计划的实施

1. 检查施工,编制月作业计划

为了实施施工进度计划,将规定的任务结合现场施工条件,如施工场地的情况,劳动力、机

械等资源条件和施工的实际进度,在施工开始前和过程中不断地编制本月(旬)的作业计划,使施工计划更具体、切合实际和可行。在月(旬)计划中要明确本月(旬)应完成的任务、所需要的各种资源力量、提高劳动生产率的措施和节约措施。

2. 签发施工任务书

编制好月作业计划后,将每项具体任务通过签发施工任务书的方式使其进一步落实。施工任务书是向班组下达任务,实行责任承包、全面管理和原始记录的综合性文件。施工班组必须保证指令任务的完成,它是计划实施的纽带。

3. 检查施工进度记录,填好施工进度统计表

在计划任务完成的过程中,各级施工进度计划的执行者都要跟踪做好施工记录,记载计划中每项工作的开始时期、工作进度和完成时期,为工期进度检查分析提供信息,因此,要求实事求是地记载,填好有关图表。

4. 做好施工中的调度工作

施工中调度室组织施工中各阶段、环节、专业和工种的互相配合,是进度协调的指挥核心。调度工作是使施工进度计划实施顺利进行的重要手段。其主要任务是,掌握计划实施情况,协调各方面关系,采取措施,排除各种矛盾,加强各薄弱环节,实现动态平衡,保证完成作业计划和实现进度目标。

调度工作内容主要有:监督作业计划的实施,调整、协调各方面的进度关系,监督检查施工准备工作,督促资源供应单位按计划供应劳动力、施工机具、运输车辆、材料构配件等,并对临时出现的问题采取调配措施,按施工平面图管理施工现场,结合实际情况进行必要调整,保证文明施工,了解气候、水电气的情况,采取相应的防范措施和保护措施,及时发现和处理施工中的各种施工和意外事件,调节各薄弱环节,定期召开现场调度会议,贯彻工期进度主管人员的决策,发布调度令。

5. 督促承包商建立强有力的现场管理机构

督促承包商建立以进度控制为主线的强有力的现场管理机构,狠抓进度计划的落实,对进度计划的落实情况进行考核,促进施工管理水平的提高,以此促进工程的顺利进展,工期进度计划的实施就是施工活动的进展,也就是用施工进度计划指导施工活动,落实和完成计划的过程。工期进度计划逐步实施的过程就是工期进度逐步完成的过程。为了保证工期进度计划的实施,并且尽量按编制的计划时间逐步进行,保证各进度目标的实现,应做好如下工作:

(1)检查承建单位的施工管理组织机构、人员配备、资质业务水平是否适应工程的需要,检查实际参加施工的人力、机械数量及生产效率,对工程中出现窝工人数、窝工机械台班数等现象分析其原因。

(2)审核施工单位提出的工程项目总进度计划,并督促其执行。审查施工单位月进度计划并督促其执行,要求施工单位定期上报下月的月进度计划和本月的完成工作量表。施工过程中,对照监理机构审批的分月施工计划,督促承包人做好周计划安排,并加以审核,认真落实各项施工措施,保证计划的完成,对实际进度与计划进度的偏差,还要进一步分析其大小、对进度目标影响程度及其产生的原因,以便研究对策,提出纠偏措施,必要时对后期进度计划作出适当的调整。

(五)确保资源供应进度计划的实现

在进度控制中,特别应确保资源供应进度计划的实现,当出现下列情况时,应采取措施处理：

（1）发现资源供应出现中断、供应数量不足、供应时间不能满足要求。

（2）由于工程变更引起资源需求的数量变更和品种变化时，应及时调整资源供应进度计划。

（3）当发包人提供的资源供应速度发生变化而不能满足施工进行要求时，应敦促发包人执行原计划。

（六）检查监督计划的实施

监理工程师对进度计划和实际完成任务进行比较，对进度偏差情况、进度管理情况、影响进度的特殊原因进行分析，并报总监理工程师。对进度拖延的，责成施工单位提出加快进度的措施，并敦促落实。审核施工单位的进度调整计划，监督其实施。

只有月进度计划按期或超前完成，年度计划和总目标的实现才有保证。因此，监理人员应要求承包商年末上报下一年度的施工进度计划，审批后，再按年度计划编报月进度计划，在审批月进度计划时，对承包商的质量保证体系、人员到位情况、设备运行状态、原材料供应及施工方法都要予以考虑。为检查监督计划的实施，可采取下列措施：

（1）建立月例会制。

（2）建立现场协调会制度。

（3）推行目标管理。

（4）及时解决施工中的瓶颈。对于施工中的重点、难点项目，要求承包商制定专门措施，集中一切人力、物力，突击攻关。

（5）大力采用新技术。

复习思考题

1. 试述进度控制和进度控制体系的概念。
2. 建设工程进度控制的依据有哪些？
3. 试述影响工程建设进度控制的主要因素。
4. 工程建设进度控制有哪些？
5. 如何编制施工总进度计划？
6. 如何编制单位工程施工进度计划？
7. 如何调整施工总进度计划？
8. 缩短关键工作的持续时间有哪些措施？
9. 如何采用前锋线进行实际进度与计划进度的比较？
10. 施工进度计划的审查内容有哪些？
11. 网络进度计划工期优化的步骤是什么？
12. 工期延误补救的措施有哪些？
13. 如何督促承包商建立强有力的现场管理机构？

第六章 水利工程建设质量控制

第一节 质量控制的作用和任务

一、工程项目质量和质量控制的概念

(一)广义和狭义的质量概念

狭义的质量是指产品的质量,即工程实体质量(或工程质量)。其定义是:反映实体满足明确需要和隐含需要能力的特性之总和(GB/T 6583—1994)。

质量的主体是实体。实体可以是活动或过程(如监理单位受业主委托实施工程建设监理或承建商履行施工合同的过程),也可以是活动或过程结果的有形产品(如建成的厂房)或无形产品(如监理规划、监理实施细则等),也可以是某个组织体系或人,以及以上各项的组合。

需要通常被转化为有规定准则的特性,如适用性、安全性、可信性、可靠性、可维修性、经济性、美观和环境协调等方面。明确需要是指在合同、标准、规范、图纸、技术文件中已经作出明确规定的要求;隐含需要一是指顾客或社会对实体的期望,二是指那些人们所公认的、不言而喻的、不必作出规定的需要,如住宅应满足人们最起码的居住功能即属于隐含需要。

广义的质量是指工程项目质量,它包括工程实体质量和工作质量两部分。工程实体质量包括工程质量、分部工程质量、单位工程质量;工作质量包括社会工作质量(如社会调查、市场预测、质量回访和保修服务等的质量)和生产过程工作质量(如政治工作质量、管理工作质量、技术工作质量和后勤服务质量等)。

工程质量的好坏是决策、计划、勘察、设计、施工等单位各方面、各环节工作质量的综合反映,而不是单纯靠质量检验检查出来的。要保证工程质量,就要求有关部门和人员精心工作,对决定和影响工程质量的所有因素严加控制,即以提高工作质量来保证工程实体质量。

(二)工程项目质量控制的概念

工程项目质量控制可定义为:为达到工程项目质量要求所采取的作业技术和活动。

工程项目质量要求则主要表现为工程合同的规定、设计文件、技术规范规定的质量标准。因此,工程项目质量控制就是为了保证达到工程合同规定的质量标准而采取的一系列措施、手段和方法。

工程项目的质量控制按其实施者不同,包括以下三个方面:

(1)业主方面的质量控制-工程建设监理的质量控制。其特点是外部的、横向的控制。工程建设监理的质量控制,是指监理单位受业主委托,为保证工程合同规定的质量标准对工程项目的质量控制。

(2)政府方面的质量控制-政府监督机构的质量控制。其特点是外部的、纵向的控制。政府监督机构的质量控制是按城镇或专业部门建立有权威的工程质量监督机构,根据有关法规

和技术标准,对本地区或本部门的工程质量进行监督检查。

(3)承建商方面的质量控制。其特点是内部的、自身的控制。

二、工程建设各阶段对质量形成的影响

工程建设的不同阶段,对工程项目质量的形成有着不同的作用和影响。

(一)项目可行性研究阶段

项目可行性研究是运用技术经济学原理,在对与投资建设有关的技术、经济、社会、环境等方面进行调查研究的基础上,对各方面的拟建方案和建成投产后的经济效益、社会效益和环境效益等技术经济指标进行分析、预测和论证,以确定项目建设的工程项目在可行的情况下提出最佳建设方案,以作为决策、设计的依据的过程。在此阶段,需要确定工程项目的质量要求,并与投资目标相协调。因此,项目的可行性研究直接影响项目决策的质量。

(二)工程项目决策阶段

工程项目决策阶段的任务主要是确定工程项目应达到的质量目标及水平。项目决策要能充分反映业主对质量的要求和意愿。

(三)工程项目设计阶段

工程项目设计阶段,根据工程项目决策阶段已确定的质量目标和水平,通过工程设计使其具体化。设计在技术上是否可行、工艺是否先进、经济是否合理、设备是否配套、结构是否安全可靠等,都将决定工程项目建成后的使用价值和功能。因此,工程项目设计阶段是影响工程项目质量的决定性环节。

(四)工程项目施工阶段

工程项目施工阶段,根据设计文件和图纸的要求,通过施工形成工程实体。这一阶段直接影响工程的最终质量。因此,工程项目施工阶段是工程质量控制的关键环节。

(五)工程项目竣工验收阶段

工程项目竣工验收阶段,对工程项目施工阶段的质量进行试车运转、检查评定,考核质量目标是否符合设计阶段的质量要求。这一阶段是工程建设向生产转移的必要环节,影响工程是否最终形成生产能力,体现了工程质量水平的最终结果。

本章主要讲述工程项目施工阶段和工程项目竣工验收阶段的质量控制。

三、质量控制的依据

工程项目施工阶段,监理人员进行质量控制的依据主要有以下几类:

(1)国家颁布的有关质量方面的法律、法规。为了保证工程质量,监督规范建设市场,国家颁布的法律、法规主要有《中华人民共和国建筑法》《建设工程质量管理条例》《水利工程质量管理规定》等。

(2)已批准的设计文件、施工图纸及相应的设计变更与修改文件。"按图施工"是施工阶段质量控制的一项重要原则,已批准的设计文件无疑是监理人员进行质量控制的依据。但是从严格质量管理和质量控制的角度出发,监理单位在施工前还应参加建设单位组织的设计交底工作,以达到了解设计意图和质量要求、发现图纸差错和减少质量隐患的目的。

(3)已批准的施工组织设计、施工技术措施及施工方案。施工组织设计是承包人进行施

工准备和指导现场施工的规划性、指导性文件,它详细规定了承包人进行工程施工的现场布置、人员组织配备和施工机具配置,每项工程的技术要求,施工工序和工艺、施工方法及技术保证措施,以及质量检查方法和技术标准等。施工承包人在工程开工前,必须提出对于所承包的建设项目的施工组织设计,报请监理人审查,一旦获得批准,它就成为监理人进行质量控制的重要依据之一。

(4) 合同中引用的国家和行业(或部颁)的现行施工操作技术规范、施工工艺规程及验收规范、评定规范。国家和行业(或部颁)的现行施工技术规程规范和操作规程,是建立、维护正常的生产秩序和工作秩序的准则,也是为有关人员制定的统一行动准则,它是工程施工经验的总结,与质量形成密切相关,必须严格遵守。

(5) 合同中引用的有关原材料、半成品、构配件方面的质量依据。这类质量依据包括以下内容:

① 有关产品技术标准,如水泥、水泥制品、钢材、石材、石灰、砂、防水材料、建筑五金及其他材料的产品标准。

② 有关检验、取样方法的技术标准,如《水泥细度检验方法》(GB 1345—2005)、《水泥化学分析方法》(GB/T 176—2008)、《水泥胶砂强度检验方法》(GB/T 17671—1999)、《普通混凝土用砂、石质量标准及检验方法》(JGJ 52—2006)、《水工混凝土试验规程》(DL/T 5150—2001)等。

③ 有关材料验收、包装、标志的技术标准,如《型钢验收、包装、标志及质量证明书的一般规定》(GB/T 2101—2008)、《钢管验收、包装、标志和质量证明书的一般规定》(GB 2101—2006)等。

(6) 发包人和施工承包人签订的工程承包合同中有关质量的合同条款。监理合同写有发包人和监理单位有关质量控制的权利和义务的条款,施工承包合同写有发包人和施工承包人有关质量控制的权利和义务的条款,各方都必须履行合同中的承诺,尤其是监理单位,既要履行监理合同的条款,又要监督施工承包人履行质量控制条款。因此,监理单位要熟悉这些条款。当发生纠纷时,应及时采取协商调解等手段予以解决。

(7) 制造厂提供的设备安装说明书和有关技术标准。制造厂提供的设备安装说明书和有关技术标准,是施工安装承包人进行设备安装必须遵循的重要技术文件,同样是监理人员对承包人的设备安装质量进行检查和控制的依据。

四、质量控制的作用和任务

(一)质量控制的作用

监理单位受建设单位的委托,依据国家和政府颁布的有关标准、规范、规程、规定及工程建设的有关合同文件,对工程建设项目质量形成过程的各个阶段、各个环节中影响工程质量的因素进行有效的控制,预防、减少或消除质量缺陷,满足业主对工程质量的要求,使工程建设项目有良好的投资效益和社会效益。由此可见,质量控制在工程建设项目实施过程中具有十分重要的作用。

1. 克服由建设单位进行质量控制的片面性和放任性的弊端

监理单位按照建设单位的委托监理合同进行质量控制,就有了法律上的保证。监理单位是专职的质量控制监督机构,可以比建设单位更多深入施工现场,及时发现施工中的质量问题并加以纠正。监理单位是工程建设过程中的监督者,在某种意义上还是质量控制的实施者。监理单位还可以对建设单位进行质量控制发挥参谋作用,协助其进行质量控制决策,解决重大质量问题。

2. 促进建设单位和施工单位的质量控制活动

监理单位由于深入施工现场进行全过程质量控制,故可以促使施工单位更加自觉地按照技术规范、操作规范、设计要求、施工方案、工作程序、检验方法等进行施工,从而可以确保工程施工质量,对施工单位的技术水平与管理水平也可以起到促进和提高作用。监理单位实施对施工质量保证体系的检查监督,发现不完善的加以帮助改正,对健全质量体系、加强施工单位的全面质量管理是十分有益的。

3. 有利于施工单位健全施工保证体系

保证工程质量是一个复杂的系统工程,其中主要依靠施工单位内部建立完善的质量保证体系和正常运行,而施工单位的质量保证体系受合同环境的影响很大,如监理单位、材料供应单位、分包单位、外协单位等,都是质量保证体系的构成要素,没有这些单位的质量保证,施工单位的质量就不能保证,就难免出现质量问题。监理单位除对施工单位进行质量监理外,还对其产品合同环境的质量活动进行必要的监理,审查各有关的质量保证体系,对其产品进行验收、检验、认证等把关活动。这一重要工作,离开质量监理是不可能实现的。

(二)质量控制的主要内容

质量控制包括以下主要内容:

(1)审查承包者的资格和质量保证条件,优选承包者,确认分包者。

(2)确定质量标准和明确质量要求。

(3)督促承建商建立与完善质量保证体系。

(4)组织与建立本项目的质量控制体系。

(5)项目实施过程中实行质量跟踪、监督、检查、控制。

(6)质量缺陷或事故的处置。

(三)施工阶段质量控制的任务

施工阶段的质量控制是工程项目全过程质量控制的关键环节。工程质量很大程度上取决于施工阶段的质量控制。其中心任务是要通过建立、健全有效的质量监督工作体系来确保工程质量达到合同规定的标准和等级要求。根据工程质量形成的时间阶段,施工阶段的质量控制可分为质量的事前控制和事后控制。其中,工作的重点应是质量的事前控制。

1. 质量的事前控制

(1)确定质量标准,确定质量要求。

(2)建立本项目的质量监理控制体系。

(3)施工场地的质检验收,包括:① 现场障碍物的拆除、迁建及清除后的验收;② 现场定位轴线及高程标桩的测设、验收。

(4)审查承建商的资质,包括:① 总承包单位的资质在招标阶段已进行了审查,开工时应检查工程主要技术负责人是否到位;② 审查分包单位资质。

(5)督促承建商建立并完善质量保证体系。

(6)检查工程使用的原材料、半成品,包括:① 审核工程所用材料、半成品的出厂证明、技术合格或质量保证书;② 抽检材料、半成品质量;③ 对采用的新材料、新型制品,应检查技术鉴定文件;④ 对重要的原材料、制品、设备的生产工艺、质量控制、检测手段应实地考察,督促生产厂家完善质量保证体系和质量保证措施;⑤ 检查结构构件生产厂家的生产许可证,考察其生产工艺;⑥ 设备安装前,按相应技术说明书的要求检查其质量。

(7) 施工机械的质量控制,包括:① 对影响工程质量的施工机械,按技术说明书查验其相应的技术性能,不符合要求的,不得在工程中采用;② 检查施工中使用的计量器具是否有相应的技术合格证,正式使用前进行校验与校正。

(8) 审查施工单位提交的施工组织设计或施工方案,包括:① 审查施工组织设计或施工方案对保证工程质量是否有可靠的技术和组织措施;② 结合监理工程项目的具体情况,要求施工单位编制重点分部(分项)工程的施工方法文件;③ 要求施工单位提交针对当前工程质量通病制定的技术措施;④ 要求施工单位提交为保证工程质量而制定的质量预控措施;⑤ 要求总包单位编制"土建、安装、装修"标准工艺流程图;⑥ 审核施工单位关于材料、制品试件取样机试验的方法或方案;⑦ 审核施工单位制定的成品保护的措施、方法;⑧ 考核施工单位实验室的资质;⑨ 完善质量报表、质量事故的报告制度等。

2. 质量的事中控制

质量的事中控制主要是指对施工工艺过程的质量控制,其方式有现场检查、旁站、测量、试验。

(1) 工序交接检查:坚持上道工序不经检查验收不准进行下道工序的原则,检验合格后签署认可才能进行下道工序。

(2) 隐蔽工程检查验收。

(3) 做好设计变更及技术核定的处理工作。

(4) 工程质量事故处理:分析质量事故的原因、责任;审核、批准处理工程质量事故的技术措施或方案;检查处理措施的效果。

(5) 行使质量监督权,下达停工指令。

(6) 严格执行工程开工报告和复工报告审批制度。

(7) 进行质量、技术鉴定。

(8) 对工程进度款的支付签署质量认证意见。

(9) 建立质量监理日志。

(10) 组织现场质量协调会。

(11) 定期向总监理工程师、业主报告有关质量动态情况。

3. 质量的事后控制

(1) 组织试车运转。

(2) 组织单位、单项工程竣工验收。

(3) 组织对工程项目进行质量评定。

(4) 审核竣工图及其他技术文件资料。

(5) 整理工程技术文件资料并编目建档。

(四) 保修阶段质量控制的任务

(1) 审核承建商的工程保修证书。

(2) 检查、鉴定工程质量状况和工程使用状况。

(3) 对出现的质量缺陷确定责任人。

（4）督促承建商修复质量缺陷。

（5）在保修期结束后，检查工程保修状况，移交保修资料。

五、质量控制中遵循的原则

监理工程师在质量控制中应遵循以下原则：

（1）坚持质量第一。

（2）坚持以人为控制中心。

（3）坚持以预防为主。

（4）坚持质量标准。

（5）贯彻科学、公正、守法的职业规范。

第二节　影响工程质量的主要因素

在工程建设中，施工阶段影响工程质量的因素主要有人、材料、施工方案、施工机械和环境等五大方面。因此，事前对这五方面的因素严格予以控制，是保证建设项目工程质量的关键。

一、人的控制

人是直接参与工程建设的决策者、组织者、指挥者和操作者。以人作为控制的对象，是为了避免产生失误；控制的动力，是充分调动人的积极性，发挥"人的因素第一"的主导作用。

为了避免人的失误，调动人的主观能动性，增强人的责任感和质量观，达到以工作质量保工序质量、促工程质量的目的，除加强政治思想教育、劳动纪律教育、职业道德教育、专业技术知识培训，健全岗位责任制，改善劳动条件，公平合理地激励外，还需根据工程项目的特点，从确保质量出发，本着适才适用、扬长避短的原则来控制人的使用。

在工程监理质量控制中，应从以下几方面来考虑人对质量的影响。

（一）领导者的素质

在对施工承包单位进行资质认证和优选时，一定要考核领导层的素质，因领导层的整体素质高，必然决策能力强，组织机构健全，管理制度完善，经营作风正派，技术措施得力，社会信誉高，实践经验丰富，善于协作配合，这样，就有利于合同执行，有利于确保质量、进度、投资三大目标的控制。事实证明，领导层整体素质的提升是提高工作质量和工程质量的关键。所以，在FIDIC（国际咨询工程师联合会）合同条款中明文规定：对项目经理、总工程师，以及计划、财务、质量、主体工程、装饰、试验、机械等的主要管理人员的个人经历及能力均要进行考查；监理工程师有权随时检查承包人员的情况，有权建议撤销承包方的任何施工人员，有权建议业主解除合同、驱逐承包商等。这些均有利于加强对承包方人员的控制，促使承包方领导层提高领导素质和管理水平。

（二）人的理论、技术水平

人的理论、技术水平直接影响工程质量水平，尤其是对技术复杂、难度大、精度高、工艺新的建筑结构或建筑安装的工序操作，均应选择既有丰富理论知识，又有丰富实践经验的工程技术人员承担。必要时，还应对他们的技术水平予以考察，进行资质认证。

（三）生理的缺陷

根据工程施工的特点和环境，应严格控制人的生理缺陷，如有高血压、心脏病的人，不能从事高空作业和水下作业；反应迟钝、应变能力差的人，不能操作快速运行、动作复杂的机械设备；视力、听力差的人，不宜参与校正、测量或信号、旗语指挥的作业等。否则，将影响工程质量，引起安全事故，产生质量事故。

（四）人的心理行为

人由于要受社会、经济、环境条件和人际关系的影响，要受组织纪律、法律、规章和管理制度的制约，要受劳动分工、生活福利和工资报酬的支配，因此人的劳动态度、注意力、情绪、责任心等在不同地点、不同时期都会有所变化。如个人某种需要未得到满足，或受到批评处分，带着愤懑和怨气的不稳定情绪工作，或上下级关系紧张，产生疑虑、畏惧、抑郁的心理，注意力发生转移，就极易诱发质量、安全事故。所以，对某些需确保质量、万无一失的关键工序和操作，一定要分析人的心理变化，控制人的思想活动，稳定人的情绪。

（五）人的错误行为

人的错误行为，是指在工作场地或工作中吸烟、打赌、错视、错听、误判断、误动作等，这些都会影响质量或造成安全事故。所以，应采取措施，预防发生质量和安全事故。

（六）人的违纪违章

对人的违纪违章，必须严加教育、及时制止。

此外，应严格禁止无技术资质的人员上岗操作。总之，在使用人的问题上，应从思想素质、业务素质和身体素质等方面综合考虑，全面控制。

二、材料质量控制

（一）材料质量控制的要点

1. 订货前的控制

（1）掌握材料质量、价格、供货能力的信息，选择好的供货厂家，就可获得质量好、价格低的材料资源，从而就可确保工程质量，降低工程造价。为此，对主要材料、设备及构配件，在订货前，必须要求承包单位申报，经监理工程师论证同意后，方可订货。

（2）对主要装饰材料及建筑配件，应在订货前要求厂家提供样品或看样订货；主要设备订货时，要审核设备清单，看其是否符合设计要求。

（3）监理工程师协助承包单位合理、科学地组织材料采购、加工、储备、运输，建立严密的计划、调度、管理体系，加快材料的周转，减少材料的占用量，按质、按量、如期地满足建设要求。

2. 订货后的控制

（1）对永久工程的主要材料，进场时必须具备正式的出厂合格证和材质化验单。如不具备或对检验证明有怀疑，则应补做检验。

（2）工程中所有构件，必须具有厂家批号和出厂合格证。预制钢筋混凝土或预应力钢筋混凝土构件，应按规定的方法进行抽样检验。运输、安装等原因引起的构件质量问题，应分析研究，经鉴定处理后方能使用。

（3）凡标志不清或认为质量有问题的材料、对质量保证资料有怀疑或与合同规定不符的一般材料、由工程重要程度决定应进行一定比例试验的材料、需要进行追踪检验以控制和保证其质量的材料等,均应进行抽检。对于进口的材料设备和重要工程或关键施工部位所用的材料,则应全部进行检验。

(4)材料质量抽样和检验的方法,应符合《建筑材料质量标准与管理规程》,要能反映该批材料的质量性能。对于重要构件或非匀质的材料,还应酌情增加抽样的数量。

(5)对进口材料、设备,应会同商检局检验,如核对凭证时发现问题,应取得供方和商检人员签署的商务记录,按期提出索赔。

(6)对高压电缆、电压绝缘材料,要进行耐压试验。

3. 现场配置材料的控制

在现场配置的材料,如混凝土、砂浆、防水材料、防腐材料、保温材料等的配合比,应先提出试配要求,经试验检验合格后才能使用。

4. 现场使用材料的控制

(1)对材料性能、质量标准、适用范围和施工要求必须充分了解,以便慎重选择和使用材料。

(2)合理地组织材料使用,减少材料的损失,正确按定额计量使用材料,加强运输、仓库、保管工作,加强材料限额管理和发放工作,健全现场管理制度,避免材料损失、变质,确保材料质量。

(3)凡用于重要结构、部位的材料,使用时必须仔细地核对,检查材料的品种、规格、型号、性能有无错误,是否适合工程特点和满足设计要求。

(4)新材料应用前,必须通过试验和鉴定;代用材料必须通过计算和充分的论证,并要符合结构的要求。

(5)要针对工程特点,根据材料的性能、质量标准、适用范围和对施工要求等方面进行综合考虑,慎重选择和使用材料。

(二)材料质量控制的内容

1. 掌握材料质量标准

材料质量标准是用以衡量材料质量的尺度,也是验收、检验材料质量的依据。不同的材料有不同的质量标准,如水泥的质量标准有细度、标准稠度用水量、凝结时间、强度、体积安定性等。掌握材料的质量标准,就便于可靠地控制材料和工程的质量。

2. 材料质量的检验

1) 材料质量检验的目的

材料质量检验的目的,是通过一系列的检测手段,将所取得的材料数据与材料的质量标准相比较,借以判断材料质量的可靠性,决定其能否使用于工程中,同时还有利于掌握材料信息。

2) 材料质量的检验方法

材料质量检验方法有书面检验法、外观检验法、理化检验法和无损检验法等四种:

(1)书面检验法是通过对提供的材料质量保证资料、试验报告等进行审核,取得认可方能使用的方法。

(2)外观检验法是对材料从品种、规格、标志、外形尺寸等方面进行直观检查,看其有无质量问题的方法。

(3)理化检验法是借助试验设备和仪器对材料样品的化学成分、机械性能等进行科学的鉴定的方法。

(4)无损检验法是在不破坏材料样品的前提下,利用 X 射线、超声波、表面探伤仪等进行检测的方法。

3. 材料质量检验程度

根据材料信息和保证资料的具体情况,其质量检验程度分为免检、抽检和全部检验三种:

(1)免检:免去质量检验过程。对有足够质量保证的一般材料,以及实践证明质量长期稳定,且质量保证资料齐全的材料,可予免检。

(2)抽检:按随机抽样的方法对材料进行抽样检验。对材料的性能不清楚,或对质量保证资料有怀疑,或对成批生产的构配件,均应按一定比例进行抽样检验。

(3)全部检验:凡进口的材料、设备和重要工程部位的材料,以及贵重的材料,应进行全部检验,以确保材料和工程质量。

4. 材料质量检验项目

材料质量的检验项目分为一般试验项目和其他试验项目。一般试验项目为通常进行的实验项目;其他试验项目为根据需要进行的试验项目。如水泥一般要进行标准稠度、凝结时间、抗压和抗折强度检验;若是小厂生产的水泥,往往由于安定性不好,则还应进行安定性检验。

5. 材料质量检验的取样

材料质量检验的取样必须有代表性,即所采取样品的质量应能代表该批材料的质量。在采样时,必须按规定的部位、数量及采选的操作要求进行。

三、施工方案控制

施工方案正确与否,是直接影响工程项目的进度、质量、投资三大目标能否顺利实现的关键。往往由于施工方案考虑不周而拖延进度,影响质量,增加投资。为此,监理工程师在审核施工方案时,必须结合工程实际,从技术、组织、管理、工艺、操作、经济等方面进行全面分析、综合考虑,力求方案技术可行、经济合理、工艺先进、措施得力、操作方便,有利于提高质量、加快进度、降低成本。

四、施工机械设备控制

从保证项目施工质量角度出发,监理工程师应从机械设备的选型、机械设备的主要性能参数和机械设备的使用操作要求等三方面予以控制。在项目施工阶段,监理工程师必须综合考虑施工现场条件、建筑结构型式、机械设备性能、施工工艺和方法、施工组织管理、建筑技术经济等各种因素,审核承包单位机械化施工方案。

1. 机械设备的选型

机械设备的选型,应按照技术上先进、经济上合理、生活上适用、性能上可靠、使用上安全、操作上方便和维修上方便等原则,贯彻执行机械化、半机械化与改良工具相结合的方针,突出机械与施工相结合的特色,使其具有工程的适用性,具有保证工程质量的可靠性,具有适用操作的方便性和安全性。

2. 机械设备的主要性能参数

机械设备的主要性能参数是选择机械设备的依据,要能满足施工需要和保证质量的要求。

3. 机械设备的适用、操作要求

合理适用机械设备,正确地进行操作,是保证项目施工质量的重要环节,应贯彻"人机固定"的原则,实行定机、定人、定岗位责任的"三定"制度。操作人员必须认真执行各项规章制度,严格遵守操作规程,防止出现安全质量事故。

五、环境因素控制

影响项目质量的施工环境因素较多,主要有技术环境、施工管理环境及自然环境。

技术环境因素包括施工所用的规程、规范、设计图纸及质量评定标准。

施工管理环境因素包括质量保证体系、三检制、质量管理制度、质量签证制度、质量奖惩制度等。

自然环境因素包括工程地质、水文、气象、温度等。

上述环境因素对施工质量的影响具有复杂而多变的特点,尤其是在某些环境下更是如此。如气象条件就是千变万化的,温度、大风、暴雨、酷暑、严寒等均影响到施工质量。为此,监理工程师要根据工程特点和具体条件,采取有效的措施,严格控制影响质量的环境因素,确保工程项目质量。

第三节　水利工程质量控制方法

一、施工阶段质量控制方法

施工阶段质量检查的主要方法有以下几种:

(一)旁站

监理人员按照监理合同约定,在施工现场对工程项目的重要部位和关键工序的施工,实施连续性的全过程检查、监督与管理。旁站是监理人员的一种主要现场检查形式。对容易产生缺陷的部位及隐蔽工程,尤其应该加强旁站。

在旁站检查中,监理人员必须检查承包商在施工中所用的设备、材料及混合料是否与已批准的配比相符,检查是否按技术规范和批准的施工方案、施工工艺进行施工,注意及时发现问题和解决问题,制止错误的施工方法和手段,尽早避免事故的发生。

(二)检验

(1)巡视检验:监理人员对所监理的工程项目进行的定期或不定期的检查、监督和管理。

(2)跟踪检测:在承包人进行试样检测前,监理人员对其检测人员、仪器设备及拟定的检测程序和方法进行审核;在承包人对试样进行检测时,实施全过程的监督,确认其程序、方法的有效性以及检测结果的可信性,并对结果进行确认。跟踪检测的检测数量,对于混凝土试样,不应少于承包人检测数量的7%;对于土方试样,不应少于承包人检测数量的10%。

(3)平行检测:监理人员在承包人对试样自行检测的同时,独立抽样进行的检测,核验承包人的检测结果。平行检测的检测数量,对于混凝土试样,不应少于承包人检测数量的3%,重要部位每种标号的混凝土最少取样一组;对于土方试样,不应少于承包人检测数量的5%,重要部位至少取样三组。

跟踪检测和平行检测工作都应由具有国家规定资质条件的检测机构承担。平行检测费用由发包人承担。

（三）测量

测量是对建筑物的几何尺寸进行控制的重要手段。开工前，承包人要进行施工放样，监理人员要对施工放样及高程控制进行检查，不合格者不准开工。对模板工程、已完工程的几何尺寸、高程、宽度、厚度、坡度等质量指标，按规范要求进行测量验收，不符合要求的要进行修整，无法修整的进行返工。承包人的测量记录，均要事先经监理人员审核签字后才能使用。

（四）现场记录和发布文件

监理人员应认真、完整记录每日施工现场的人员、设备、材料、天气、施工环境及施工中出现的各种情况，作为处理施工过程中合同问题的依据之一，并通过发布通知、指示、批复、签认等文件形式进行施工全过程的控制和管理。

二、施工阶段质量控制程序

1. 合同项目质量控制程序

合同项目质量控制程序如图 6-1 所示。

（1）监理机构应在施工合同约定的期限内，经发包人同意后向承包人发出进场通知，要求承包人按约定及时调遣人员和施工设备、材料进场，进行施工准备。进场通知中应明确合同工期起算日期。

（2）监理机构应协助发包人向承包人移交施工合同约定应由发包人提供的施工用地、道路、测量基准点，以及供水、供电、通信设施等开工的必要条件。

（3）承包人完成开工准备后，应向监理机构提交开工申请。监理机构在检查发包人和承包人的施工准备满足开工条件后，签发开工令。

（4）由于承包人原因使工程未能按施工合同开工的，监理机构应通知承包人在约定时间内提交赶工措施报告并说明延误开工原因。由此增加的费用和工期延误造成的损失由承包人承担。

（5）由于发包人原因使工程未能按施工合同约定时间开工的，监理机构在收到承包人提出的顺延工期的要求后，应立即与发包人和承包人共同协商补救办法。由此增加的费用和工期延误造成的损失由发包人承担。

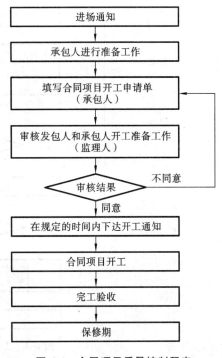

图 6-1　合同项目质量控制程序

2. 单位工程质量控制程序

对于单位工程，监理机构应审批每一个单位工程的开工申请，熟悉图纸，审核承包人提交的施工组织设计、技术措施等，确认后签发开工通知。其质量控制程序如图 6-2 所示。

3. 分部工程质量控制程序

监理机构应审批承包人报送的每一分部工程开工申请，审核承包人递交的施工措施计划，检查该分部工程的开工条件，确认后签发分部工程开工通知。

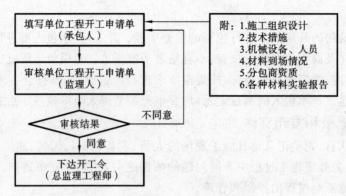

图 6-2　单位工程质量控制程序

4. 单元工程质量控制程序

第一个单元工程在分部工程开工申请获批准后自行开工,后续单元工程凭监理机构签发的上一单元工程施工质量合格证明方可开工,如图 6-3 所示。

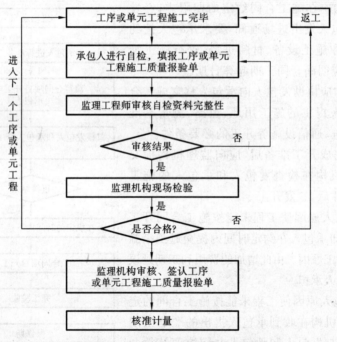

图 6-3　工序或单元工程质量控制程序

5. 混凝土浇筑开仓

监理机构应对承包人报送的混凝土浇筑开仓报审表进行审核。符合开仓条件后,方可签发。

第四节　施工工序的质量控制

工程质量是在施工过程中形成的,不是检验出来的。工程项目的施工过程是由一系列相互关联、相互制约的工序所构成的。工序质量是基础,直接影响工程项目的整体质量。要控制工程项目施工过程的质量,首先必须加强工序质量控制。

一、工序质量控制的内容

进行工序质量控制时,应着重进行以下四方面的工作。

1. 严格遵守工艺规程

施工工艺和操作规程,是进行施工操作的依据和法规,是确保工序质量的前提,任何人都必须遵守,不得违反。

2. 主动控制工序活动条件的质量

工序活动条件包括的内容很多,主要指影响质量的五大因素,即施工操作者、材料、施工机械设备、施工方法和施工环境。只有将这些因素切实有效地控制起来,使它们处于被控状态,才能确保工序产品的质量,才能保证每道工序的正常和稳定。

3. 及时检验工序活动效果的质量

工序活动效果是评价工序质量是否符合标准的尺度。为此,必须加强质量检验工作,对质量状态进行综合统计与分析,及时掌握质量动态,对发现的质量问题,应及时处理。

4. 设置质量控制点

质量控制点是指为了保证作业过程质量而预先确定的重点控制对象、关键部位或薄弱环节。设置控制点以便在一定时期内、一定条件下进行强化管理,使工序处于良好的控制状态。

二、工序分析

工序分析的任务就是找出对工序的关键或重要的质量特性起着支配作用的那些要素的全部活动,以便能在工序施工中针对这些主要因素制定控制措施及标准,进行主动的、预防性的重点控制,严格把关。工序分析一般可按以下步骤进行。

(1) 选定分析对象,分析可能的影响因素,找出支配性要素。具体包括以下工作。

① 选定的分析对象可以是重要的、关键的工序,或者是根据过去的资料认为是经常发生问题的工序。

② 掌握特定工序的现状和问题、改善质量的目标。

③ 分析影响工序质量的因素,明确支配性要素。

(2) 针对支配性要素,拟定对策计划,并加以核实。

(3) 将核实的支配性要素编入工序质量控制表。

(4) 对支配性要素落实责任,实施重点管理。

三、质量控制点的设置

设置质量控制点是保证达到施工质量要求的必要前提,监理人员在拟订质量控制工作计划时,应予以详细考虑,并以制度来保证落实;对于质量控制点,要事先分析可能造成质量问题的原因,再针对原因制定对策和措施进行预控。

(一)质量控制点的设置步骤

承包人应在提交的施工措施计划中,根据自身的特点确定质量控制点,通过监理人员审核后,还要针对每个质量控制点进行控制措施的设计,主要步骤和内容如下:

(1) 列出质量控制点明细表。

(2) 设计质量控制点施工流程图。

（3）进行工序分析，找出影响质量的主要因素。

（4）制定工序质量表，对上述主要因素规定出明确的控制范围和控制要求。

（5）编制保证质量的作业指导书。

承包人对质量控制点的控制措施设计完成后，经监理人员审核批准后方可实施。

（二）质量控制点的设置对象

监理人员应督促施工承包人在施工前全面、合理地选择质量控制点，并对施工承包人设置质量控制点的情况及拟采取的控制措施进行审核。必要时，应对施工承包人的质量控制实施过程进行跟踪检查或旁站监督，以确保质量控制点的实施质量。

承包人在工程施工前应根据施工过程质量控制的要求、工程性质和特点及自身的特点，列出质量控制点明细表，表中应详细地列出各质量控制点的名称或控制内容、检验标准及方法等，提交监理人员审查批准后，在此基础上实施质量预控。

需要设置质量控制点的对象主要包括：

（1）人的行为。某些工序或操作重点应控制人的行为，避免人的失误造成质量问题，如对高空作业、水下作业、爆破作业等危险作业。

（2）材料的质量和性能。材料的质量和性能是直接影响工程质量的主要因素，尤其是某些工序，更应将材料的质量和性能作为控制的重点，如预应力钢筋的加工，就对钢筋的弹性模量、含硫量等有较严格的要求。

（3）关键的操作。

（4）施工顺序。对有些工序或操作，必须严格规定相互之间的先后顺序。

（5）技术参数。有些技术参数与质量密切相关，亦必须严格控制，如外加剂的掺量、混凝土的水灰比等。

（6）常见的质量通病。常见的质量通病如混凝土出现起砂、蜂窝、麻面、裂缝等现象都与工序中质量控制不严格有关，应事先制定好对策，提出预防措施。

（7）新工艺、新技术、新材料的应用。当新工艺、新技术、新材料虽已通过鉴定、试验，但是施工操作人员缺乏经验，又是初次施工时，必须对其工序进行严格控制。

（8）质量不稳定、质量问题较多的工序。通过质量数据统计，质量波动、不合格率较高的工序，也应作为质量控制点设置。

（9）特殊地基和特种结构。对于湿陷性黄土、膨胀性红黏土等特殊地基的处理，以及大跨度结构、高耸结构等技术难度大的施工环节和重要部位，更应特别控制。

（10）关键工序。如钢筋混凝土工程的混凝土振捣，灌注桩的钻孔，隧洞开挖的钻孔布置、方向、深度、用药量和填塞等。

质量控制点的设置要准确有效，因此究竟选择哪些对象作为控制点，这需要由有经验的质量控制人员通过对工程性质和特点、自身特点及施工过程的要求充分进行分析后进行选择。

某工程设置的质量控制如表 6-1 所示。

表 6-1　某工程设置的质量控制

序号	工程项目	质量控制点	控制手段与方法
1	土石方工程	开挖范围（尺寸及边坡比）	测量、巡视
		高程	测量

续表

序号	工程项目	质量控制点	控制手段与方法	
2	一般基础工程	位置（轴线及高程）	测量	
		高程	测量	
		地基承载能力	试验测定	
		地基密实度	检测、巡视	
3	碎石桩基础	桩底土承载力	测试、旁站	
		孔位、孔斜成桩垂直度	量测、巡视	
		投石量	量测、旁站	
		桩身及桩间土	试验、旁站	
		复合地基承载力	试验、旁站	
4	换填基础	原状土地基承载力	测试、旁站	
		混合料配比、均匀性	审核配合比、取样检查、巡视	
		碾压遍数、厚度	旁站	
		碾压密实度	仪器、测量	
5	水泥搅拌桩	桩位（轴线、坐标、高程）	测量	
		桩身垂直度	量测	
		桩顶、桩端地层高程	测量	
		外掺剂掺量及搅拌头叶片角度	量测	
		水泥掺量、水泥浆液、搅拌泥浆浓度	量测	
		成桩质量	N10轻便触探器检验、抽芯检测	
6	灌注桩	孔位（轴线、坐标、高程）	测量	
		造孔、孔径、垂直度	量测	
		终孔、桩端地层、高程	检测、终孔岩样做超前钻探	
		钢筋混凝土浇筑	审核混凝土配合比、坍落度、施工工艺、规程、旁站	
		混凝土密实度	用大小应变超声波等检测、巡视	
7	混凝土浇筑	位置：轴线、高程	测量	1. 原材料要合格，碎石冲洗，外加剂检查试验。 2. 混凝土拌和：拌和时间不少于120 s。 3. 混凝土运输方式、混凝土入仓方式，以及浇筑程序、方式、方法等按规范要求处理。 4. 平仓，控制下料厚度、分层。 5. 振捣间距，不超过振动棒长度的1.25倍。不漏振，注意振捣时间。 6. 浇筑时间要快，不能停顿，但要控制
		断面尺寸	量测	
		钢筋：数量、直径、位置、接头、绑扎、焊接	量测、现场检查	
		施工缝处理和结构缝措施	现场检查	
		止水材料的搭接、焊接	现场检查	
		混凝土强度、配合比、坍落度	现场制作试块、审核混凝土强度	
		混凝土外观	量测	

（三）两类质量控制点

从理论上讲，或在工程实践中，要求监理人员对施工全过程的所有施工工序和环节，都能实施检验，以保证施工的质量。然而，在实际中难以做到这一点，为此，监理人员应督促施工承包人在施工前全面、合理地选择质量控制点。根据质量控制点的重要程度及监督控制要求不同，将质量控制点区分为质量检验见证点和质量检验待检点。

1. 质量检验见证点

承包人在施工过程中达到这一类质量控制点时，应事先书面通知监理人员到现场见证，观察和检查承包人的实施过程。在监理人员接到通知后未能在约定时间到场的情况下，承包人有权继续施工。

例如，在建筑材料生产时，承包人应事先书面通知监理人员对采石场的采石、筛分进行见证。当生产全过程的质量较为稳定时，监理人员可以到场，也可以不到场见证。承包人在监理人员不到场的情况下可继续生产，但需做好详细的施工记录，供监理人员随时检查。在混凝土生产过程中，监理人员不一定对每次拌和都到场检验混凝土的温度、坍落度、配合比等指标，而可以由承包人自行取样，并做好详细的检验记录，供监理人员检查。然而，在混凝土标号改变或发现质量不稳定时，监理人员可以要求承包人事先书面通知监理人员到场检查，否则不得开拌。此时，这种质量控制点就成了质量检验待检点。

质量检验见证点的实施程序如下：

（1）施工或安装承包人在到达这一类质量控制点（质量检验见证点）之前 24 小时，书面通知监理人员，说明何日何时到达该质量检验见证点，要求监理人员届时到现场见证。

（2）监理人员应注明他收到见证通知的日期并签字。

（3）如果在约定的见证时间监理人员未能到场见证，承包人有权进行该项施工或安装施工。

（4）如果在此之前，监理人员对现场进行检查，并写明他的意见，则承包人在监理人员意见的旁边，应写明他根据上述意见已经采取的改正行动，或者他所可能有的某些具体意见。

监理人员到场见证时，应仔细观察、检查该质量控制点的实施过程，并在见证表上详细记录，说明见证的建筑物名称、部位、工作内容、工时、质量等情况，并签字。该见证表还可用作承包人进度款支付申请的凭证之一。

2. 质量检验待检点

对于某些更为重要的质量控制点，必须要在监理人员到场监督、检查的情况下承包人才能进行检验，这种质量控制点称为质量检验待检点。

例如，在混凝土工程中，由基础面或混凝土施工缝处理，模板、钢筋、止水、伸缩缝和坝体排水管安装及混凝土浇筑等工序构成混凝土单元工程，其中每一道工序都应由监理人员进行检查认证，每一道工序检验合格才能进入下一道工序。根据承包人以往的施工情况，有的可能在模板架立上容易发生漏浆或模板走样事故，有的可能在混凝土浇筑方面经常出现问题。此时，就可以选择模板架立或混凝土浇筑作为质量检验待检点，承包人必须事先书面通知监理人员，并在监理人员到场进行检查监督的情况下，才能进行施工。

当然，从广义上讲，隐蔽工程覆盖前的验收和混凝土工程开仓前的检验，也可以认为是质量检验待检点。

质量检验待检点和质量检验见证点执行程序的不同,就在于步骤(3),即如果在到达质量检验待检点时,监理人员未能到场,承包人不得进行该项工作,事后监理人员应说明未能到场的原因,然后双方约定新的检查时间。

质量检验见证点和质量检验待检点的设置,是监理人员对工程质量进行检验的一种行之有效的方法。这些质量控制点应根据承包人的施工技术力量、工程经验、具体的施工条件、环境、材料、机械等各种因素的情况来选定。各承包人的这些因素不同,质量检验见证点或质量检验待检点也就不同。有些质量控制点在施工初期当承包人对施工还不太熟悉、质量还不稳定时可以定为质量检验待检点,而当施工承包人已熟练地掌握施工过程的内在规律、工程质量较稳定时,又可以改为质量检验见证点。某些质量控制点,对于这个承包人可能是质量检验待检点,而对于另一个承包人可能是质量检验见证点。

四、工序质量的检查

1. 承包人的自检

承包人是施工质量的直接实施者和责任者。监理工程师的质量监督与控制目的就是使承包单位建立起完善的质量自检体系并运转有效。

承包人应在施工场地设置专门的质量检查机构,配备专职质量检查人员,建立完善的质量检查制度。承包人应按技术标准和要求(合同技术条款)约定的内容和期限,编制工程质量保证措施文件,包括质量检查机构的组织和岗位责任、质量检查人员的组成、质量检查程序和实施细则等,提交监理人员审批。监理人员应在技术标准和要求(合同技术条款)约定的期限内批复承包人。

承包人完善的自检体系是承包人质量保证体系的重要组成部分,承包人各级质检人员应按照承包人质量保证体系所规定的制度,按班组、值班检验人员、专职质检员逐级进行质量自检,保证生产过程中质量合格,发现缺陷及时纠正和返工,把事故消灭在萌芽状态;监理人员应随时监督检查,保证承包人质量保证体系的正常动作,这是施工质量得到保证的重要条件。承包人应按合同约定对材料、工程设备及工程的所有部位和施工工艺进行全过程的质量检查和检验,并做好详细记录,编制工程质量报表,报送监理人员审查。

2. 监理人员的检查

监理人员的质量检查,是对承包人施工质量的复核与确认;监理人员的检查绝不能代替承包人的自检,而且,监理人员的检查必须是在承包人自检并确认合格的基础上进行的。专职质检员没有检查或检查不合格不能报监理工程师,不符合上述规定,监理工程师一律拒绝进行检查。

监理人员的检查,不免除承包人按合同约定应负的责任。

第五节　工程质量事故分析处理程序与方法

工程质量事故分析与处理的主要目的是:正确分析和妥善处理所发生的事故原因,创造正常的施工条件;保证建筑物、构筑物的安全使用,减少事故的损失;总结经验教训,预防事故发生,区分事故责任;了解结构的实际工作状态,为正确选择结构计算简图、构造设计,修订规范、规程和有关技术措施提供依据。

一、质量事故分析的重要性

质量事故分析的重要性表现在：

（1）防止事故的恶化。例如，在施工中发现现浇的混凝土梁强度不足，就应引起重视，如尚未拆模，则应考虑何时拆模，拆模时应采取何种补救措施。又如，在坝基开挖中，若发现钻孔已进入坝基保护层，此时就应注意到，按照这种情况装药爆破对坝基质量的影响，同时及早采取适当的补救措施。

（2）创造正常的施工条件。如发现金属结构预埋件偏位较大，影响了后续工程的施工，则必须及时分析与处理后，方可继续施工，以保证工程质量。

（3）排除隐患。例如，在坝基开挖中，由于保护层开挖方法不当，设计开挖面岩层较破碎，给坝的稳定性留下隐患。发现这些问题后，应进行详细的分析，查明原因，并采取适当的措施，以及时排除这些隐患。

（4）总结经验教训，预防事故再次发生。例如，大体积混凝土施工中，出现深层裂缝是较普遍的质量事故，就应及时总结经验教训，杜绝这类事故的发生。

（5）减少损失。对质量事故进行及时的分析，可以防止事故的恶化，及时地创造正常的施工秩序，并排除隐患以减少损失。此外，正确分析事故，找准事故的原因，可为合理地处理事故提供依据，达到尽量减少事故损失的目的。

二、质量事故处理对发包人和承包人的要求

（1）发包人负责组织参建单位制定本工程的质量与安全事故应急预案，建立质量与安全事故应急处理指挥部。

（2）承包人应对施工现场易发生重大事故的部位、环节进行监控，配备救援器材、设备，并定期组织演练。

（3）工程开工前，承包人应根据本工程的特点制定施工现场施工质量与安全事故应急预案，并报发包人备案。

（4）施工过程中发生事故时，发包人、承包人应立即启动应急预案。

（5）事故调查处理由发包人按相关规定履行手续。

三、质量事故分析处理程序

依据 1999 年水利部颁发的《水利工程质量事故处理暂行规定》，水利工程质量事故分析处理程序如图 6-4 所示。

（一）下达停工指示

事故发生（发现）后，总监理工程师首先向施工单位下达停工通知。

事故发生后，施工单位要严格保护现场，采取有效措施抢救人员和财产，防止事故扩大。因抢救人员、疏导交通等原因需移动现场物件时，应当作出标志、绘制现场简图，并作出书面记录，妥善保管现场重要痕迹、物证，并进行拍照或录像。

发生（发现）较大、重大和特大质量事故时，事故单位要在 24 小时内向有关单位写出书面报告；发生突发性事故，事故单位要在 4 小时内电话报告有关单位。

质量事故的报告制度如下：

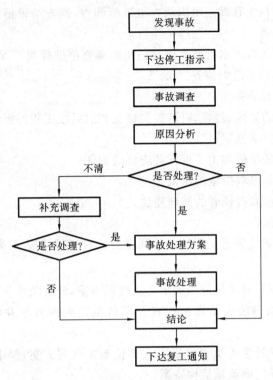

图 6-4　水利工程质量事故分析处理程序

发生质量事故后,项目法人必须将事故的简要情况向项目主管部门报告。项目主管部门接到事故报告后,按照管理权限向上级水行政主管部门报告。

一般质量事故向项目主管部门报告。

较大质量事故逐级向省级水行政主管部门或流域机构报告。

重大质量事故逐级向省级水行政主管部门或流域机构报告并抄报水利部。

特大质量事故逐级向水利部和有关部门报告。

事故报告应当包括以下内容:

(1) 工程名称、建设规模、建设地点、工期,项目法人、主管部门及负责人电话;

(2) 事故发生的时间、地点、工程部位及相应的参建单位名称;

(3) 事故发生的简要经过、伤亡人数和直接经济损失的初步估计;

(4) 事故发生原因初步分析;

(5) 事故发生后采取的措施及事故控制情况;

(6) 事故报告单位、负责人及联系方式。

有关单位接到事故报告后,必须采取有效措施,防止事故扩大,并立即按照管理权限向上级部门报告或组织事故调查。

(二) 事故调查

发生质量事故,要按照规定的管理权限组织调查组进行调查,查明事故原因,提出处理意见,提交事故调查报告。

一般事故由项目法人组织设计、施工、监理等单位进行调查,调查结果报项目主管部门核备。

较大质量事故由项目主管部门组织调查组进行调查,调查结果报上级主管部门批准并报省级水行政主管部门核备。

重大质量事故由省级以上水行政主管部门组织调查组进行调查,调查结果报水利部核备。

特大质量事故由水利部组织调查。

事故调查组的主要任务如下:

(1) 查明事故发生的原因、过程、财产损失情况和对后续工程的影响;

(2) 组织专家进行技术鉴定;

(3) 查明事故的责任单位和主要责任者应负的责任;

(4) 提出工程处理和采取措施的建议;

(5) 提出对责任单位和责任者的处理建议;

(6) 提交事故调查报告。

事故调查组提交的调查报告经主持单位同意后,调查工作即告结束。

(三) 事故处理

发生质量事故,必须针对事故原因提出工程处理方案,经有关单位审定后实施。

一般质量事故,由项目法人负责组织有关单位制定处理方案并实施,报上级主管部门备案。

较大质量事故,由项目法人负责组织有关单位制定处理方案,经上级主管部门审定后实施,报省级水行政主管部门或流域机构备案。

重大质量事故,由项目法人负责组织有关单位提出处理方案,征得事故调查组意见后,报省级水行政主管部门或流域机构审定后实施。

特大质量事故,由项目法人负责组织有关单位提出处理方案,征得事故调查组意见后,报省级水行政主管部门或流域机构审定后实施,并报水利部备案。

事故处理需要进行设计变更的,需原设计单位或有资质的单位提出设计变更方案。需要进行重大设计变更的,必须经原设计审批部门审定后实施。

(四) 检查验收

事故部位处理完成后,必须按照管理权限经过质量评定与验收,方可投入使用或进入下一阶段施工。

(五) 下达复工通知

事故处理经过评定和验收后,总监理工程师下达复工通知。

四、质量事故处理的依据和原则

(一) 质量事故处理的依据

进行工程质量事故处理的主要依据有:质量事故的实况资料;具有法律效力的、得到有关当事各方认可的工程承包合同、设计委托合同、材料或设备购销合同及监理合同或分包合同等合同文件;有关的技术文件、档案;相关的建设法规。

在这四方面依据中,前三种是与特定的工程项目密切相关的具有特定性质的依据。第四种法规性依据,是具有很高权威性、约束性、通用性和普遍性的依据,因而它在质量事故的处理事务中,也具有极其重要的作用。

（二）质量事故处理的原则

因质量事故造成人身伤亡的,还应遵从国家和水利部伤亡事故处理的有关规定。

发生质量事故,必须坚持事故原因不查清楚不放过、主要事故责任者和职工未受到教育不放过、补救和防范措施不落实不放过的"三不放过"原则,认真调查事故原因,研究处理措施,查明事故责任,做好事故处理工作。由质量事故而造成的损失费用,坚持谁该承担事故责任,由谁负责的原则。质量事故的责任者大致为:① 施工承包人;② 设计单位;③ 监理单位;④ 发包人。施工质量事故若是施工承包人的责任引起的,则事故分析和处理中发生的费用完全由施工承包人自己负责。施工质量事故责任者若非施工承包人,则质量事故分析和处理中发生的费用不能由施工承包人承担,且施工承包人可向发包人提出索赔。若是设计单位或监理单位的责任,则应按照设计合同或监理委托合同的有关条款,对责任者按情况给予必要的处理。

事故调查费用暂由项目法人垫付,待查清责任后,由责任方偿还。

五、质量事故处理方案的确定

（一）修补处理

这是最常用的一类处理方案。通常当工程的某个检验批、分项或分部的质量虽未达到规定的规范、标准或设计要求,存在一定缺陷,但通过修补或更换器具、设备后还可达到要求的标准,又不影响使用功能和外观要求时,可以进行修补处理。

修补处理的具体方案很多,诸如封闭保护、复位纠偏、结构补强、表面处理等。某些混凝土结构表面的蜂窝、麻面,经调查分析,可进行剔凿、抹灰等表面处理,一般不会影响其使用和外观。

较严重的质量问题,可能影响结构的安全性和使用功能的,必须按一定的技术方案进行加固补强处理。这样往往会造成一些永久性缺陷,如改变结构外形尺寸,影响一些次要的使用功能等。

（二）返工处理

在工程质量未达到规定的标准和要求,存在的严重质量问题,对结构的使用和安全构成重大影响,且又无法通过修补处理的情况下,可对检验批、分项、分部甚至整个工程返工处理。例如,某防洪堤坝填筑压实后,其压实土的干密度未达到规定值,经核算将影响土体的稳定性且不满足抗渗能力要求,可挖除不合格土,重新填筑,进行返工处理。对某些存在严重质量缺陷,且无法采用加固补强等修补处理或修补处理费用比原工程造价还高的工程,应进行整体拆除,全面返工。

（三）施工项目的质量问题

施工项目的质量问题并非都要处理,即使有些质量缺陷,且已超出了设计要求,也可以针对工程的具体情况,经过分析、论证,作出无须处理的结论。总之,对质量问题的处理要实事求是,既不能掩饰,也不能扩大,以免造成不必要的经济损失和延误工期。

无须处理的质量问题常有以下几种情况:

（1）不影响结构安全、生产工艺和使用要求的。例如,有的建筑物在施工中发生了错位,若要纠正,困难较大,或将造成重大的经济损失。经分析论证,只要不影响工艺和使用要求,可以不做处理。

（2）检验中的质量问题，经论证后可不做处理的。例如，混凝土试块强度偏低，而实际混凝土强度经测试论证已达到要求，就可不做处理。

（3）某些轻微的质量缺陷，通过后续工序可以弥补的。例如，混凝土出现了轻微的蜂窝、麻面，而该缺陷可通过后续工序抹灰、喷涂、刷白等进行弥补，则不需对墙板的缺陷进行处理。

（4）对出现的质量问题，经复核验算，仍能满足设计要求的。例如，结构断面被削弱后，仍能满足设计的承载能力，但这种做法实际上在挖设计的潜力，因此需要特别慎重。

六、质量问题处理的鉴定

质量问题处理是否达到预期的目的，是否留有隐患，需要通过检查验收来得出结论。

事故处理后的质量检查验收，必须严格按施工验收规范中有关规定进行；必要时，还要通过实测、实量、荷载试验、取样试压、仪表检测等方法来获取可靠的数据。这样，才可能对事故作出明确的处理结论。

事故处理结论的内容有以下几种：

（1）事故已经排除，可以继续施工；

（2）隐患已经消除，结构安全可靠；

（3）经修补处理后，完全满足使用要求；

（4）基本满足使用要求，但附有限制条件，如限制使用荷载、限制使用条件等；

（5）对耐久性影响的结论；

（6）对建筑外观影响的结论；

（7）对事故责任的结论等。

此外，对一时难以得出结论的事故，还应进一步提出观测检查的要求。

事故处理后，还必须提交完整的事故处理报告，其内容包括：事故调查的原始资料、测试数据、事故的原因分析和论证；事故处理的依据；事故处理方案、方法及技术措施；检查验收记录；事故无须处理的情况，以及事故处理结论等。

第六节　水利工程建设项目验收管理

一、颁发《水利工程建设项目验收管理规定》的必要性

水利工程建设项目大多以社会效益为主，主要使用政府投资建设，直接涉及公共安全和公共利益，必须加强政府的监督管理。水利工程建设项目验收是政府依法设立的基本建设程序的重要环节，是保证工程建设质量、安全和投资效益的重要措施。自20世纪80年代至90年代末，我国的水利工程验收逐渐形成了一套完整的技术标准体系。特别是《水利水电建设工程验收规程》（SL 223—1999）颁布实施以来，水利工程验收工作进一步规范化、制度化，对于促进工程建设质量、安全和投资效益发挥了重要作用。但是，随着社会主义市场经济体制的不断完善、政府职能的转变及水利工程建设管理体制的不断深化，特别是国家对依法行政要求的不断提高，现在的验收规程已经不能适应水利工程建设的需要。首先，验收管理作为一项重要的行政管理工作，在《水利工程建设项目验收管理规定》（水利部令第30号）颁布前还没有一部部门规章作为法律依据，技术标准的法律效力不足，不能满足依法行政的要求。其次，水利工程验

收工作也存在一些突出的问题,主要表现在:一是验收主题不够明确,特别是由政府主持的各类验收,验收主持单位往往是工程完工后临时研究确定的,不利于对工程建设全工程实施监督管理,验收质量有待提高。二是验收相关单位和人员的验收责任不够明确,验收出现问题时难以落实责任追究制度,因此为了加强水利工程建设项目验收管理,明确验收责任,规范验收行为,结合水利工程建设项目的特点,制定并以部长令发布《水利工程建设项目验收管理规定》,对验收工作中涉及行政管理的相关内容作出具体规定,有利于规范基本建设程序,强化政府监督,明确管理职责,保证工程建设质量,充分发挥投资效益。

《水利工程建设项目验收管理规定》适用于中央或者地方财政全部投资或者部分投资建设的大中型水利工程建设项目(含 1、2、3 级堤防工程)的验收活动。

二、水利工程建设项目验收监督管理职责

(1)水利部负责全国水利工程建设项目验收的监督管理工作。

(2)水利部所属流域管理机构按照水利部授权,负责流域内水利工程建设项目验收的监督管理工作。

(3)县级以上地方人民政府水行政主管部门按照规定权限负责本行政区域内水利工程建设项目验收的监督管理工作。

法人验收监督管理机关对项目的法人验收工作实施监督管理。由水行政主管部门或者流域管理机构组建项目法人的,该水行政主管部门或者流域管理机构是本项目的法人验收监督管理机关;由地方人民政府组建项目法人的,该地方人民政府水行政主管部门是本项目的法人验收监督管理机关。

三、水利工程建设项目验收类别

水利工程建设项目验收,按验收主持单位性质不同分为法人验收和政府验收两类。法人验收是指在项目建设过程中由项目法人(包括实行代建制项目中,经项目法人委托的项目代建机构)组织进行的验收。法人验收是政府验收的基础。政府验收是指由有关人民政府水行政主管部门或者其他有关部门组织进行的验收,包括专项验收、阶段验收和竣工验收。

水利工程建设项目具备验收条件时,应当及时组织验收。未经验收或者验收不合格的,不得交付使用或者进行后续工程施工(水利工程建设项目验收应当具备的条件、验收程序、验收主要工作及有关资料和成果性文件等具体要求,按照有关验收规程执行)。

四、水利工程建设项目验收的依据

水利工程建设项目验收的依据是:

(1)国家有关法律、法规、规章和技术标准;

(2)有关主管部门的规定;

(3)经批准的设计文件及相应的工程变更文件;

(4)经批准的工程立项文件、初步设计文件、调整概算文件;

(5)施工图纸及主要设备技术说明书。

需要说明的是,当项目法人验收时,除了依据上述规定外,还应当以施工合同为验收依据。

五、水利工程建设项目法人验收

法人验收包括工程建设完成分部工程、单位工程、单项合同工程、中间机组启动验收等。项目法人可以根据工程建设的需要增设法人验收的环节。

项目法人应当在开工报告批准后 60 个工作日内，制订法人验收工作计划，报法人验收监督管理机关和竣工验收主持单位备案。

施工单位在完成相应工程后，应当向项目法人提出验收申请。项目法人经检查认为建设项目具备相应的验收条件的，应当及时组织验收。

分部工程验收的质量结论应当报该项目的质量监督机构核备；未经核备的，项目法人不得组织下一阶段的验收。

单位工程及大型的枢纽主要建筑物的分部工程验收的质量结论应当报该项目的质量监督机构核定；未经核定的，项目法人不得通过法人验收；核定不合格的，项目法人应当重新组织验收。质量监督机构应当自收到核定材料之日起 20 个工作日内完成核定。

项目法人验收工作组由项目法人、设计、施工、监理等单位的代表组成；必要时可以邀请工程运行管理单位等参建单位以外的代表及专家参加。法人验收由项目法人主持。项目法人可以委托监理单位主持分部工程验收。有关委托权限应当在监理合同或者委托书中明确。

项目法人应当自法人验收通过之日起 30 个工作日内，制作法人验收鉴定书，发送参加验收单位并报送法人验收监督管理机关备案。法人验收鉴定书是政府验收的备查资料。

单位工程投入使用验收和单项合同工程完工验收通过后，项目法人应当与施工单位办理工程的有关交接手续。

工程保修期从通过单项合同工程完工验收之日算起，保修期限按合同约定执行。

六、水利工程建设项目政府验收

水利工程建设项目政府验收包括专项验收、阶段验收和竣工验收。

（一）专项验收

枢纽工程导（截）流、水库下闸蓄水等阶段验收前，涉及移民安置的，应当完成相应的移民安置专项验收。工程竣工验收前，应当按照国家有关规定，进行环境保护、水土保持、移民安置及工程档案等专项验收。经有关部门同意，专项验收可与竣工验收一并进行。项目法人应当自收到专项验收成果文件之日起 10 个工作日内，将专项验收成果文件报送竣工验收主持单位备案。专项验收成果文件是阶段验收或者竣工验收成果文件的组成部分。

（二）阶段验收

工程建设进入枢纽工程导（截）流、引（调）排水工程通水、首（末）台机组启动等关键阶段，应当组织进行阶段验收。竣工验收主持单位根据工程建设的实际需要，可以增设阶段验收的环节。工程参建单位是被验收单位，应当派代表参加阶段验收工作。

大型水利工程在进行阶段验收前，可以根据需要进行预验收。技术验收参照有关竣工技术预验收的规定进行。水库下闸蓄水验收前，项目法人应当按照有关规定完成蓄水安全鉴定。验收主持单位应当自阶段验收通过之日起 30 个工作日内，制作阶段验收鉴定书，发送参加验收的单位并报送竣工验收单位备案。阶段验收鉴定书是竣工验收的备查资料。

(三) 竣工验收

竣工验收应当在工程建设项目全部完成并满足一定运行条件后 1 年内进行。不能按期进行竣工验收的,经竣工主持单位同意,可以适当延长期限,但最多不得超过 6 个月。逾期仍不能进行竣工验收的,项目法人应当向竣工验收主持单位提交专题报告。

竣工财务决算应当由竣工验收主持单位组织审查和审计。竣工财务决算审计通过 15 日后,方可进行竣工验收。

工程具备竣工验收条件的,项目法人应当提出竣工验收申请,经法人验收监督管理机关审查后报竣工验收主持单位。竣工验收主持单位应当自收到竣工验收申请之日起 20 个工作日内决定是否同意进行竣工验收。

竣工验收原则上按照经批准的初步设计所确定的标准和内容进行。项目既有总体初步设计又有单项工程初步设计的,原则上按照总体初步设计的标准和内容进行,也可以先进行单项工程竣工验收,最后按照总体初步设计进行总体竣工验收。项目有总体可行性研究但没有总体初步设计而有单项工程初步设计的,原则上按照单项工程初步设计的标准和内容进行竣工验收。建设周期长或者因故无法继续实施的项目,对已完成的部分工程可以按单项工程或者分期进行竣工验收。

竣工验收分为竣工技术预验收和竣工验收两个阶段,另外,还有阶段验收。

大型水利工程在竣工技术预验收前,项目法人应当按照有关规定对工程建设情况进行竣工验收技术鉴定。中型水利工程在竣工技术预验收前,竣工验收主持单位可以根据需要决定是否进行竣工验收技术鉴定。

竣工技术预验收由竣工验收主持单位及有关专家组成的技术预验收专家组负责。工程参建单位的代表应当参加技术预验收,汇报并解答有关问题。

阶段验收的验收委员会由验收主持单位、该项目的质量监督机构和安全监督机构、运行管理单位的代表及有关专家组成;必要时,应当邀请项目所在地的地方人民政府及有关部门参加。竣工验收的验收委员会由竣工验收主持单位、有关水行政主管部门和流域管理机构、有关地方人民政府和部门、该项目的质量监督机构和安全监督机构、工程运行管理单位的代表及有关专家组成。工程投资方代表可以参加竣工验收委员会。

阶段验收、竣工验收由竣工验收主持单位主持。竣工验收主持单位可以根据工作需要委托其他单位主持阶段验收。国家重点水利工程建设项目,竣工验收主持单位依照国家有关规定确定。在国家确定的重要江河、湖泊建设的流域控制性工程、流域重大骨干工程建设项目,竣工验收主持单位为水利部。其他水利工程建设项目,竣工验收主持单位按照以下原则确定。

(1) 水利部或者流域管理机构负责初步设计审批的中央项目,竣工验收主持单位为水利部或者流域管理机构。

(2) 水利部负责初步设计审批的地方项目,以中央投资为主的,竣工验收主持单位为水利部或者流域管理机构,以地方投资为主的,竣工验收主持单位为省级人民政府(或者其委托的单位)或者省级人民政府水行政主管部门(或者其委托的单位)。

(3) 地方负责初步设计审批的项目,竣工验收主持单位为省级人民政府水行政主管部门(或者其委托的单位)。

(4) 竣工验收主持单位为水利部或者流域管理机构的,可以根据工程实际情况,会同省级人民政府或者有关部门共同主持。

（5）竣工验收主持单位应当在工程开工报告的批准文件中明确。

竣工验收主持单位可以根据竣工验收的需要，委托具有相应资质的工程质量检测机构对工程质量进行检测。

项目法人全面负责竣工验收前的各项准备工作，设计、施工、监理等工程参建单位应当做好有关验收准备和配合工作，派代表出席竣工验收会议，负责解答验收委员会提出的问题，并作为被验收单位在竣工验收鉴定书上签字。竣工验收主持单位应当自竣工验收通过之日起30个工作日内，制作竣工验收鉴定书，并发送有关单位。竣工验收鉴定书是项目法人完成工程建设任务的凭据。

七、验收遗留问题处理与工程移交

项目法人和其他有关单位应当按照竣工验收鉴定书的要求妥善处理竣工验收遗留问题和完成尾工。

验收遗留问题处理完毕和尾工完成并通过验收后，项目法人应当将处理情况和验收成果报送竣工验收主持单位。

工程通过竣工验收，验收遗留问题处理完毕和尾工完成并通过验收的，竣工验收主持单位向项目法人颁发工程竣工证书。

工程竣工证书格式由水利部统一制定。

项目法人与工程运行管理单位不同的，工程通过竣工验收后，应当及时办理移交手续。

工程移交后，项目法人以及其他参建单位应当按照法律法规的规定和合同约定，承担后续的相关质量责任。项目法人已经撤销的，由撤销该项目法人的部门承接相关的责任。

验收结论应当经三分之二以上验收委员会成员同意。验收委员会成员应当在验收鉴定书上签字。验收委员会成员对验收结论持有异议的，应当将保留意见在验收鉴定书上明确记载并签字。

验收中发现的问题，其处理原则由验收委员会协商确定。主任委员（组长）对争议问题有裁决权。但是，半数以上验收委员会成员不同意裁决意见的，法人验收应当报请验收监督管理机关决定，政府验收应当报请竣工验收主持单位决定。

验收委员会对工程验收不予通过的，应当明确不予通过的理由并提出整改意见。有关单位应当及时组织处理有关问题，完成整改，并按照程序重新申请验收。

项目法人及其他参建单位应当提交真实、完整的验收资料，并对提交的资料负责。

八、罚则

违反《水利工程建设项目验收管理规定》，项目法人不按时限要求组织法人验收或者不具备验收条件而组织法人验收的，由法人验收监督管理机关责令改正。

项目法人及其他参建单位提交验收资料不真实导致验收结论有误的，由提交不真实验收资料的单位承担责任。竣工验收主持单位收回验收鉴定书，对责任单位予以通报批评；造成严重后果的，依照有关法律法规处罚。

参加验收的专家在验收工作中玩忽职守、徇私舞弊的，由验收监督管理机关予以通报批评；情节严重的，取消其参加验收的资格；构成犯罪的，依法追究刑事责任。

国家机关工作人员在验收工作中玩忽职守、滥用职权、徇私舞弊，尚不构成犯罪的，依法给予行政处分;构成犯罪的,依法追究刑事责任。

复习思考题

1. 什么叫质量? 工程项目质量控制包括哪些方面?
2. 水利工程质量控制的共同性依据有哪些?
3. 水利工程质量控制的专门技术性法规依据有哪些?
4. 水利工程质量控制有哪些作用? 主要内容有哪些?
5. 监理工程师在质量控制中应遵循哪些原则?
6. 影响水利工程质量的主要因素有哪些?
7. 水利工程质量的事前控制有哪些内容?
8. 水利工程质量的事中控制有哪些内容?
9. 水利工程质量的事后控制有哪些内容?
10. 如何控制现场使用材料的质量?
11. 施工阶段质量控制有哪些方法?
12. 施工过程中如何做好工序质量控制?
13. 水利工程施工工序分析有哪些步骤?
14. 质量控制点设置有哪些步骤?
15. 设置质量控制点的对象有哪些?
16. 质量事故分析有哪些重要性?
17. 工程质量事故分析处理有哪些程序?
18. 质量事故报告有哪些内容?
19. 质量事故调查组的主要任务有哪些?
20. 工程质量事故处理的原则是什么?
21. 工程质量事故处理有哪些方案?
22. 哪些情况下质量事故可以不做处理?
23. 质量事故处理有哪几种结论?
24. 水利工程质量等级评定的依据是什么?
25. 水利工程质量等级评定如何进行项目划分?
26. 水利工程建设项目验收的依据是什么?
27. 法人验收和政府验收的主要内容是什么?

第七章　水利工程建设投资控制

第一节　投资控制的作用和任务

一、建设工程投资及投资控制的概念

建设项目投资由设备工器具购置费、建筑安装工程费、工程建设其他费用、预备费(包括基本预备费和涨价预备费)、建设期利息和固定资产方向调节税(目前暂不征)组成。

建设项目投资可以分为静态投资和动态投资部分。静态投资部分由建筑安装工程费、设备工器具购置费、工程建设其他费用和基本预备费组成。动态投资部分是指在建设期内,因建设期利息,建设工程需缴纳的固定资产投资方向调节税和国家新批准的税费、汇率、利率变动及建设期价格变动引起的建设投资增加额,包括涨价预备费、建设期利息和固定资产投资方向调节税等。

建设工程投资控制,就是投资决策阶段、设计阶段、发包阶段、施工阶段及竣工阶段,把建设工程投资控制在批准的投资限额以内,随时纠正发生的偏差,保证项目投资管理目标的实现,以求在建设工程中能合理使用人力、物力、财力,取得较好的投资效益和社会效益。

建设工程投资控制的目标,就是通过有效的投资控制工作和具体的投资控制措施,在满足进度和质量要求的前提下,力求使工程实际投资不超过计划投资。实际投资不超过计划投资可能表现为以下几种情况:

(1) 投资目标分解的各个层次上,实际投资均不超过计划投资。这是最理想的情况,是投资控制追求的最高目标。

(2) 在投资目标分解的较低层次上,实际投资在有些情况下超过计划投资,在大多数情况下不超过计划投资,因而在投资目标分解的较高层次上,实际投资不超过计划投资。

(3) 实际总投资未超过计划总投资,在投资目标分解的各个层次上,都出现实际投资超过计划投资的情况,但在大多数情况下实际投资未超过计划投资。

后两种情况虽然存在局部的超投资现象,但建设工程的实际总投资未超过计划总投资,因而仍然是令人满意的结果,何况出现这种情况,除投资控制工作和措施存在一定的问题,有待改进和完善外,还可能是投资目标分解不尽合理所造成的,而投资目标分解绝对合理又是很难做到的。

由建设工程投资控制的目标可知,投资控制是与进度控制和质量控制同时进行的,它是针对整个建设工程目标系统所实施控制活动的一个组成部分,在实施投资控制的同时需要满足预定的进度目标和质量目标。因此,在投资控制的过程中,要协调好与进度控制和质量控制的关系,做到三大目标控制的有机配合和相互平衡,而不能片面强调投资控制。

建设工程投资目标控制又是全过程控制。所谓全过程,主要是指建设工程实施的全过程,

也可以是工程建设全过程。建设工程的实施阶段包括设计阶段（含设计准备）、招标阶段、施工阶段及竣工验收和保修阶段。在这几个阶段中都要进行投资控制，但从投资的任务来看，主要集中在前三个阶段。

建设工程投资目标控制还是全方位控制。对投资目标进行全方位控制，包括两种含义：一是对按工程内容分解的各项投资进行控制，即对单项工程、单位工程，乃至分项工程的投资进行控制；二是对按总投资构成内容分解的各项费用进行控制，即对建筑安装工程费用、设备和工器具购置费用及工程建设其他费用等都要进行控制。通常，投资目标全方位控制是指对建筑安装工程费用、设备和工器具购置费用及工程建设其他费用等都要进行控制。

二、建设工程投资的特点

1. 建设工程投资数额巨大

建设工程投资数额巨大，多达上千万、数十亿。建设工程投资数额巨大的特点使它关系到国家、行业或地区的重大经济利益，对国计民生也会产生重大的影响。

2. 建设工程投资差异明显

每个建设工程都有其特定的用途、功能、规模，每项工程的结构、空间分割、设备配置和内外装饰都有不同的要求，工程内容和实物形态都有其差异性。同样的工程处于不同的地区，在人工、材料、机械消耗上也有差异。所以，建设工程投资的差异十分明显。

3. 建设工程投资需单独计算

建设工程的实物形态千差万别，再加上不同地区构成投资费用的各种要素的差异，最终导致建设工程投资的千差万别。因此，建设工程只能通过特殊的程序（编制估算、概算、预算、合同价、结算价及最后确定竣工决算等），就每项工程单独计算其投资。

4. 建设工程投资确定依据复杂

建设工程投资的确定依据繁多，关系复杂在不同的建设阶段有不同的确定依据，且互为基础和指导，互相影响。项目建议书阶段对应投资估算；初步设计阶段对应设计总概算；技术设计阶段对应修正总概算；施工图设计阶段对应施工图预算。

5. 建设工程投资层次繁多

建设工程投资的确定需分别计算分部（分项）工程投资、单位工程投资、单项工程投资，最后才形成建设工程投资。可见建设工程投资层次繁多。

6. 建设工程投资需动态跟踪调整

建设工程投资在整个建设期内都是不确定的，需随时进行动态跟踪、调整，直至竣工决算后才能真正形成建设工程投资。

三、建设工程投资控制的任务

建设工程投资控制是建设工程监理的一项主要任务，投资控制贯穿于工程建设的各个阶段，也贯穿于监理工程的各个环节。在建设工程的实施阶段中，设计阶段、招标阶段、施工阶段的持续时间长，工作内容多，所以在各个阶段投资控制的任务不同。

（1）在建设前期阶段要进行工程项目的机会研究、初步可行性研究，编制项目建议书，进行可行性研究，对拟建项目进行市场调查和预测，编制投资估算，进行环境影响评价、财务评价、国民经济评价和社会评价。

（2）设计阶段监理工程师投资控制的主要工作包括：通过收集类似建设工程投资数据和资料，协助业主制定建设工程投资目标规划，对建设工程总投资进行论证，确认其可行性；组织设计方案竞赛或设计招标，开展技术经济分析等活动，协助业主确定对投资控制有利的设计方案；伴随着设计各阶段成果制定建设工程投资目标划分系统，为本阶段和后续阶段投资控制提供依据；在保证设计质量的前提下，协助设计单位开展限额设计工作，力求使设计投资合理化；编制本阶段资金使用计划，并进行付款控制；审查工程概算、预算，提出改进意见，优化设计，在保证建设工程具有安全可靠性、适用性的基础上，概算不超过估算，预算不超过概算；进行设计挖潜节约投资；对设计进行技术经济分析、比较、论证，寻求一次性投资较少的设计方案，最终满足业主对建设工程投资的经济性要求。

（3）在施工阶段要完成投资控制的任务，监理工程师应做好以下工作：制订本阶段资金使用计划，并严格进行付款控制，做到不多付、不少付、不重复付；严格控制工程变更，力求减少变更费用；研究确定预防费用索赔的措施，以避免、减少对方的索赔数额；及时处理费用索赔，并协助业主进行反索赔；挖掘节约投资潜力来努力实现实际发生的费用不超过计划投资；根据有关合同的要求，协助做好应由业主方完成的、与工程进展密切相关的各项工作，如按期提交合格施工现场，按质、按量、按期提供材料和设备等工作；做好工程计量工作；审核施工单位提交的工程结算书等。

四、施工阶段工程投资控制目标的确定

（一）资金使用计划的编制

投资控制的目的是确保投资目标的实现。因此，必须编制资金使用计划，合理地确定投资控制目标值，包括投资的目标值、分目标值、各详细目标值。在确定投资控制目标时，应有科学的依据。如果投资目标值与人工单价、材料预算价格、设备价格及各项有关费用和各种取费标准不相适应，那么投资控制目标便没有实现的可能，则控制也是徒劳的。

编制资金使用计划过程中最重要的步骤，就是项目投资目标的分解。根据投资控制目标和要求的不同，投资目标的分解可分为投资构成分解、按子项目分解、按时间进度分解三种类型。

1. 按投资构成分解的资金使用计划

工程项目的投资主要分为建筑工程投资、安装工程投资、设备购置投资、工器具购置投资及工程建设其他投资，工程建设其他投资由土地征用费用、建设单位管理费用、勘察设计费用等构成。建筑工程投资、安装工程投资、工器具购置投资可以进一步分解。另外，在按项目投资构成分解时，可以根据以往的经验和建立的数据库来确定适当的比例，必要时也可以做一些适当的调整。按投资构成来分解的方法比较适合于有大量经验数据的工程项目。

2. 按子项目分解的资金使用计划

大中型的工程项目通常是由若干单项工程构成的，而每个单项工程包括了多个单位工程，每个单位工程又是由若干个分部分项工程构成的。因此，首先要把项目总投资分解到单项工程和单位工程中，对各个单位工程的建筑安装工程投资还需要进一步分解到分部分项工程。

3. 按时间进度分解的资金使用计划

工程项目的投资总是分阶段、分期支出的，资金应用是否合理与资金的时间安排有密切关

系。为了编制项目资金使用计划,并据此筹措资金,尽可能减少资金占用和利息支出,有必要将项目总投资按其使用时间进行分解。

按时间进度的资金使用计划通常可利用控制项目进度的网络图进一步扩充而得到。在编制网络计划时,应在充分考虑进度控制对项目划分要求的同时,考虑确定投资预算对项目划分的要求,要二者兼顾。

(二)资金使用计划的形式

1. 按子项目分解得到的资金使用计划表

在完成工程项目投资目标分解之后,接下来就要具体地分配投资,编制工程分项的投资支出计划,从而得到详细的资金使用计划表。其内容一般包括工程分项编码、工程内容、计量单位、工程数量、计划综合单价、本分项总计。

在编制投资支出计划时,要在项目总的方面考虑总的预备费,也要在主要的工程分项中安排适当的不可预见费,避免在具体编制资金使用计划时,可能发现个别单位工程或工程量表中某项内容的工程量计算有较大出入,使原来的投资预算失实,并在项目实施过程中对其尽可能地采取一些措施。

2. S形曲线

通过对项目投资目标按时间进行分解,在网络计划基础上,可获得项目进度计划的横道图,并在此基础上编制资金使用计划。其表示方式有两种:一种是在总体控制时标网络图上表示;另一种是利用S形曲线(时间-投资累计曲线)表示(见图7-1)。

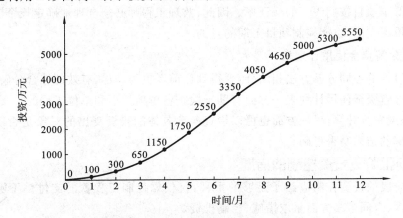

图 7-1　S形曲线(时间-投资累计曲线)

S形曲线绘制步骤如下:

(1)确定工程项目进度计划,编制进度计划的横道图。

(2)根据每单位时间内完成的实物工程量或投入的人力、物力和财力,计算单位时间(月或旬)的投资,在时标网络图上按时间编制投资支出计划(见图7-2)。

(3)计算规定时间 t 内计划累计完成的投资额。其计算方法为,各单位时间计划完成投资额累加求和,可按下式计算:

$$Q_t = \sum_{n=1}^{t} q_n \tag{7-1}$$

式中:Q_t——时间 t 内计划累计完成投资额;

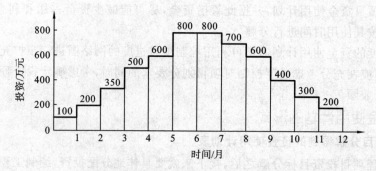

图7-2　时标网络图上按月编制的资金使用计划

q_n——单位时间 n 内的计划完成投资额；

t——规定计划时刻。

(4) 按各规定时间的 Q_t 值，绘制 S 形曲线，如图 7-1 所示。

每一条 S 形曲线都对应某一特定的工程进度计划。因为在进度计划的非关键路线中存在许多有时差的工序或工作，因而 S 形曲线必然包络在由全部工作都按最早开始时间开始和全部工作都按最迟必须开始时间开始的曲线所组成的"香蕉图"内。建设单位可根据编制的投资支出预算来合理安排资金，同时建设单位也可根据筹措的建设资金来调整 S 形曲线，即通过调整非关键路线上的工作的最早或最迟开工时间，力争将实际的投资支出控制在计划范围内。

一般而言，所有工作都按最迟开始时间开始，对节约建设单位的建设资金贷款利息有利，但同时也降低了项目按期竣工的保证率。因此，监理工程师必须合理地确定投资支出计划，达到既能节约投资支出，也能控制项目工期的目的。

3. 综合分解资金使用计划表

将投资目标的不同分解方法相结合，会得到比前者更为详尽、有效的综合分解资金使用计划表。综合分解资金使用计划表一方面有助于检查各单项工程和单位工程的投资构成是否合理，有无缺陷或重复计算；另一方面也可以检查各项具体的投资支出的对象是否明确和落实，并可校核分解的结果是否正确。

(三) 施工阶段投资控制的措施

对施工阶段的投资控制应给予足够的重视，仅仅靠控制工程款的支付是不够的，应从组织、经济、技术、合同等多方面采取措施，控制投资。

1. 组织措施

(1) 在项目管理班子中落实从投资控制角度进行施工跟踪的人员及其任务分工和职责分工。积极配合施工单位按合同要求及时对已完工的工程量进行验方，不造成未经监理验方认可就承认其完成工程量的被动局面。

(2) 编制本阶段投资控制工作计划和详细的工作流程图。

(3) 搞好与建设、设计、施工、材料供应等单位，以及上级主管部门及其他有关部门的协作关系，做好投资控制。

2. 经济措施

(1) 编制资金使用计划，确定、分解投资控制目标。对工程项目造价目标进行风险分析，并制定防范性对策。

（2）进行工程计量。计量要准确,严格执行设计图纸和施工承包合同规定的计量方法。按月对已完成合同内质量合格的工程项目进行准确计量,按工程量清单向监理部提交工程量月报表和有关计量资料,现场工程师认真核定签认。

（3）复核工程付款账单,签发付款证书。严格执行经费签证制度,凡涉及经济费用超过监理合同赋予的约定数额的,必须与业主协商,取得业主同意后方可执行。

（4）在施工过程中进行投资跟踪控制,定期进行投资实际支出值与计划目标值的比较;发现偏差,分析产生偏差的原因,采取纠偏措施。

（5）协商确定工程变更的价款。审核竣工结算。

（6）对工程施工过程中的投资支出做好分析与预测,经常或定期向建设单位提交项目投资控制及其存在问题的报告。

（7）施工单位报送总监理工程师的工程进度款申请表,其内容应包括:已完成的工程量清单项目的工作量及投标综合单价;经监理人员签认的本合同工程量清单外的工程量和单价,以及应付的金额;根据承包合同规定得到的金额;依据有关文件由业主扣留的保留金金额和工程款预扣金金额;工程质量月报表。总监理工程师审查施工单位报送的工程计量申报表和工程进度付款申请表,审批后报业主批准执行;定期或不定期进行工程费用超支分析,并提出控制工程费用突破的方案和措施;审核施工单位提交的工程结算书;及时收集、整理有关施工和监理资料,为处理费用索赔提供证据,公正地处理施工单位提出的索赔。

3. 技术措施

（1）对设计变更进行技术经济比较,严格控制设计变更。

（2）继续寻找通过设计挖潜节约投资的可能性。

（3）审核承包商编制的施工组织设计,对主要施工方案进行技术经济分析。优化施工方案,严格遵循设计变更审查程序,为业主积极提供合理化建议;在审核施工设计变更的过程中,以价值工程理论为指导,就变更方案的可行性、经济性、科学性等方面进行充分论证,从而有效地控制投资。

（4）积极推广新技术、新经验、新工艺及最佳的施工方案,鼓励各方合理化建议,节约开支,提高经济效益。

4. 合同措施

（1）做好工程施工记录,保存各种文件图纸,特别是有实际施工变更情况的图纸,注意积累素材,为正确处理可能发生的索赔提供依据,参与处理索赔事宜。

（2）参与合同修改、补充工作,着重考虑其对投资控制的影响。熟悉设计图纸、设计要求和施工合同,分析合同价构成因素,明确工程费用中最容易突破的部分和环节,从而明确投资控制的重点。按合同规定,及时签复施工单位提出的问题及配合要求,避免造成不必要的违约和对方索赔的条件。

第二节　影响投资控制的主要因素

投资控制贯穿于项目建设的全过程。建设工程实施各个阶段影响投资的程度是不同的。总的趋势是随着各阶段设计工作的进展,建设工程的范围、组成、功能、标准、结构型式等内容一步步明确,可以优化的内容越来越少,优化的限制条件却越来越多,各阶段设计工作对投资的影响程度逐渐下降。其中影响项目投资最大的阶段,是工程项目建设技术设计结束前的工作阶段。在施工图设计阶段,影响项目投资的可能性为 5%～35%。很显然,项目投资控制的重点在于施工以前的投资决策和设计阶段,而在作出项目投资决策后,控制项目投资的关键就在于设计。设计阶段如能以经济效益为中心,精打细算,则节约投资的潜力要比施工阶段的大得多。所以,搞好设计阶段的工程造价控制是有效预防投资失控的首要任务。

一、决策对投资控制的影响

建设项目的投资决策是投资行动的准则。项目一经决策就确定了项目的投资规模和建设方案。正确的决策是设计的依据,直接关系到整个项目的工程投资和投资效果。因此,正确决策是控制工程的首要前提,决策影响工程投资的主要因素有以下几种:

(1)项目的建设规模。任何一个建设项目都应选择合理的建设规模。规模过小,资源得不到有效配置,建设和生产成本高,经济效益低下;规模过大,超过了产品的市场需求,导致销售不畅,也会使经济效益降低。合理的建设规模是决策阶段控制工程造价的关键。

(2)项目的建设标准。项目的建设标准主要是指建设规模、建筑标准、技术装备、配套工程等方面的标准。建设标准是编制、评价项目可行性研究和投资估算的重要依据。建设标准是否合理,对控制工程造价有很大影响。建设标准应根据技术进步和投资者的实际情况制定,标准定得过高,只能无谓地增加造价,浪费投资;标准定得过低,达不到先进高效、安全可行的技术标准,不利于技术进步。

(3)建设地点。建设地点的选择要考虑以下几个方面的因素:一是国民经济的发展规划和地区经济的发展;二是项目的特点和需要;三是气象、地质、水文等自然条件。

(4)可行性研究和投资估算。项目的决策依据是可行性研究,投资估算是确定可行性研究阶段工程总投资的限额。可行性研究不仅要评价项目是否可行,更重要的是对方案进行优化认证。投资估算必须准确且能满足限额设计和控制概算的要求。初步设计概算必须在批准的可行性研究投资估算范围内,设计概算不允许突破可行性研究投资估算。因此,决策阶段要保证投资估算的准确性。

二、设计对投资控制的影响

设计是建设项目进行全面规划和具体安排实施意图的过程,是工程建设的灵魂,是处理技术与经济的关键环节。设计是否合理对工程投资有重要影响。据资料统计,在初步设计阶段,影响项目投资的可能性为 75%～95%;在技术设计阶段,影响项目投资的可能性为 35%～75%。加强设计阶段的监理,确定合理的设计方案、成熟的工艺,减少在施工阶段重大设计变更和方案变化的发生,对有效控制工程造价将起到重要作用。

项目一经决策,设计就成了工程建设和控制造价的关键。初步设计决定工程建设的规模、方案、结构型式和建筑标准及使用功能,形成设计概算,确定了投资的最高限额;施工图设计完成后,就能准确地计算出工程造价。可见,工程设计是影响工程造价的关键环节。

一个建设项目或一个单项工程,可有多种不同的设计方案,因此在满足使用功能的前提下,要进行方案比较和优化设计,选用适度超前、经济合理、安全可靠的设计思想;设计方案优化可采用价值工程理论,在满足功能或尽量提高功能的前提下降低成本,因此,采用先进合理的设计是控制工程造价的关键。

三、施工阶段对投资控制的影响

（1）建设项目施工费用占整个工程造价的 60% 左右，因此施工阶段对工程投资的影响很大。据统计资料，在施工图设计阶段，影响项目投资的可能性为 5%～35%。施工阶段对项目的管理和工程投资的控制重点应放在投标活动和施工合同条款的确定上，招标评标实行合理低价中标。随着工程造价体系和管理模式改革，大型建设项目在招标投标中采用工程量清单计价，即由招标人按统一的工程量计算规则，计算并提供工程量清单，投标人视自身技术、管理水平和劳动生产率及市场价格自主报价。为了中标，承包商应自觉提高技术和管理水平，降低工程造价。工程量清单计价对透明招投标活动、减少施工合同纠纷、推行竞争和以市场定价、控制工程造价有着非常积极的作用。因此，施工阶段对工程造价的控制，应重点加强合同管理，规范招投标活动。

（2）设计变更是施工阶段影响工程投资控制的又一个重要因素。设计变更是工程变更的一部分，因而也关系到进度、质量和投资控制。所以，加强设计变更的管理，对确保工程质量、工期和控制造价具有十分重要的意义。所以，加强设计变更的管理，确保工程设计变更应尽量提前，变更发生得越早，则损失越小。若在设计阶段变更，则只需修改图纸，其他费用尚未发生，损失有限；若在采购阶段变更，则不仅需要修改图纸，而且设备、材料还需重新采购；若在施工阶段变更，则除上述费用外，已施工的工程还需拆除，势必造成更重大损失。所以，要严格控制设计变更，尽可能把变更控制在设计阶段的初期，特别是对工程造价影响较大的设计变更，要先算账后变更。严禁通过设计变更扩大建设规模、增加建设内容、提高建设标准。

第三节　投资控制的方法和手段

一、设计阶段投资控制的主要方法

1. 实行设计方案招标投标制度

在市场经济体制下，业主在委托设计时应大力引进竞争机制，加强管理工作。通过设计招标投标来选择优秀的设计单位，从而保证设计的先进性、合理性、准确性。同时，通过招标投标还可能选择到优秀的设计方案，促使设计单位采用先进技术，降低工程造价。

2. 实行限额设计

项目设计的优劣将直接影响建设费用的多少和建设工期的长短，同样也影响建设项目以后的使用价值和经济效益。作为设计单位，在设计中凡是能进行定量分析的设计内容，均要通过计算，要用数据说话，充分考虑施工的可能性和经济性，在设计技术与经济分析上要改变设计完后再算账、功能决定造价的习惯做法。

3. 开展价值工程的应用

价值工程是用来分析产品功能和成本关系的，是力求以最低的产品寿命周期成本实现产品的必要功能的一种管理方法。一般来说，提高产品价值的途径有五种：一是提高功能，降低成本，这是最理想的途径；二是功能不变，降低成本；三是成本不变，提高功能；四是功能略有下降，但带来成本大幅度降低；五是成本略有增加，但带来功能大幅度提高。

运用价值工程原理,在科学分析的基础上,对方案实行科学决策,选择技术上可行、经济上合理的建设方案。价值工程的主要特点是,以使用者的功能需求为出发点,对所研究对象进行功能分析,使设计工作做到功能与造价统一,在满足功能要求的前提下降低成本,一般成本可降低 25%～40%,实现建设项目经济效益、社会效益和环境效益的最佳结合。

4. 加强图纸会审工作

加强图纸会审,将工程变更的发生尽量控制在施工之前。在设计阶段,克服设计方案的不足或缺陷,使所花费的代价最小,可取得的效果最好。

5. 实行设计监理

现阶段,我国工程建设监理工作的重心是在施工阶段,而其重点仅局限于施工质量控制,这对于整个工程质量的控制来说是远远不够的。设计是施工的灵魂,是施工的依据。保证施工质量的一个重要前提就是确保设计质量。设计监理可以减少设计阶段工程设计的失误或错误,只有这样,在施工阶段,施工单位才能更准确地贯彻业主和设计方的意图,保证施工质量。

二、招投标阶段投资控制

建设工程招标投标定价是依照《中华人民共和国招标投标法》规定的一种定价方式,是由招标人编制招标文件,投标人进行报价竞争,中标人中标后与招标人通过谈判签订合同,以合同价格为建设工程价格的定价方式。这种定价方式无疑属于市场调节价,即企业自主定价。

1. 标底价格

标底价格是招标人对拟招标工程事先确定的预期价格,而非交易价格。招标人以此作为衡量投标人的投标价格的一个尺度,也是招标人控制投资的一种手段。标底主要有两个作用:一是招标人发包工程的期望值,即招标人对建设工程价格的期望值;二是评定标价的参考值,设有标底的招标工程,在评标时应作为参考标底。

2. 投标报价

投标人为了得到工程施工承包的资格,按照招标人在招标文件中的要求进行估价,然后根据投标策略确定投标价格,以争取中标并通过工程实施取得经济效益。

3. 评标定价

评标委员会应当按照招标文件确定的评标标准和方法,对投标文件进行评审和比较;设有标底的,应当参考标底。评标的依据一是招标文件,二是标底(如果设有标底)。确定的中标价必须是经评审的最低报价,但不得低于成本。

三、施工阶段投资控制

(一)投资控制流程

投资控制流程如图 7-3 所示。

(二)严格现场签证的审查

通过核实工程量,进行实物量签认。当质量评为不合格时,视为无效工程量,则不开出支付凭证。当质量评为合格或优良时,首先核实工程量并签发计量证书,再按合同单价或总价核实完成的工程投资额,向承建单位开出支付凭证,建设单位依据监理部门的支付凭证向承建单位付款,并作为结算的依据。因此,监理工程师应注意:

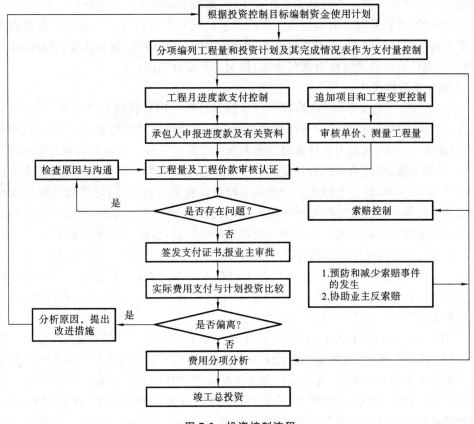

图 7-3　投资控制流程

（1）监理人员应熟悉和掌握工程造价知识，对不应该签证的项目不应盲目签证，对施工单位填写的签证，一定要认真核实后方能签字盖章。

（2）对施工单位在签证上巧立名目，弄虚作假，以少报多，蒙哄欺骗，遇到问题不及时监理签证，结算时搞突击，互相扯皮的现象应严格审查。

（3）有的施工单位为了中标，自动压价，为了保住自己的利润对包干工程偷工减料，对非包干工程进行大量的施工现场签证，这类签证应严格审查。

1.　工程计量

1）工程计量的重要性

（1）计量是控制项目投资支出的关键环节。工程计量是指根据设计文件及承包合同中关于工程量计算的规定，项目监理机构对承包商申报的已完成工程的工程量进行核验。合同条件中明确规定的工程量表中开列的工程量是该工程的估算工程量，不能作为承包商应予完成的实际和确切的工程量。因为工程量表中的工程量是在编制招标文件时，在图纸和规范的基础上估算的工作量，不能作为结算工程价款的依据，而必须通过项目监理机构对已完成的工程进行计量。经过项目监理机构计量所确定的工程量是向承包商支付款项的凭证。

（2）计量是约束承包商履行合同义务的手段。计量不仅是控制项目投资支出的关键环节，同时也是约束承包商履行合同义务、强化承包商合同意识的手段。FIDIC 施工合同规定，业主对承包商的付款是以监理工程师批准的付款证书为凭据的，监理工程师对计量支付有充分的批准权和否决权。对于不合格的工作和工程,监理工程师可以拒绝计量。同时,监理工程师通过按时计量,可以及时掌握承包商工作的进展情况和工程进度。当监理工程师发现工程进度严重偏离计划目标时,可要求承包商及时分析原因、采取措施,加快速度。因此,在施工过程中,项目监理机构可以通过计量支付手段,控制工程按合同进行。

2）工程计量的程序

（1）施工合同(示范文本)约定的程序。承包人应按专用条款约定的时间,向监理工程师提交已完工程量的报告,监理工程师接到报告后 7 天内按设计图纸核实已完工程量,并在计量前 24 小时通知承包人,承包人为计量提供便利条件并派人参加。承包人收到通知后不参加计量的,计量结果有效,可作为工程价款支付的依据。监理工程师收到承包人报告后 7 天内未进行计量的,从第 8 天起,承包人报告中开列的工程量即视为已被确认,可作为工程价款支付的依据。监理工程师不按约定时间通知承包人,使承包人不能参加计量的,计量结果无效。对承包人超出设计图纸范围和因承包人原因造成返工的工程量,监理工程师不予计量。

（2）建设工程监理规范规定的程序。承包单位统计经专业监理工程师质量验收合格的工程量,按施工合同的约定填报工程量清单和工程款支付申请表;专业监理工程师进行现场计量,按施工合同的约定审核工程量清单和工程款支付申请表,并报总监理工程师审定;总监理工程师签署工程款支付证书,并报建设单位。

（3）FIDIC 施工合同约定的工程计量程序。按照 FIDIC 施工合同约定,当监理工程师要求测量工程的任何部分时,应向承包商代表发出监理通知,承包商代表应及时亲自或另派合格代表协助监理工程师进行测量,并提供监理工程师要求的任何具体材料。如果承包商未能到场或未派代表,监理工程师(或其代表)所做测量应认为准确且予以认可。除合同另有规定外,凡需根据记录进行测量的任何永久性工程,此类记录应由监理工程师准备。当承包商被要求时,应到场与监理工程师对记录进行检查和协商,达成一致后应在记录上签字。如承包商未到场,应认为该记录准确,予以认可。如果承包商检查后不同意该记录和(或)不签字表示同意,承包商应向监理工程师发出通知,说明认为该记录不准确的部分。监理工程师收到通知后,应审查该记录,进行确认或变更。如果承包商被要求检查记录 14 天内没有发出此类通知,该记录应认为准确,予以认可。计量控制是投资控制的基础,在计量过程中首先必须遵守计量原则(合同文件中有关计量条款),其次是按设计图纸完成且施工质量检验合格的,并在工程量清单中列有的项目才予以计量。同时,也要按监理细则规定的计量程序进行计量。例如,在土石方开挖完成后,监理工程师应及时到现场进行土石方鉴定和测量,计量资料完善后方可计量。

3）工程计量的依据

计量必须以质量合格证书、工程量清单前言和技术规范的计量支付条款及设计图纸为依据。

（1）质量合格证书。对于承包商已完的工程,并不会全部进行计量,而只是质量达到合同标准的已完工程才予以计量。所以,工程计量必须与质量监理紧密配合并经专业监理工程师检验,工程质量达到合同规定的标准后,由专业监理工程师签署报验申请表(质量合格证书),只有质量合格的工程才予以计量。所以说,质量监理是计量监理的基础,计量又是质量监理的保障,通过计量支付,强化承包商的质量意识。

（2）工程量清单前言和技术规范。工程量清单前言和技术规范是确定计量方法的依据。因为工程量清单前言和技术规范的计量支付条款规定了清单中每一项工程的计量方法,同时还规定了按规定的计量方法确定的单价所包括的工作内容和范围。

（3）设计图纸。单价合同以实际完成的工程量进行结算，但监理工程师计量的工程数量，并不一定是承包商实际施工的数量。计量的几何尺寸要以设计图纸为依据，监理工程师对承包商超出设计图纸要求增加的工程数量和自身原因造成返工的工程量，不予计量。

4）工程计量的方法

监理工程师一般只对以下三方面的工程项目进行计量：① 工程量清单中的全部项目；② 合同文件中规定的项目；③ 工程变更项目。根据 FIDIC 施工合同的规定，一般可按照以下方法进行计量：

（1）均摊法。所谓均摊法，就是对清单中某些项目的合同价款，按合同工期平均计量。例如，为监理工程师提供宿舍、保养测量设备、保养气象记录设备、维护工地清洁和整洁等。这些项目都有一个共同的特点，即每月均有发生。所以可以采用均摊法进行计量支付。例如，保养气象记录设备，每月发生的费用是相同的，如本项合同款额为 2000 元，合同工期为 20 个月，则每月计量、支付的款额为 2000 元/20 月＝100 元/月。

（2）凭据法。所谓凭据法，就是按照承包商提供的凭据进行计量支付。例如，建筑工程险保险费、第三方责任险保险费、履约保证金等项目，一般按凭据法进行计量支付。

（3）断面法。断面法主要用于取土坑或填筑路堤土方的计量。对于填筑土方工程，一般规定计量的体积为原地面线与设计断面所构成的体积。采用这种方法计量，在开工前承包商需测绘出原地形的断面，并需经监理工程师检查，作为计量的依据。

（4）图纸法。在工程量清单中，许多项目采取按照设计图纸所示的尺寸进行计量。

（5）分解计量法。分解计量法就是将一个项目，根据工序或部位分解为若干子项，对完成的各子项进行计量支付的方法。

（6）估价法。估价法就是按合同文件的规定，根据监理工程师估算的已完成的工程价值支付的方法。按照市场的物价情况，对清单中规定购置的仪器设备分别进行估价，按下式计量支付金额：

$$F=A(B/D) \tag{7-2}$$

式中：F——计算支付的金额；

　　A——清单所列该项的合同金额；

　　B——该项实际完成的金额（按估算价格计算）；

　　D——该项全部仪器设备的总估算价格。

从式（7-2）可知，该项实际完成金额 B 必须按估算各种设备的价格计算，它与承包商购进的价格无关；估算的总价与合同工程量清单的款额无关。

2. 工程变更价款的审查

在工程项目的实施过程中，由于多方面的情况变更，经常出现工程量变化、施工进度变化，以及发包方与承包方在执行期合同中的争执等许多问题。这些问题的产生，一方面是，勘察设计工作不细，以致在施工过程中发现许多招标文件中没有考虑或估算不准确的工程量，因而不得不变更施工项目或增减工程量；另一方面是，由于发生不可预见的事件，如自然或社会原因引起的停工或工期拖延等，由于工程变更所引起的工程量的变化、承包商的索赔等，都有可能使项目投资超出原来的预算投资，监理工程师必须严格予以控制，密切注意其对未完工程支出的影响及对工期的影响。

1) 项目监理机构对工程变更的管理

项目监理机构应按下列程序处理工程变更：

（1）设计单位对原设计存在的缺陷提出的工程变更，应编制设计变更文件；建设单位或者承包单位提出的变更，应提交总监理工程师，由总监理工程师组织专业监理工程师审查，审查同意后，应由建设单位转交原设计单位编制设计变更文件。当工程变更涉及安全环保等内容时，应按规定经有关部门审定。

（2）项目监理机构应了解实际情况和收集与工程变更有关的资料。

（3）总监理工程师必须根据实际情况、设计变更文件和其他有关资料，按照施工合同的有关款项，在指定专业监理工程师完成下列工作后，对工程变更的费用和工期作出评估：① 确定工程变更项目与原工程项目之间的类似程度和难易程度；② 确定工程变更项目的工程量；③ 确定工程变更的单价或总价。

在建设单位和承包单位未能就工程变更的费用等方面达成协议时，项目监理机构应提出一个暂定的价格，作为临时支付工程款的依据。该工程款最终结算时，应以建设单位与承包单位达成的协议为依据。在总监理工程师签发工程变更之前，承包单位不得实施工程变更。未经总监理工程师审查同意而实施的工程变更，项目监理机构不得予以计量。

2) 我国现行工程变更价款的确定方法

《建设工程施工合同》（示范文本）约定的工程变更价款的确定方法如下：① 合同中已有适用于变更工程的价格，按合同已有的价格变更合同价款；② 合同中只有类似于变更工程的价格，可以参照类似价格变更合同价款；③合同中没有适用或类似于变更工程的价格，由承包人提出适当的变更价格，经监理工程师确认后执行。

（1）采用合同中工程量清单的单价和价格。合同中工程量清单的单价和价格由承包商投标时提供，用于变更工程，容易被业主、承包商及监理工程师所接受，从合同意义上讲也是比较公平的。采用合同中工程量清单的单价或价格有几种情况：一是直接套用，即从工程量清单上直接拿来使用；二是间接套用，即依据工程量清单，通过换算后采用；三是部分套用，即依据工程量清单，取其价格中的某一部分使用。

（2）采用协商单价和价格。这是基于合同中没有或者有但不合适的情况而采取的一种方法。

3) 加强设计变更审查

设计变更发生后，其审查尤为重要。设计变更无论是由哪一方提出，均应由监理部门会同建设单位、设计单位、施工单位协商，经确认后由设计部门发出通知，并由监理工程师办理签发后付诸实施。设计变更审查应注意以下几点：① 确属原设计不能保证工程质量要求，设计遗漏和确有错误及与现场不符，无法施工的，非改不可；② 一般情况下，即使变更可能在技术上是合理的，也应全面考虑，将变更后所产生的效益与现场变更增加的费用和可能引起的索赔等所产生的损失加以比较，权衡轻重后再做决定；③ 工程造价增减幅度是否编制在总概算的范围之内，若确需变更但有可能超过概算，则更要慎重并报有关部门同意；④ 设计变更必须说明变更原因，如工艺改变、设备选型不当、设计漏项、设计失误或其他原因；⑤ 坚决杜绝内容不明，没有详细或具体使用部位，而只是增加材料用量的变更；⑥ 坚决杜绝未做好开工准备，设计深度不够，招标文件和承包合同不完善，造成边设计边施工、边施工边更改的变更。

3. 索赔审查与控制

索赔是工程承包合同履行中,当事人一方因对方不履行或不完全履行既定的义务,或者由于对方的行为使权利人受到损失时,要求对方补偿损失的权利。

1) 承包商向业主的索赔

索赔的项目包括:不利的自然条件与人为障碍引起的索赔;工程变更引起的索赔;工期延期的费用索赔;加速施工费用的索赔;业主不正当地终止工程而引起的索赔;物价上涨引起的索赔;法律、货币及汇率变化引起的索赔;拖延支付工程款的索赔;因业主的风险引起的索赔;因不可抗力引起的索赔。

2) 业主向承包商的索赔

由于承包商不履行或不完全履行约定的义务,或者由于承包商的行为使业主受到损失时,业主可向承包商提出索赔。索赔的项目包括:工期延误的索赔;质量不满足合同要求的索赔;承包商不履行的保险费用索赔;对超额利润的索赔;对指定分包商的付款索赔;业主合理终止合同或承包商不正当地放弃工程的索赔。

工程索赔是施工中常出现的风险合理分配形式。索赔处理是合同投资控制管理中较为复杂的一个问题,监理工程师和承建合同双方在这个问题上需要花费较多的时间和精力。公正合理地处理好索赔问题必须做好以下几点:一是日常监理记录全面细致;二是吃透合同文件,尽量在合同文件中找依据,力求准确界定合同双方在索赔问题中的责任,说服双方放弃不合理的要求;三是遇到合同无法处理的模糊部分,应通过监理协调,创造良好气氛,促使问题友好解决。

4. 工程结算控制

1) 工程价款的结算

按现行规定,工程价款结算可以根据不同情况采取多种方式。

(1) 按月结算:先预付工程备料款,在施工过程中按月结算工程进度款,竣工后进行竣工结算。我国现行建筑安装工程价款结算中,相当一部分是实行这种按月结算方式的。

(2) 竣工后一次结算:建设项目或单项工程全部建筑安装工程建设期在 12 个月以内,或者工程承包合同价值在 100 万元以下的,可以实行工程价款每月月中预支,竣工后一次结算。

(3) 分段结算:当年开工,当年不能竣工的单项工程按照工程形象进度,划分不同阶段进行结算。分段结算可以按月预支工程款。实行竣工后一次结算和分段结算的工程,当年结算的工程款应与分年度的工作量一致,年终不另清算。

(4) 结算双方约定的其他结算方式。

2) 工程进度款

(1) 工程进度款的计算。《建设工程施工合同》(示范文本)关于工程进度款的支付也作出了相应的约定:在确认计量结果后 14 天内,发包人应向承包人支付工程款(进度款)……发包人超过约定的支付时间不支付工程款(进度款),承包人可向发包人发出要求付款的通知,发包人接到承包人通知后仍不能按要求付款,可与承包人协商签订延期付款协议,经承包人同意后可延期支付。协议应明确延期支付的时间和从计量结果确认后第 15 天起计算应付款的贷款利息……发包人不按合同约定支付工程款(进度款),双方未达成延期付款协议,导致施工无法进行,承包人可停止施工,由发包人承担违约责任。

工程进度款的计算,主要涉及两个方面:一是工程量的计量;二是单价的计算方法。目前,我国工程价格的计价方法可以分为工料单价法和综合单价法两种。所谓工料单价法,是指单位工程分部分项的单价为直接成本单价,按现行计价定额的人工、材料、机械的消耗量及其预算价格确定,其他直接成本、间接成本、利润、税金等按现行计算方法计算。

所谓综合单价法,是指单位工程分部分项工程量的单价是全部费用单价,既包括直接成本,也包括间接成本、利润、税金等一切费用的计价方法。二者在选择时,既可采取可调价格的方式,即工程价格在实施期间可随价格变化而调整,也可采取固定价格的方式,即工程价格在实施期间不因价格变化而调整,在工程价格中已考虑价格风险因素,并在合同中明确了固定价格所包括的内容和范围。

(2)工程进度款的支付。工程进度款的支付一般按当月实际完成工程量进行结算,工程竣工后办理竣工结算。在工程竣工前,承包商收取的工程预付款和进度款的总额一般不超过合同总额(包括工程合同签订后经发包人签证认可的增减工程款)的95%,其余5%作为尾款在工程竣工结算时除保修金外一并清算。

(3)工程进度款的审核。一般要求承建单位在每个月月底(一般规定25日),将当月的施工进度款申请表按监理部门的格式要求报送到监理部门,监理部门按三级进行校审(即监理人员复核、专业监理工程师审核和总监理工程师审定),把校审后的施工进度款审核表上报业主。

工程费用支付的程序:承包商提出付款申请→监理工程师审核→编制期中付款证书→业主支付。

工程支付的报表与证书有月报表、竣工报表、最终报表和结算清单、最终付款证书、履约证书。

3)竣工结算控制

工程竣工验收报告经发包人认可后28天内,承包人向发包入递交竣工结算报告及完整的结算资料,双方按照协议书约定的合同价款及专用条款约定的合同价款调整内容,用于工程竣工结算。结算程序是:专业监理工程师审核承包人报送的竣工结算报表,总监理工程师审定竣工结算报表,与发包人、承包人协商一致后签发竣工结算文件和最终的工程款支付证书。

发包人收到承包人递交的竣工结算报告、结算资料后28天内进行核实,给予确认或者提出修改意见。发包人确认竣工结算报告后通知经办银行向承包人支付竣工结算价款。发包人在收到竣工结算价款后14天内将竣工工程交付发包人。

发包人收到竣工结算报告及结算资料后28天内无正当理由不支付工程竣工结算价款的,从第29天起按承包人同期银行贷款利率支付拖欠工程价款的利息,并承担违约责任。发包人收到竣工结算报告及结算资料后28天内无正当理由不支付工程竣工结算价款的,承包人可以催告发包人支付结算价款。发包人在收到竣工结算报告及结算资料后56天内仍不支付的,承包人可以与发包人协议将该工程折价,也可以由承包人申请法院将该工程依法拍卖,承包人就工程折价或者拍卖的价款优先受偿。工程竣工验收报告经发包人认可后28天内,承包人未能向发包人递交竣工结算报告及完整的结算资料,造成工程竣工结算不能正常进行或工程竣工结算价款不能及时支付,发包人要求交付工程的,承包人应当交付,发包人不要求交付工程的,承包人应承担保管责任。

竣工结算要有严格的审查,一般从以下几个方面入手:

(1)核对合同条款。首先,应核对竣工工程内容是否符合合同条件要求,工程是否竣工验收合格,只有按合同要求完成全部工程并验收合格后才能竣工结算;其次,应按合同规定的结算方法、计价定额、取费标准、主材价格和优惠条款等,对工程竣工结算进行审核,若发现合同有漏洞,应请建设单位与施工单位认真研究,明确结算要求。

(2)检查隐蔽工程验收记录。所有隐蔽工程均需进行验收,并且由两人以上签证;实行工程监理的项目应经监理工程师签证确认。审核竣工结算时,隐蔽工程施工记录和验收签证等手续完整、工程量与竣工图一致方可列入结算。

(3)落实设计变更签证。设计变更应有原设计单位出具设计变更通知单和修改的设计图纸、校审人员签字并加盖公章,经建设单位和监理工程师审查同意、签证;重大设计变更应经原审批部门审批,否则不应列入结算。

(4)按图核实工程数量。竣工结算的工程量应依据竣工图、设计变更单和现场签证等进行核算,并按国家统一规定的计算规划计算工程量。

(5)执行定额单价。结算单价应按合同约定或招标规定的计价定额与计价原则执行。

(6)防止各种计算误差。工程竣工结算子目多、篇幅大,往往有计算误差,应认真核算,防止因计算误差多计或少算。

4)保修金的返还

工程保修金一般为施工合同款的 $3\%\sim5\%$,在专用条款中具体规定。发包人在质量保修期后 14 天内,应将剩余的保修金和利息返还承包商。

四、投资控制的偏差分析

(一)投资偏差的概念

在投资控制中,把投资的实际值与计划值的差异称为投资偏差,即

$$投资偏差=已完工程实际投资-已完工程计划投资$$

其结果为正,表示投资超支;结果为负,表示投资节约。

$$进度偏差=已完工程实际时间-已完工程计划时间$$

为了与投资偏差联系起来,进度偏差也可表示为

$$进度偏差=拟完工程计划投资-已完工程计划投资$$

所谓拟完工程计划投资,是指根据进度计划安排在某一确定时间内所应完成的工程内容的计划投资,即

$$拟完工程计划投资-已完工程计划投资=拟完工程量(计划工程量)\times计划单价$$

在工程建设中为了对投资进行控制常运用以下投资偏差的概念。

1. 局部偏差和累计偏差

所谓局部偏差,有两层含义:一是对于整个项目而言,是指各单项工程、单位工程及分部分项工程的投资偏差;二是对于整个项目已经实施的时间而言,是指每一控制周期所发生的投资偏差。累计偏差是一个动态的概念,其数值总是与具体的时间联系在一起的,第一个累计偏差在数值上等于局部偏差,最终的累计偏差就是整个项目的投资偏差。

局部偏差的引入,可使项目投资管理人员清楚地了解偏差发生的时间、所在的单项工程,这有利于分析其发生的原因,而累计偏差所涉及的工程内容较多、范围较大,且原因也较复杂,因而累计偏差分析必须以局部偏差为基础。从另一方面来看,因为累计偏差分析建立在对局部偏差进行综合分析的基础上,所以其结果更能显示出代表性和规律性,对投资控制工作在较大范围内具有指导作用。

2. 绝对偏差和相对偏差

绝对偏差是指投资实际值与计划值比较所得到的差额。绝对偏差的结果很直观,有助于投资管理人员了解项目投资出现偏差的绝对数额,并依此采取一定措施,制订或调整投资支付计划和资金筹措计划,但是,绝对偏差有其不容忽视的局限性。例如,同样是 1 万元的投资偏差,对于总投资不同的项目而言,其严重性显然是不同的,因此又引入相对偏差这一参数。

相对偏差=绝对偏差/投资计划值=(投资实际值-投资计划值)/投资计划值

与绝对偏差一样,相对偏差可正可负,且二者同号。正值表示投资超支,负值表示投资节约。二者都涉及投资计划值和实际值,不受项目层次的限制,也不受项目实施时间的限制,因而在各种投资比较中均可采用。

3. 偏差程度

偏差程度是指投资实际值对投资计划值的偏离程度,其表达式为

偏差程度=投资实际值/投资计划值

偏差程度可参照局部偏差和累计偏差分为局部偏差程度和累计偏差程度。注意累计偏差程度并不等于局部偏差程度的简单相加。以月为一个控制周期,则二者公式为

局部偏差程度=当月投资实际值/当月投资计划值

累计偏差程度=累计投资实际值/累计投资计划值

将偏差程度与进度结合起来,引入进度偏差程度的概念,则可得到以下公式:

进度偏差程度=已完工程实际时间/已完工程计划时间

或　　　　　　　进度偏差程度=拟完工程计划投资/已完工程计划投资

(二) 偏差分析的方法

偏差分析可采用不同的方法,常用的有横道图法、表格法和曲线法。

1. 横道图法

用横道图法进行投资偏差分析时,用不同的横道标识已完工程计划投资、已完工程实际投资,横道的长度与其金额成正比。横道图法具有形象、直观、一目了然等优点,它能够准确表达出投资的绝对偏差,而且能一眼感受到偏差的严重性。但是,这种方法反映的信息量少,一般在项目的较高管理层应用。

2. 表格法

表格法是进行偏差分析最常用的一种方法。它将项目编号、名称、各投资参数及投资偏差数综合归纳入一张表格中,并且直接在表格中进行比较。由于各偏差参数都在表中列出,投资管理者能够综合地了解并处理这些数据。用表格法进行偏差分析具有如下优点:灵活、适用性强,可根据实际需要设计表格,进行增减项;信息量大,可以反映偏差分析所需的资料,从而有利于投资控制人员及时采取有针对性的措施,加强控制;表格处理可借助计算机,从而节约大量数据处理所需的人力,并大大提高速度。

3. 曲线法

曲线法是用 S 形曲线来进行投资偏差分析的一种方法,如图 7-4 所示。用曲线法进行投资偏差分析是与施工进度计划联系在一起的。同时,首先要确定投资计划值曲线,投资实际值曲线应考虑实际进度的影响线,即已完工程实际投资曲线,已完工程计划投资曲线 b,引入两条投资参数曲线,如图 7-5 所示。图 7-5 中曲线 a 与曲线 b 的垂直距离表示投资增加总额,进

度偏差和拟完工程计划投资曲线 p 的竖向距离表示投资偏差,曲线 b 与曲线 p 的水平距离表示工期延误时间。图 7-5 反映的偏差为累计偏差。用曲线法进行偏差分析同样具有形象性,但这种方法很难直接用于定量分析,只能对定量分析起一定的指导作用。

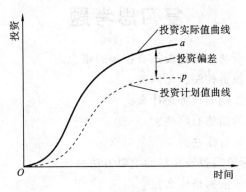

图 7-4　投资计划值与投资实际值曲线

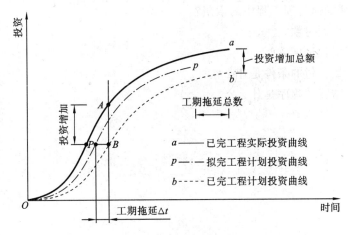

图 7-5　三条投资参数曲线

（三）偏差原因分析

偏差分析的一个重要目的就是找出引起偏差的原因,从而有可能采取有针对性的措施,减少或避免相同原因引起偏差的再次发生。在进行偏差原因分析时,首先应当将已导致和可能导致偏差的各种原因逐一列举出来。导致不同工程项目产生偏差的原因具有一定共性,因而可以通过对已建项目的投资偏差原因进行归纳、总结,为该项目采取预防措施提供依据。

产生投资偏差的原因主要包括物价上涨、设计失当、业主设想改变、施工失当、法律法规变化等。

（四）把好结算审查关

1. 工程量的审查

采用了工程量清单计价的工程,结算时应重点审查工程量。结算的工程量应以招标文件和承包合同中的工程量为依据,考虑变更工程量。审查时要熟悉图纸、掌握工程量计算规则,并对整个工程的设计和施工有系统的认识。

2. 单价审查

对于仍用定额计价的工程,还必须对定额的套用和取费进行审查。

复习思考题

1. 试解释工程建设投资与工程建设投资控制的概念。
2. 如何进行施工阶段投资控制目标的确定?
3. 建设工程投资目标控制的任务是什么?
4. 施工阶段投资控制的措施有哪些?
5. 投资控制的影响因素有哪些?
6. 设计阶段、施工招标阶段投资控制的主要方法是什么?
7. 施工阶段工程计量的依据是什么?
8. 我国现行工程变更价格确定的方法是什么?
9. 监理工程师如何处理工程中的索赔?
10. 什么叫工程预付款?
11. 如何计算工程进度款?
12. 工程进度款支付的条件是什么?
13. 工程竣工结算的程序是什么?

第八章　水利工程建设合同管理

第一节　工程建设合同的概念

一、合同的概念

为了保护合同各方当事人的合法权益,维护社会秩序,促进社会主义建设,我国于1999年3月15日第九届全国人民代表大会第二次会议批准颁布了《中华人民共和国合同法》,并从1999年10月1日起施行。

《中华人民共和国合同法》第二条对合同的概念作出了规定:"本法所称合同是平等主体的自然人、法人、其他组织之间设立、变更、终止民事权利义务关系的协议。"合同作为一种协议,必须是当事人双方意思表示一致的民事法律行为。合同是当事人行为合法性的依据。合同中所确定的当事人的权利、义务及责任,必须是当事人依法可以享有的权利和能够承担的义务与责任,这是合同具有法律效力的前提。

任何合同都具有三大要素,即合同的主体、客体和内容。

(1) 合同主体指签约双方的当事人。合同的当事人可以是自然人、法人或其他组织,且合同当事人的法律地位平等,一方不得将自己的意志强加于另一方。依法签订的合同具有法律效力。当事人应按合同约定履行各自的义务,不得擅自变更或解除合同。

(2) 合同客体指合同主体的权利和义务共同指向的对象,如建设工程项目、货物、劳务、智力成果等。客体应规定明确,切忌含糊不清。

(3) 合同内容指合同签约双方具体的权利、义务和责任。

二、工程建设合同的概念与特征

(一)工程建设合同的概念

工程建设合同是承包商进行工程建设,发包人支付工程价款的合同。工程建设合同的客体是工程;工程建设合同的主体是发包人和承包商。发包人是业主或业主委托的管理机构,承包商是承担勘察、设计、建筑和安装施工任务的勘察人、设计人或施工人。建设工程实行监理的,发包人也应当与监理人订立委托监理合同。

工程建设合同是一种诺成合同,合同订立生效后双方均应严格履行。同时,工程建设合同也是一种有偿合同,合同双方当事人在执行合同时,都享有各自的权利,同时必须履行自己应尽的义务,并承担相应的责任。

(二)工程建设合同的特征

1. 合同主体的严格性

工程建设合同主体一般只能是法人。发包人一般只能是经过批准进行工程项目建设的法人,必须有国家批准的建设项目,落实投资计划,并且应当具备相应的协调能力;承包人则必须具备法人资格,而且必须具备相应的从事勘察、设计、施工、监理等业务的资质。

2. 合同客体的特殊性

工程建设合同的客体是各类建筑产品,建筑产品的形态往往是多种多样的。建筑产品的单件性及固定性等其自身的特点,决定了工程建设合同客体的特殊性。

3. 合同履行期限的长期性

建筑工程由于结构复杂、体积大、工作量大、建筑材料类型多、投资巨大,因而建设工程的生产周期一般较长,从而导致工程建设合同履行期限较长。同时,由于投资额巨大,工程建设合同的订立和履行一般都需要较长的准备期。而且,在合同的履行过程中,还可能因为不可抗力、工程变更、材料供应不及时等原因而导致合同期限的延长。上述原因决定了工程建设合同期限的长期性。

4. 投资和建设程序的严格性

由于工程建设对国家的经济发展和广大人民群众的工作与生活都有重大的影响,因此国家对工程项目在投资和建设程序上有严格的管理制度。订立工程建设合同也必须以国家批准的投资计划为前提。即使是非国家投资方式筹集的其他资金,也要受到当年的贷款规模和批准限额的限制,该投资也要纳入当年投资规模,进行投资平衡,并要经过严格的审批程序。工程建设合同的订立和履行还必须遵守国家关于基本建设程序的有关规定。

三、工程建设合同的作用

(1) 合同确定了工程建设和管理的目标。合同的主要内容有:工期和建设地点,包括建设地点和施工场地、工程开工和结束的日期、工程中主要活动的持续时间等,这些都是由合同协议书、工程进度计划所决定的;工程规模、范围和质量,包括工程的类型和尺寸,工程要达到的功能和能力,设计、施工、材料等方面的质量标准和规范等,这些是由合同条款、规范、图纸、工程量清单、供应单等决定的;价格和报酬,包括工程总造价,各分项工程的单价和总价,设计、服务费用和报酬等,这些是由合同协议书、中标函、工程量清单等决定的。

(2) 合同是工程建设过程中双方纠纷解决的依据。在建设过程中,由于合同实施环境的变化,双方对合同条款本身存在模糊、不确定等因素,引起纠纷是难免的,重要的是如何正确地解决这些纠纷。在这方面,合同有两个决定性作用:一是判断纠纷责任要以合同条款为依据,即根据合同判定应由谁对纠纷负责以及应负什么样责任;二是纠纷的解决必须按照合同所规定的解决方式和程序进行。

(3) 合同是工程建设过程中双方活动的准则。工程建设中双方的一切活动都是为了履行合同,必须按合同办事,全面履行合同所规定的权利和义务,并承担所分配风险的责任。双方的行为都要受到合同约束,一旦违约,就要承担法律责任。

(4) 合同是协调并统一参加建设者行动的重要手段。一个工程项目的建设,往往有相当多的参与单位,有业主、勘探、设计、施工、监理单位,也有设备和物资供应、运输、加工单位,还有银行、保险等金融单位,并有政府有关部门、群众组织等。每一个参与者均有自身的目标和利益追求,并为之努力活动。要使各参与者的活动协调统一,为工程总目标服务,就必须依靠为本工程顺利建设而签订的各个合同。项目管理者要与各单位签订合同,并将各合同和合同规定的活动在内容上、技术上、组织上、时间上协调统一，形成一个完整、周密、有序的体系，以保证工程有序地按计划进行，顺利实现工程总目标。

四、工程建设合同的类别

工程建设合同往往根据管理角度不同有多种分类方式。

（一）按承、发包的范围和数量分类

按承、发包的范围和数量，可以将工程建设合同分为建设工程总承包合同、建设工程承包合同、分包合同三类。建设工程总承包合同是指发包人将工程建设的全过程发包给一个承包人的合同。建设工程承包合同是指发包人将建设工程的勘察、设计、施工等每一项发包给一个或多个承包人的合同。分包合同是指经合同约定和发包人认可，分包商从工程承包人的工程中承包部分工程而订立的合同。

（二）按完成工程承包的内容分类

按完成工程承包的内容，工程建设合同可分为建设工程勘察合同、建设工程设计合同、建设工程委托监理合同和建设工程施工合同等类型。

（1）建设工程勘察合同，是指建设单位或项目管理部门和勘察单位为完成商定的勘察任务，明确合同双方权利、义务关系的协议。建设单位或项目管理部门是发包人，勘察单位是承包人。根据勘察合同，承包人完成发包人委托的勘察任务，发包人接收符合约定要求的勘察成果，并支付报酬。

（2）建设工程设计合同，是指建设单位或项目管理部门和设计单位为完成商定的设计任务，明确合同双方权利、义务关系的协议。建设单位或项目管理部门是发包人，设计单位是承包人。根据设计合同，承包人完成发包人委托的设计任务，发包人接受符合约定要求的设计成果，并支付报酬。

（3）建设工程委托监理合同是委托合同的一种，是指工程建设单位聘请监理单位对工程建设实施监督管理，明确双方权利、义务的协议。建设单位称为委托人，监理单位为受托人。

（4）建设工程施工合同即建筑安装工程承包合同，是发包人与承包人之间为完成商定的建设工程项目，明确双方权利和义务的协议。依据施工合同，承包人应完成一定的建筑、安装工程任务，发包人应提供合同规定的施工条件并支付工程价款。

（三）按计价方式分类

业主与承包商所签订的合同，按计价方式不同，可以划分为总价合同、单价合同和成本加酬金合同三大类。建设工程勘察、设计合同和设备加工采购合同，一般为总价合同；建设工程委托监理合同大多数为成本加酬金合同。建设工程施工合同根据标准情况和工程项目特点不同，可选择适用的一种合同。

1. 总价合同

总价合同又分为固定总价合同、固定工程量总价合同和可调整总价合同。

1）固定总价合同

合同当事人双方以招标时的图纸和工程量等招标文件为依据，承包商按投标时业主接受的合同价格承包并实施。在合同履行过程中，如果业主没有要求变更原定的承包内容，承包商实施并圆满完成所承包工程的工作内容，不论承包商的实际成本是多少，业主都应按合同支付

项目价款。

2）固定工程量总价合同

在工程量报价单中，业主按单位工程及分项工程内容列出实施工程量，承包商分别填报各项内容的直接费单价，然后再汇总报出总价，并据此总价签订合同。合同内原定工作内容全部完成后，业主按总价支付给承包商全部费用。如果中途发生设计变更或增加新的工作内容，则用合同内已确定的单价来计算新增工程量而对总价进行调整。

3）可调整总价合同

这种合同与固定总价合同基本相同，但合同期较长（1年以上），只是在固定总价合同基础上，增加了合同执行过程中因市场价格浮动等因素对承包价格调整的条款。常见的调价方式有票据价格调整法、文件证明法、公式调整法等。

2. 单价合同

单价合同是指承包商按工程量报价单内分项工作内容填报单价，以实际完成工程量乘以所报单价计算结算款的合同。承包商所填报的单价应为计入各种摊销费以后的综合单价，而非直接费单价。合同执行过程中无特殊情况，一般不得变更单价。单价合同执行的原则是，工程量清单中分项并列的工程量，在合同实施的过程中允许有上下浮动变化，该单项工作内容的单价不变，结算支付时以实际完成工作量为依据。因此，按投标书报价单位预计工程量乘以所报单价计算的合同价格，并不一定就是承包商保质保量完成合同中规定的任务所获得的全部款项，可能比它多，也可能比它少。

单价合同大多用于工期长、技术复杂、实施过程中发生各种不可预见因素较多的大型复杂工程的施工，以及业主为了缩短项目建设周期，初步设计完成后就进行施工招标的工程。单价合同的工程量清单内所列出的工程量一般为估算工程量，而非准确工程量。

常用的单价合同有估计工程量单价合同、纯单价合同和单价与包干混合合同三种。

（1）估计工程量单价合同。承包商在投标时，以工程量保价单中列出的工作内容和估计工程量填报相应的单价后，累计计算合同价。此时的单价应为计入各种摊销费后的综合单价，即成品价，不再包括其他费用项目。合同履行过程中应以实际完成工程量乘以单价作为结算和支付的依据。这种合同方式较为合理地分担了合同履行过程中的风险。估计工程量单价合同按照合同工期的长短也可以分为固定单价合同和可调单价合同两类。

（2）纯单价合同。招标文件中仅给出各项工程的分部分项工程项目一览表、工程范围和必要的说明，而不提供工程量。投标人只要报出各分部分项工程项目的单价即可，实施过程中按实际完成工程量结算。由于同一工程在不同的施工部位和外部环境条件下，承包商的实际成本投入不尽相同，因此仅以工作内容填报单价不易准确，而且对于间接费分摊在许多工种中的复杂情况，以及有些不易计算工程量的项目内容，采用纯单价合同往往会引起结算过程中的麻烦，甚至导致合同争议。

（3）单价与包干混合合同。这种合同是总价合同与单价合同结合的一种形式。对内容简单、工作量准确的部分，采用总价合同承包；对技术复杂、工程量为估计值的部分，采用单价合同方式承包。

3. 成本加酬金合同

成本加酬金合同是将工程项目的实际投资划分为直接成本费用和承包商完成工作后应得酬金两部分。实施过程中发生的直接成本费由业主实报实销，另按合同约定的方式付给承包商相应的报酬。成本加酬金合同大多适用于边设计边施工的紧急工程或灾后修复工程,以议标方式与承包商签订合同。由于在签订合同时,业主还提供不出可供承包商准确报价的详细资料,因此在合同中只能商定酬金的计算方法。按照酬金的计算方法不同,成本加酬金合同又可分为成本加固定百分比酬金合同、成本加浮动百分比酬金合同及目标成本加奖惩合同几种类型。

第二节 建设工程勘察、设计合同管理

一、签约前对当事人资格和资信的审查

在合同签订前对合同双方当事人的资格和资信进行审查,不仅是为了保证合同有效和受到法律保护,而且是保证合同得到有效实施的必不可少的工作。

1. 资格审查

资格审查主要审查承包人是否按法律规定成立法人组织,有无法人章程和营业执照,承担的勘察、设计任务是否在资质证书批准内容的范围内,同时,还要审查签订合同的有关人员是否是法定代表人或法定代表人的委托代理人,以及代理人的活动是否在代理权限范围内。

2. 资信审查

资信审查主要审查建设单位的生产经营状况和银行信用情况等。

3. 履约能力审查

履约能力审查主要审查发包人建设资金的到位情况和支付能力的同时,通过审查承包人的勘察、设计许可证,了解其资质等级、业务范围,以此来确定承包人的专业能力。

二、工程勘察、设计合同订立的形式和程序

工程勘察、设计合同订立的形式和程序如下:

(1) 承包人审查工程项目的批准文件。承包人在接受委托勘察或设计任务前,必须对发包人所委托的工程项目的批准文件进行全面审查。

(2) 发包人提出勘察、设计的要求。这些要求主要包括勘察设计的期限、进度、质量等方面的要求。勘察工作有效期限以发包人下达的开工通知书或合同规定的时间为准,如遇特殊情况(设计变更、工作量变化、不可抗力影响,以及非勘察人原因造成的停工、窝工等),工期顺延。

(3) 承包人确定取费标准和进度。承包人根据发包人的勘察、设计要求和发包人提供的工程项目资料,研究并确定收费标准和费用,提出付费方法和进度。

(4) 合同双方当事人就合同的各项条款协商并取得一致意见。

三、勘察合同中双方的义务和责任

(一) 双方的义务

1. 发包人的义务

发包人应负责提供工程项目的资料或文件、技术要求、期限,以及合同中规定的共同协作应承担的有关准备工作和其他服务项目。

(1) 向承包人提供开展勘察设计所必需的有关基础资料,并对提供的时间与资料的可靠

性负责。

（2）在勘察人员进入现场作业时，发包人应负责提供必要的工作条件和生活条件。发包人应及时为勘察人提供勘察现场的工作条件，并解决工作中出现的问题。例如，落实土地征用、青苗树木赔偿、拆除地上地下障碍物、处理施工扰民及影响施工正常进行的有关问题、平整施工现场、修通道路、接通电源水源、挖好排水沟等，并承担其费用。

（3）发包人应保护勘察人的投标书、勘察方案、报告书、文件、资料图纸、数据、特殊工艺（方法）、专利技术和合理化建议，未经勘察人同意，发包人不得复制、泄露、擅自修改、传送、向第三人转让或用于本合同外的项目。

2. 承包人的义务

（1）勘察单位应按照现行的标准、规范、规程和技术条例，进行工程测量和工程地质、水文地质等方面的勘察工作，并按规定的进度、质量要求提供勘测成果，且对提交的勘察成果负责。

（2）在工程勘察前，提出勘察纲要或勘察组织设计，派人与发包人一起验收发包人提供的资料。

（3）在现场工作的勘察人员，应遵守发包人的安全保卫及其他有关的规章制度，承担其有关的资料保密义务。在勘察过程中，承包人有权根据技术规范要求及该项目的岩土工程条件，向发包人提出增减工程量或修改勘察的意见，并办理正式变更手续。

（二）双方的责任

1. 发包人的责任

（1）发包人应负责勘察现场的水电供应、道路平整、现场清理等工作，以保证勘察工作顺利进行。

（2）若勘察现场需要看守，特别是在有毒、有害等危险现场作业时，发包人应派人负责安全保卫工作。按国家有关规定，对从事危险作业的现场人员进行保健防护，并承担费用。

（3）工程勘察前，若发包人负责提供材料，应根据勘察人提出的工程用料计划，按时提供各种材料及其产品合格证明，承担费用和运到现场，并与勘察人一起验收。

（4）勘察过程中的任务变更，经办理正式手续后，发包人应按实际发生的工作量支付勘察费。

（5）由于发包人原因造成勘察人停工、窝工，除工期顺延外，发包人应支付停工、窝工费；发包人若要求在合同规定时间内提前完工，发包人应向勘察人支付经双方协商的加班费。

（6）按照国家有关规定和合同的约定支付勘察费用；按规定收取费用的勘察合同生效后，发包人应向承包人支付定金；提交勘察成果资料后，发包人应在合同规定时间内一次性付清全部工程勘察费用。

（7）发包人应承担合同有关条款规定和补充协议中发包人应负的其他责任。

2. 承包人的责任

（1）由于勘察人提供的勘察成果资料质量不合格，勘察人应负责无偿给予补充完善，使其达到质量合格；若勘察人无力补充完善，需另委托其他单位，勘察人应承担全部勘察费用；因勘察质量造成重大经济损失或工程事故时，勘察人除应负法律责任，退回直接受损失部分的勘察费外，还应根据损失程度向发包人支付赔偿金。

（2）勘察人承担合同有关条款规定和补充协议中勘察人应负的其他责任。

四、设计合同中双方的义务和责任

（一）双方的义务

1. 发包人的义务

（1）委托初步设计的，在初步设计前，发包人在规定的日期内应向承包人提供经过批准的设计任务书，选择建设地址的报告，原料、燃料、水、电、运输等方面的协议文件和能满足初步设计要求的勘察资料，以及需要经过科研取得的技术资料等。超过规定期限时，设计单位有权重新确定提交设计文件的时间。

（2）委托施工图设计的，在施工图设计前，发包人应在规定日期内提供经过批准的初步设计文件和能满足施工图设计要求的勘察资料、施工条件，以及有关设备的技术资料等。

（3）发包人变更委托设计项目、规模、条件，或因提交的资料错误，或所提交资料做较大修改，以致造成设计人设计需返工时，双方除需另行协商签订补充协议（或另订合同）、重新明确有关条款外，发包人应按设计人所耗工作量向设计人增付设计费。

（4）发包人应保护设计人的投标书、设计方案、文件、资料图纸、数据、计算软件和专利技术。未经设计人同意，发包人对设计人交付的设计资料及文件不得擅自修改复制、向第三人转让或用于本合同外的项目。如发生以上情况，发包人应负法律责任，设计人有权向发包人提出索赔。

2. 承包人的义务

（1）设计单位要根据已批准的设计任务书或之前阶段设计的批准文件，以及有关设计的经济技术文件、设计标准、技术规范、规程、定额等提出勘察技术要求，并进行设计，按合同规定的进度和质量提交设计文件，并对其负责。

（2）初步设计经上级主管部门审查后，在原定任务书范围内的必须修改，由设计单位负责。当原来设计任务书有重大变更而重做修改设计时，需具有审批机关或设计任务书批准机关的协议书，经双方协商后另订合同。

（3）设计单位应配合所承担设计任务的建设项目施工，施工前进行设计技术交底，解决工程施工过程中有关设计的问题，负责设计变更和修改预算，参加试车考核及工程竣工验收。对大中型工程项目和复杂的民用工程应派现场设计代表，参加隐蔽工程验收。设计人交付设计文件后，按规定参加有关上级的设计审查，并根据审查结论负责对不超出原定范围的内容做必要的调整补充。设计人按照规定时限交付设计文件1年内项目开始施工，负责向发包人及施工单位进行设计交底、处理有关设计问题和参加竣工验收。在1年内项目尚未开始施工，设计人仍负责上述工作，可按所需工作量向发包人适当收取咨询服务费，收费额由双方商定。

（二）双方的责任

1. 发包人的责任

（1）在未签合同前发包人已同意并确认设计人为发包人所做的各项设计工作，应按收费标准支付相应设计费。

（2）发包人要求设计人比合同规定时间提前交付设计资料及文件时，如果设计人能够做到，发包人应根据设计提前投入的工作量，向设计人支付赶工费。

（3）在设计人员进入现场指导和配合施工时，发包人应负责提供必要的工作、生活及交通等方便条件。

（4）发包人应向承包人明确设计的范围和深度。

（5）负责及时向有关部门办理各设计阶段设计文件的审批工作。

（6）按照国家有关规定和合同的约定支付设计费用，按规定收取费用的设计合同生效后，发包人向承包人支付定金。设计任务的定金约为预计设计费的 20％。设计工作的取费，一般应根据工程种类、建设规模和工程的繁简程度确定。

（7）发包人应承担承包人规定的设计文件中保密条款的保密责任。

2. 承包人的责任

（1）如果建设项目的设计任务由两个以上的设计单位配合设计，如委托其中一个设计单位为总承包，则签订总承包合同，总承包单位对发包人负责。总承包单位和各分包单位签订分包合同，分包单位对总承包单位负责。

（2）发包人或承包人不履行合同造成违约行为的，应承担违约责任。

五、发包人（监理工程师）对勘察设计合同的管理

（一）设计阶段监理工作职责范围

设计阶段的监理，一般是指由建设项目已经取得立项批准文件及必需的有关批文后，从编制设计任务书开始，直到完成施工图设计的全过程监理。上述阶段的工作职责范围应由委托监理合同确定。

设计阶段监理工作包括如下内容：

（1）根据设计任务书等有关批示和资料编制设计要求文件。对于采用招标方式委托的项目，监理人应编制设计招标文件。

（2）组织设计方案招标投标，并参与评选设计方案。

（3）协助选择勘察、设计单位，或提出评标意见及建议中标单位名单。

（4）协助起草勘察、设计合同条款及协议书。

（5）监督勘察、设计合同的履行情况。

（6）审查勘察设计阶段的方案和勘察设计结果。

（7）向建设单位提出支付合同价款的意见。

（8）审查项目概、预算。

（二）发包人对勘察、设计合同管理的重要依据

（1）建设项目设计阶段委托监理合同。

（2）批准的可行性研究报告及设计任务书。

（3）建设工程勘察、设计合同。

（4）经批准的选址报告及规划部门批文。

（5）工程地质、水文地质资料及地形图。

（6）其他资料。

六、承包人对勘察、设计合同的管理

（一）建立专门的合同管理机构

建设工程勘察、设计单位应当设立专门的合同管理机构，对合同实施的各个步骤进行监

督、控制,不断完善建设工程勘察、设计合同自身管理机制。

(二)承包人对合同的管理

1. 合同订立时的管理

承包人设立的专门的合同管理机构对建设工程勘察、设计合同的订立全面负责,实施监管、控制,特别是在合同订立前要深入了解发包人的资信、经营作风及订立合同应当具备的相应条件。规范合同双方当事人权利、义务的条款要全面、明确。

2. 合同履行时的管理

合同开始履行,即意味着合同双方当事人的权利、义务开始享有和承担。为保证勘察、设计合同能够正确、全面履行,专门的合同管理机构需要经常检查合同履行情况,发现问题及时协调解决,避免不必要的损失。

3. 建立健全合同管理档案

合同订立的资料,以及合同履行中形成的所有资料,承包人要有专人负责,随时注意收集和保存,及时归档。健全的合同档案是解决合同争议和提出索赔的依据。

4. 抓好合同参与人员素质培训

参与合同的所有人员必须具有良好的合同意识,承包人应配合有关部门搞好合同培训等工作,提高合同参与人员素质,保证实现合同订立要达到的目的。

七、国家有关行政部门对勘察、设计合同的管理

建设工程勘察、设计合同除由承包人、发包人自身管理外,政府有关部门,如工商行政管理部门、金融机构、公证机关、主管部门等依据职权划分,也应当加强对建设工程勘察、设计合同的监督管理。

(1)国家有关行政部门的主要职能如下:① 贯彻国家和地方的有关法律、法规和规章;② 制定和推荐使用建设工程勘察、设计合同文本;③ 审查和鉴证建设工程勘察、设计合同,监督合同履行,调解合同争议,依法查处违法行为;④ 指导勘察、设计单位的合同管理工作,培训勘察、设计单位的合同管理人员,总结交流经验,表彰先进的合同管理单位。

(2)签订勘察、设计合同的双方应该将合同文本送所在地省级建设行政主管部门或其授权机构备案,也可以到工商行政管理部门办理合同鉴证。

(3)在签订履行合同的过程中,有违反法律、法规,扰乱建设市场秩序行为的,建设行政主管部门和工商行政管理部门要依照各自职责,依法给予行政处罚,构成犯罪的,提请司法机关追究其刑事责任。

第三节　建设工程委托监理合同管理

建设单位与监理单位签订的建设工程委托监理合同,与其在工程建设实施阶段所签订的其他合同的最大区别表现在实施内容的不同,勘察合同、设计合同、施工合同的实施内容是通过实际工作或施工产生新的物质成果或信息成果,而委托监理合同的实施内容是技术服务,即监理工程师凭借自己的知识、经验、技能,受建设单位委托为其所签订的合同的履行实施监督和管理的职能。

一、双方的权利

(一)委托人的权利

(1)委托人有选定工程总承包人以及与其订立合同的权利。

(2)委托人有权要求监理人提交监理工作月报及监理业务范围内的专项报告。

(3)委托人有对工程规模、设计标准、规划生产、生产工艺设计和设计使用功能要求的认定权,以及对工程设计变更的审批权。

(4)监理人调换总监理工程师必须事先经委托人同意。

(5)当委托人发现监理人员不按监理合同履行监理职责,或与承包人串通给委托人工程造成损失的,委托人有权要求监理人更换监理人员,直到终止合同并要求监理人承担相应的赔偿责任或连带赔偿责任。

(二)监理人的权利

监理人在委托人委托的工程范围内,享有以下权利:

(1)选择工程总承包人的建议权。

(2)选择工程分包人的认可权。

(3)审批工程施工组织设计和设计方案,按照保质量、保工期和降低成本的原则,向承包人提出建议,并向委托人提出书面报告。

(4)对工程设计中的技术问题,按照安全和优化的原则,向设计人提出建议。如果拟提出的建议会提高工程造价或延长工期,应当事先征得委托人的同意。当发现工程设计不符合国家颁布的建设工程质量标准或设计约定的质量标准时,监理人应当书面报告委托人并要求设计人更正。

(5)征得委托人同意,监理人发布开工令、停工令、复工令,但应当事先向委托人报告,如在紧急情况下未能事先报告,则应在 24 小时内向委托人作出书面报告。

(6)主持工程建设有关协作单位的组织协调,重要协调事项应当事先向委托人报告。

(7)工程上使用的材料和施工质量的检验权。对于不符合设计要求和合同约定及国家质量标准的材料、构配件、设备,有权通知承包人停止使用;对不符合规范和质量标准的工序及分部、分项工程和不安全施工作业,有权通知承包人停工整改、返工。承包人得到监理机构复工令后才能复工。

(8)在工程施工合同约定的工程造价范围内,工程款支付的审核和签认权,以及工程结算的确认权和否决权。未经总监理工程师签字确认,委托人不支付工程款。

(9)工程施工进度的检查、监督权,以及工程实际竣工日期提前或超过工程施工合同规定的竣工期限的签认权。

(10)监理人在委托人授权下,可对任何承包人合同规定的义务提出变更。如果由此严重影响了工程费用、质量或进度,则这种变更需经委托人事先批准。在紧急情况下,未能事先报委托人批准时,监理人所做的变更也应尽快通知委托人。在监理过程中发现工程承包人的人员工作不力,监理机构可要求承包人调换有关人员。

在委托的工程范围内,委托人或承包人对对方的任何意见和要求,均必须首先向监理机构提出,由监理机构研究处理意见,再同双方协商确定。当委托人和承包人发生争议时,监理机构应根据自己的职能,以独立的身份判断,公正地进行调解。当双方的争议由政府行政主管部门调解或仲裁机构仲裁时,应当提供作证的事实材料。

二、双方的义务

(一)委托人的义务

(1)委托人在监理人开展监理业务之前应向监理人支付预付款。

(2)委托人应当在专用条件约定的时间内就监理人书面提交并要求作出决定的一切事宜作出书面决定。

(3)委托人应当将授予监理人的监理权利,以及监理人主要成员的职能分工、监理权限及时书面通知已选定的承包人,并在与第三人签订的合同中予以明确。

(4)委托人应当负责工程建设的所有外部关系的协调,为监理工作提供外部条件。根据需要,如将部分或全部协调工作委托监理人承担,则应在专用条件中明确委托的工作和相应的报酬。

(5)委托人应当授权一名熟悉工程情况、能在规定时间内作出决定的常驻代表,负责与监理人联系;更换常驻代表,要提前通知监理人。

(6)委托人应当在双方约定的时间内免费向监理人提供与工程有关的、监理工作所需要的工程资料。

(7)委托人应免费向监理人提供办公用房、通信设施、监理人员工地住房及合同专用条件约定的设施,对监理人自备的设施给予合理的经济补偿。

(8)委托人应在不影响监理人开展监理工作的时间内提供如下资料:与本工程合作的原材料、构配件、设备等生产厂家名录;与本工程有关的协作单位、配合单位的名录。

(9)根据情况需要,如果双方约定由委托人免费向监理人提供其他人员,则应在委托监理合同专用条件中予以明确。

(二)监理人的义务

(1)监理人按合同约定派出监理工作需要的监理机构及监理人员,向委托人报送委派的总监理工程师及监理机构主要成员名单、监理规划,完成委托监理合同专用条件中约定的监理工作范围内的监理业务。在履行合同义务期间,应按合同约定定期向委托人报告监理工作。

(2)监理人在履行合同的义务期间,应认真勤奋地工作,为委托人提供与其水平相适应的咨询意见,公正地维护各方的合法权益。

(3)监理人使用委托人提供的设施和物品属委托人财产的,在监理工作完成或中止时,应将其设施和剩余的物品按合同约定的时间和方式移交给委托人。

(4)在合同期内或合同终止后,未征得有关方同意,不得泄露与本工程、本合同业务有关的保密资料。

三、双方的责任

(一)委托人的责任

(1)委托人应履行合同约定的义务,如有违反,则应承担违约责任,赔偿监理人造成的经济损失。

(2)监理人处理委托业务时,因非监理人原因而受到损失的,可以向委托人要求补偿。

（3）委托人向监理人提出赔偿的要求不能成立时，委托人应当补偿由该索赔所引起的监理人的各种费用支出。

（二）监理人的责任

（1）监理人的责任期即委托监理合同的有效期。在监理过程中，如果因工程建设进度的推迟或延误而超过书面约定的日期，则双方应进一步约定相应延长的合同期。

（2）监理人在责任期内，应当履行约定的义务。因监理人过失而造成委托人经济损失的，应当向委托人赔偿。累积赔偿总额不应超过监理报酬总额。

（3）监理人对承包人违反合同规定的质量要求和完工时限，不承担责任。因不可抗力导致委托监理合同不能全部或部分履行，监理人不承担责任。但监理人未尽其自身的义务而引起委托人损失的，应向委托人承担赔偿责任。

（4）监理人向委托人提出的赔偿要求不能成立时，监理人应当补偿由于该索赔所导致的委托人的各种费用支出。

四、监理单位对委托监理合同的履行

委托监理合同一经生效，监理单位就要按合同规定，行使权利，履行应尽义务。

（一）确定项目总监理工程师，成立项目监理组织

对每一个承揽的监理项目，监理单位都应根据工程项目的规模和性质、业主对监理的要求，委派称职的人员担任项目的总监理工程师，代表监理单位全面负责该项目的监理工作，总监理工程师对内向监理单位负责，对外向业主负责。

在总监理工程师的具体领导下，组建项目的监理班子，并根据签订的委托监理合同，制定监理规划和具体的实施计划，开展监理工作。

一般情况下，监理单位在参与项目监理投标、拟订监理方案（大纲）及与业主商签委托监理合同时，即应选派称职的人员主持该项工作。在监理任务确定并签订委托监理合同后，该主持人可作为项目总监理工程师，这样，项目总监理工程师在承接任务阶段就早期介入，从而更能了解业主的建设意图和对监理工作的要求，并能更好地与后续工作相衔接。

（二）进一步熟悉情况，收集有关资料

（1）收集反映工程所在地区技术经济状况及建设条件的资料，如气象资料，工程地质及水文地质资料，交通运输有关的可提供的能力、时间及价格等资料，供水、供电、供燃气、电信有关的可提供的容（用）量价格等资料，勘测设计、土建施工设备安装单位状况，建筑材料及构件、半成品的生产供应情况等。

（2）收集反映工程项目特征的有关资料，如工程项目的批文，规划部门关于规划范围和设计条件的通知，土地管理部门关于准予用地的批文，批准的工程项目可行性研究报告或设计任务书，工程项目地形图，工程项目勘测、设计图纸及有关说明等；收集反映当地工程建设报建程序，当地关于拆迁工作的有关规定，当地关于工程项目建设应缴纳有关税、费的规定，当地关于工程项目管理机构资质管理的有关规定，当地关于工程项目建设实行建设监理的有关规定，当地关于工程项目建设招标投标的有关规定，当地关于工程造价管理的有关规定等。

（3）收集类似工程项目建设的有关资料，如类似工程项目投资方面的有关资料、类似工程项目建设工期方面的有关资料、类似工程项目的其他技术经济指标等。

（三）制定工程项目监理规划

工程项目的监理规划是开展项目监理活动的纲领性文件，它是根据业主委托监理的要求，在已有监理项目有关资料的基础上，结合监理的具体条件编制的开展监理工作的指导性文件。工程项目监理规划应由项目总监理工程师主持编写。

（四）制定各专业监理工作计划或实施细则

在监理规划的指导下，为具体指导投资控制、质量控制、进度控制的进行，还需要结合工程项目实际情况，制定相应的实施计划或细则。

（五）根据制定的监理工作计划和运行制度，规范化地开展监理工作

（1）监理工作的规范化要求工作应有顺序性，即监理的各项工作都是按一定逻辑顺序开展的，从而监理工作能有效地达到目标而不致造成工作状态的无序和混乱。

（2）监理工作的规范化要求建设监理工作职责要明确。监理工作是由不同专业、不同层次的专家群体共同完成的，他们之间有明确的职责分工，是协调监理工作的前提和实现监理目标的重要保证。

（3）监理工作的规范化要求监理工作应有明确的工作目标。在职责分工的基础上，每一项监理工作应达到的具体目标都应是确定的，完成的时间也应有时限规定，从而能通过报表资料对监理工作及其效果进行检查和考核。

（六）监理工作总结

监理工作总结应包括以下三部分内容：

（1）向业主提交的监理工作总结。其内容包括：委托监理合同履行情况概述，监理任务或监理目标完成情况评价，由业主提供的供监理活动使用的办公用房、车辆、试验设备等的清单，表明监理工作终结的说明等。

（2）向监理单位提交的监理工作总结。其内容包括：监理工作的经验，采用监理技术、方法的经验，采用某种经济措施、组织措施的经验，签订委托监理合同方面的经验，处理好与业主、承包单位关系的经验等。

（3）监理工作中存在的问题及改进的建议，以指导今后的监理工作，并向政府有关部门提出政策建议，不断提高我国工程建设监理水平。

此外，在全部监理工作完成后，监理单位应注意做好委托监理合同的归档工作，主要包括两方面内容：一是向业主移交档案；二是监理单位内部归档。委托监理合同归档资料应包括监理合同、监理大纲、监理规划、监理工作中的程序性文件等。

第四节　建设工程施工合同管理

建设工程施工合同是工程建设合同的主要合同，是工程建设质量控制、进度控制、投资控制的主要依据。通过合同关系，可以确定建设市场主体之间的相互权利义务关系，这对规范建筑市场有重要作用。1999 年 3 月 15 日通过、1999 年 10 月 1 日开始实施的《中华人民共和国合同法》对建设工程合同做了专项规定。《中华人民共和国建筑法》《中华人民共和国招标投标法》也有许多涉及建设工程施工合同的规定。这些法律是我国建设工程施工合同管理的依据。

施工合同的当事人是发包人和承包人，双方是平等的民事主体。承、发包双方签订施工合

同，必须具备相应的资质条件和履行施工合同的能力。对合同范围内的工程实施建设时，发包人必须具备组织协调能力，承包人必须具备有关部门核定的资质等级并持有营业执照等证明文件。

一、业主的权利及义务

（一）业主的权利

（1）业主有权要求承包商按照合同规定的工期提交质量合格的工程。

（2）业主有权批准合同的转让。未经业主同意，承包商不得转让合同的任何部分的权利义务，并不得对合同中或合同名义下的任何权益进行转让。

（3）业主有权指定分包商。所谓指定分包商，是指由业主指定、选定完成某项特定工作内容并与承包商签订分包合同的特殊分包商。业主有权对在暂定金额中列出的任何工程的施工，或任何货物、材料、工程设备或服务的提供分项指定承担人。该分包商仍与承包商签订分包合同，指定分包商应向承包商负责。承包商应负责管理和协调。对指定分包商的付款仍由承包商按分包合同进行。然后，承包商提出已向分包商付款的证明，由监理工程师批准在暂定金额中向承包商支付。指定分包商失误，造成承包商损失的，承包商可以向业主索赔。同时，承包商如果有理由，可以反对雇用业主指定的分包商。

（4）在承包商无力或不愿意执行监理工程师指令时，业主有权雇用他人完成任务。如果承包商未执行监理工程师指令，在规定时间内未更换不符合合同的材料和工程设备，未拆除任何不符合合同规定的工程并重新施工的，业主有权雇用他人完成上述指令，其费用全部由承包商支付。同时，无论在工程施工期间还是在保修期间，如果发生工程事故、故障或其他事件，而承包商没有（无能力或不愿意）执行监理工程师指令去立即执行修补工作，则业主有权雇用其他人去完成该项工作并支付费用。如果上述问题由承包商责任引起，则应由承包商负担费用。

（5）除属于业主风险和特殊风险外，业主对承包商的设备、材料和临时工程的损失或损坏不承担责任。

（6）在一定条件下，业主可以终止合同。如果监理工程师证明承包商存在下列情况之一，业主有权终止合同：① 承包商破产或失去偿付能力；② 承包商未经业主同意转让合同；③ 承包商无视监理工程师的警告，固执地或公然地忽视合同中规定的义务；④ 承包商无正当理由，在接到监理工程师开工指令后拒不开工；⑤ 承包商拖延工期，而又无视监理工程师的指示，拒不采取加快施工的措施；⑥ 承包商否认合同有效。

在合同履行过程中如发生了双方都无法控制的情况，如战争、地震等，业主有权提出终止合同。

（7）业主有权提出仲裁。在业主和承包商之间发生合同争议，或承包商未能执行监理工程师的决定，业主有权提出仲裁。这是业主借助于法律手段保障合同实施的措施。

（二）业主的义务

（1）业主应编制双方实施项目的合同协议书。

（2）业主应承担拟订和签订合同的费用，并承担合同规定的设计文件以外的其他设计的费用。

（3）业主应委派监理工程师管理工程施工。在工程实施过程中，业主通过监理工程师管理工程，下达指令，行使权利。通常情况下，业主赋予监理工程师在国家法律法规约束范围或合同中明确规定的,或者由该合同引申的权利。但是,如果业主要限定监理工程师的权利,或要求监理工程师在行使某些权利之前,需得到业主的批准,则可在合同专用条件中予以明确。但合同是业主和承包商之间的合同,业主必须为监理工程师的行为承担责任。如果监理工程师在工程管理中失误,业主必须承担赔偿责任。

(4)业主应批准承包商的履约担保、担保机构及保险条件。在承包商没有足够的保险证明条件文件的情况下,业主应代为保险(随后可从承包商处扣回该项费用)。

(5)业主应配合承包商办理有关事务。在承包商提交投标文件前,业主有义务向承包商提供有关该工程勘察所得的水文、地质资料,并协助承包商进行现场勘察工作。在向承包商受标后,业主应尽力协助承包商办理有关设备和材料等工程所需物品进口的海关手续。

(6)业主应按时提供施工现场。业主可以在施工开始前一次性移交全部施工现场;也允许随着施工进展的实际需要,在合理的时间内分段陆续移交。如果业主没有依据合同约定履行义务,不仅要对承包商因此而受到的损失给予费用补偿和顺延合同工期,而且要由承包商提出新的合理施工进度计划和开工时间。为了明确合同责任,应在合同专用条件内具体规定移交施工现场区域和通行道路的范围,陆续移交的时间、现场和通行道路所应达到的标准等详细条件。

(7)业主应按合同约定时间及时提供施工图纸。虽然合同通用条件规定“监理工程师应在合理的时间内向承包商提供施工图纸”,但图纸大多由业主准备或委托设计单位完成,经监理工程师审核后发放给承包商。大型工程为了缩短施工周期,初步设计完成后就可以开始施工招标,施工图纸在施工阶段陆续发送给承包商。如果施工图纸不能在合理的时间内提供,就会打乱承包商的施工计划,尤其是施工过程中出现的重大设计变更,在相当长时间内不能提供施工图纸,就可能会导致施工中断。因此,业主应妥善处理好提供图纸的组织工作。

(8)业主应按时支付工程款。合同通用条件规定,首次分期预付款,业主应在中标函发出之日起 42 天内,或根据履约担保以及预付款的规定,在收到相关文件之日起 21 天内,二者中较晚时间内支付;监理工程师在收到承包商的报表和证明文件后 28 天内,应向业主签发工程进度款支付证书;在监理工程师收到工程进度款支付报表和证明文件 56 天内,业主应向承包商支付工程款;收到最终支付证书后,要在 56 天内支付工程款。如果业主拖延支付工程款,在规定日期内未能支付,承包商有权就未付款额按月计复利收取延误期的利息作为融资费,此项融资费的年利率是以支付货币所在国中央银行的贴现率加上 3% 计算而得的。

(9)业主应负责移交工程的照管责任。业主根据监理工程师颁发的工程移交证书,接收按合同规定已基本竣工的任何部分工程或全部工程,并从此承担这些工程的照管责任。

(10)业主应承担有关工程风险。业主对因自己的风险因素造成承包商的损失应负有补偿义务。对其他不能合理预见到的风险导致承包商的实际投入成本增加给予相应补偿。

(11)业主应对自己授权在现场的工作人员的安全负全部责任。

二、承包商的权利与义务

(一)承包商的权利

(1)进入现场的权利。

(2)对已完工程有按时得到工程款的权利。

承包商在施工过程中,有权得到经过监理工程师证明质量合格的已完工程的付款。

（3）有提出工期和费用索赔的权利。

在施工过程中,对于非承包商原因造成工程费用增加或工期延长,承包商有提出工期和费用索赔的权利,以保护自己的正当利益。

（4）有终止受雇或者暂停工作的权利。

在业主有下列情况之一时,承包商有权终止受雇或者暂停工作:① 业主在合同规定的应付款时间期满 42 天之内,未能按监理工程师批准的付款证书向承包商付款;② 业主干涉、阻挠或拒绝监理工程师颁发付款证书;③ 业主宣布破产或由于经济混乱而导致业主不具备继续履行其合同义务的能力。

（5）对于业主准备撤换的监理工程师有拒绝的权利。

（6）有提出仲裁的权利。

（二）承包商的义务

1. 遵守工程所在地的法规、法令

承包商的一切行为都必须遵守工程所在地的法律和法规,不应因自己的任何违反法规的行为而使业主承担责任或罚款。承包商的守法行为包括:按规定缴纳除合同专用条件中写明可以免交外的所有税金;不得因自己的行为而侵犯专利权;缴纳公共交通设施的使用费及损坏赔偿费;承担施工料场的使用费或赔偿费;采取一切合理措施,遵守环境保护法的有关规定等。

2. 确认签订施工合同的完备性和正确性

承包商是经过现场考察后编制投标书,并与业主就合同文件的内容协商达成一致后签署合同协议书的,因此承包商必须承认合同的完备性和正确性。也就是说,除合同中另有规定的情况外,合同价格已包括了完成承包任务的全部施工、竣工和修补任何缺陷工作的所需费用。

3. 对工程图纸和设计文件应承担的责任

合同通用条件规定,设计文件和图纸由监理工程师单独保管,免费提供给承包商两套复制件。承包商必须将其中的一套保存在施工现场,随时供监理工程师和其授权的其他监理人员进行施工检查之用。承包商不得将本工程的图纸、技术规范和其他文件,在取得监理工程师同意前用于其他工程或传播给第三方。对合同明文规定,由承包商设计的部分永久性工程,承包商应将设计文件按质、按量、按期完成,报经监理工程师批准后用于施工。监理工程师对承包商设计图纸的批准认可,不能解除承包商应负的施工或图纸设计的任何责任。工程施工达到竣工条件时,只有当承包商将其负责设计那部分永久工程的竣工图及使用和维修手册提交后,经监理工程师批准,才能认为达到竣工要求。如果承包商负责的设计涉及使用了他人的专利技术,则应与业主和监理工程师就设计资料的保密和专利权等问题达成协议。

4. 提交进度计划和现金流量估算

承包商在接到监理工程师的开工通知后在规定时间内应尽快开工。同时,承包商应按照合同及监理工程师的要求,在规定的时间内,向监理工程师提交一份详细的施工进度计划,并取得监理工程师的同意,同时提交对其工程施工拟采用的方案及施工总说明;在任何时候,如果监理工程师认为工程的实际进度不符合已同意的施工进度计划,只要监理工程师要求,承包商应提交一份经过修改的进度计划。

承包商应每个月向监理工程师提交月进度报告,此报告应随进度款支付报表的申请一并提交。月进度报告包括的内容应很全面,主要有:施工进度的图表和详细说明,照片,工程设备

制造、加工进度和其他情况，承包商的人员和设备数量，质量保证文件，材料检验结果，双方索赔通知，安全情况，实际进度与计划进度对比情况等。

此外，承包商应按进度向监理工程师提交其根据合同规定，有权得到的全部将由业主支付的详细现金流量估算；如果监理工程师以后提出要求，承包商还应提交经过修正的现金流量估算。

5. 任命项目经理

承包商应任命一名合格的并被授权的代表全面负责工程的施工，此代表需经监理工程师批准，代表承包商接受监理工程师的各项指示。如果该代表不胜任、渎职等，监理工程师有权要求承包商将其撤回，并且该代表以后不能再在此项目工作，而另外再派一名监理工程师批准的代表。

6. 放线

承包商根据监理工程师给定的原始基准点、基准线、参考标高等，对工程进行准确地放线。尽管监理工程师要检查承包商的放线工作，但承包商仍然要对放线的正确性负责。除非是由于监理工程师提供了错误的原始数据，否则，承包商应对由于放线错误引起的一切差错自费纠正。

7. 对工程质量负责

承包商应按照合同建立一套质量保证体系，在每一项工程的设计和施工实施阶段开始之前，均应将所有程序的细节和执行文件提交监理工程师。监理工程师有权审查该质量保证体系的各个方面，但这并不能解除承包商在合同中的任何职责、义务和责任。这对承包商的施工质量管理提出了更高的要求，同时也便于监理工程师检查工作和保证工程质量。

承包商应按照合同的各项规定，以应有的精力和努力对承包范围的工程进行设计和施工。合同中规定的由承包商提供的一切材料、工程设备和工艺，都应符合合同规定的质量要求。对不符合合同规定而被监理工程师拒收的材料和工程设备，承包商应立即纠正缺陷，并保证使它们符合合同规定。如果监理工程师要求，应对它们进行复检，其费用由承包商负责。承包商应执行监理工程师的指令，更换不符合合同规定的任何材料和工程设备，拆除不符合合同规定的工程，并按原设计要求重新施工。

缺陷责任期满之前，承包商负有施工、竣工及修补任何所发现缺陷的全部责任。施工过程中，监理工程师对施工质量的认可，以及工程接收证书的颁发，都不能解除承包商对施工质量应承担的责任。只有工程圆满地通过了试运转的考验，监理工程师颁发了履约证书，才是对施工质量的最终确认。

8. 必须执行监理工程师发布的各项指令并为监理工程师的各种检验提供条件

监理工程师有权就涉及合同工程的任何事项发布有关指令，包括合同内未予说明的内容。对监理工程师发布的无论是书面指令还是口头指令，承包商都必须遵照执行。不过，对于口头指令，承包商应在发布后的 2 天内以书面形式要求予以确认。如果监理工程师在接到请求确认函后的 2 天内未作出书面答复，则可以认为这一口头指示是监理工程师的一项书面指令，承包商的请求确认函将作为变更工程结算的依据，成为合同文件的一个组成部分。若监理工程师的书面答复指出，口头指示的原因属于承包商应承担的责任，则承包商就不能获得额外支付。

承包商应为监理工程师及任何授权人进入现场和为工程制造、装配及准备材料或工程设备的车间和场所提供便利。同时,对承包商提供的一切材料、工程设备和工艺,承包商必须为监理工程师指令的各种检查、测量和检验提供通常需要的协助、劳务、燃料、仪器等条件,并在用于工程前,按监理工程师的要求提交有关材料样品,以供检验。

9. 承担其责任范围内的相关费用

承包商负责工程所用的或与工程有关的任何承包商的设备、材料或工程设备侵犯专利或其他权利而引起的一切索赔和诉讼;承担工厂用建筑材料和其他各种材料的一切吨位费、矿区使用费、租金及其他费用。承包商承担取得进出现场所需专用或临时道路通行权的一切费用和开支,自费提供其所需的供工程施工使用的位于现场以外的附加设施。

10. 按期完成施工任务

承包商必须按照合同约定的工期完成施工任务。若因承包商原因延误竣工日期的,将依据合同内约定的日延期赔偿额乘以延误天数后承担违约赔偿责任。但当延误天数较多时,以合同约定的最高赔偿限额为赔偿业主延迟发挥工程效益的最高款项。提前竣工的,承包商是否得到奖励,要看合同内对此是否有约定。

11. 负责对材料、设备等的照管工作

从工程开始到颁发工程的接收证书为止,承包商对工程及材料和待安装的工程设备的照管负完全责任。在此期间,如果发生任何损失或损坏,除属于业主的风险情况外,应由承包商承担责任。

12. 对施工现场的安全、卫生负责

承包商应高度重视施工安全,做到文明施工。要使现场的施工井然有序,保障已完成工程不受损害,而且还应自费采取一切合理的安全措施,保证施工人员和所有有权进入现场人员的生命安全,如按监理工程师或有关当局要求,自费提供防护围栏、警告信号和警卫人员,以及采取一切适当措施保护环境,限制由其施工作业引起的污染、噪音和其他后果对公众和财产造成的损害妨害,确保排污量、噪声不超过规范和法律规定的标准。

同时,承包商应对工程和设备进行保险,办理第三方保险、施工人员事故保险,并在开工前提供保险证据。此外,在施工期间,承包商还应保持现场整洁。在颁发任何接收证书时,承包商应对该接收证书所涉及的那部分现场进行清理,达到监理工程师满意的使用状态。

13. 为其他承包商提供方便

一个综合性大型工程,经常会有几个独立承包商同时在现场施工。为了保证工程项目整体计划的实现,合同通用条件规定,每个承包商都应给其他承包商提供合理的方便条件。为了使各承包商在编制标书时能够恰当地计划自己的工作,每个独立合同的招标文件中均给出了同时在现场进行施工活动的有关信息。通常的做法是,在某一合同的招标文件中规定为其他承包商提供必要施工方便的条件和服务责任,让承包商将这些费用考虑在报价之内。如果各招标文件中均未对此作出规定,而施工过程中又出现需要某一承包商为另一承包商提供服务的,监理工程师可向提供服务方发出书面指示,待其执行后批准一笔追加费用,计入该合同的承包价格中去。但对两个承包商之间通过私下协商而提供的方便服务,则不属于该条款所约定的承包商应尽义务。

14. 及时通知监理工程师在工程现场发现的意外事件并作出响应

在工程现场挖掘出来的所有化石、硬币、有价值的物品或文物,属于业主的绝对财产。

承包商应采取措施防止其工人或者其他任何人员移动或损坏这些物品,承包商必须立即通知监理工程师,并按监理工程师的指示进行保护。由于执行此类指令造成承包商工期延长和费用增加的,承包商有权提出索赔要求。

三、施工合同中其他主要条款

(一)工程延期管理

1. 延期开工

(1)承包人应该按照协议书的开工日期开工。承包人不能按时开工的,应当不迟于协议书约定的开工日期前 7 天,以书面形式向监理工程师提出延期开工的理由和要求。监理工程师应当在接到延期申请后的 48 小时内以书面形式答复承包人。监理工程师在接到延期开工申请后 48 小时内不答复的,视为同意承包人的要求,工期相应顺延。监理工程师如果不同意延期开工要求,或承包人未在规定的时间内提出延期开工要求,工期不予顺延。

(2)因发包人原因不能按照协议书约定的开工时间开工的,监理工程师应以书面形式通知承包人,推迟开工日期。同时发包人应赔偿承包人因延期开工造成的损失,并相应顺延工期。

2. 工期延误

1)工期可以顺延的情况

以下原因造成的工期延误,经监理工程师确认,工期相应顺延:① 发包人未能按合同专用条件的约定提供图纸及开工条件;② 发包人未能按照开工日期预付款、进度款,致使施工不能正常进行;③ 监理工程师未按合同约定提供所需指令、批准等,致使施工不能正常进行;④ 设计变更和工程量增大;⑤ 1 周内因非承包人原因停水、停电、停气,造成停工累计超过 8 小时;⑥ 不可抗力;⑦ 合同专用条件约定或监理工程师同意工期顺延的其他情况。

2)办理工期顺延的程序

承包人在上述情况发生后 14 天内,就延误的工期以书面形式向监理工程师提出报告。监理工程师在收到报告后 14 天内予以确认,逾期不予确认也不提出修改意见的,视为同意顺延工期。

(二)工程变更管理

1. 工程设计变更

1)发包人对原设计进行变更

施工中承包人需对原设计进行变更的,应提前 14 天以书面形式向承包人发出变更通知。变更超过原设计标准或批准的建设规模时,发包人应报规划管理部门和其他有关部门重新审查批准,并由原设计单位提供变更的相应图纸和说明。合同履行中发包人要求变更工程质量标准及发生其他实质性变更的,由双方协商解决。

2)承包人要求对原设计进行变更

施工中承包人不得对原工程设计进行变更。因承包人擅自变更设计发生的费用及对材料、设备的换用,需经监理工程师同意。未经监理工程师同意擅自更改或换用时,承包人承担由此发生的费用,并赔偿发包人的有关损失,延误的工期不予顺延。

监理工程师同意采用承包人合理化建议,所发生的费用和获得的收益,发包人和承包人另行约定分担和分享。

3）设计变更事项

能够构成设计变更的事项包括：① 更改工程有关部分的标高、基线、位置和尺寸；② 增减合同中约定的工程量；③ 改变有关工程的施工时间和顺序；④ 其他有关工程变更需要的附加工作。

发包人对原设计进行变更，以及经监理工程师同意的承包人要求进行的设计变更，导致合同价款的增减及造成的承包人损失，由发包人承担，延误的工期相应顺延。

2. 确定变更价款

1）确定变更价款的方法

承包人在工程变更确定后 14 天内，提出变更工程价款的报告，经监理工程师确认后调整合同价款。变更合同价款按照以下方法进行：① 合同中已有适用于变更工程的价格，按合同已有的价格变更合同价款；② 合同中只有类似于变更工程的价格，可以参照类似价格变更合同款项；③ 合同中没有适用或类似于变更工程的价格，由承包人提出适当的价格变更，经监理工程师确认后执行。

2）确定变更价款的程序及注意问题

（1）承包人在双方确定变更后 14 天内不向监理工程师提交变更工程价款报告的，视为该项变更不涉及合同价款的变更。

（2）监理工程师应该在收到变更工程价款报告之日起 14 天内予以确认，监理工程师无正当理由不确认时，自变更工程价款报告送达之日起 14 天后视变更工程价款报告已被确认。

（3）监理工程师不同意承包人提出的变更价款，按合同规定的有关争议的约定处理。

（4）监理工程师确认增加的工程变更价款作为追加合同价款，与工程款同期支付。因承包人自身原因导致的工程变更，承包人无权要求追加合同价款。

（三）工程违约管理

1. 发包人的违约行为

发包人应当完成合同中约定的义务。如果发包人不履行合同义务或不按合同约定履行义务，则应承担相应的民事责任。发包人的违约行为包括：① 发包人不按时支付工程预付款；② 发包人不按合同约定支付工程进度款；③ 发包人无正当理由不支付工程竣工结算价款；④ 发包人的其他不履行合同义务或者不按合同约定履行义务的情况。

同时，合同约定应当由监理工程师完成的工作，监理工程师没有完成或者没有按照约定完成，给承包人造成损失的，也应当由发包人承担违约责任。发包人承担违约责任后，可根据委托监理合同或者监理的管理制度追究监理工程师的相关责任。

2. 发包人承担违约责任的方式

发包人承担违约责任的方式有以下几种：

（1）赔偿损失。赔偿损失是发包人承担违约责任的主要方式，其目的是补偿因违约给承包人造成的经济损失。承包人、发包人双方应当在合同专用条件内约定发包人赔偿承包人损失的计算方法。损失赔偿额应相当于因违约所造成的损失，包括合同履行后可以获得的利益，但不得超过发包人在订立合同时预见或者应当预见到的违约可能造成的损失。

（2）支付违约金。支付违约金的目的是补偿承包人的损失，双方可在专用条件中约定违约金的数额或计算方法,并随当月工程款予以支付。

(3)顺延工期。对于因发包人违约而延误的工期,应相应顺延。

(4)继续履行。承包人要求继续履行合同的,发包人应当在承担上述违约责任后继续履行合同。

3. 承包人的违约行为

承包人的违约行为包括以下几点:

(1)因承包人原因工程质量达不到协议书约定的质量标准。

(2)因承包人原因不能按照协议书约定的竣工时间或者监理工程师同意后的工期竣工。

(3)其他承包人不履行合同义务或不按约定履行义务的情况。

4. 承包人承担违约责任的方式

(1)赔偿损失。承包人、发包人双方应当在合同专用条件内约定承包人赔偿发包人损失的计算方法。损失赔偿额应相当于违约所造成的损失,包括合同履行后发包人可以获利的损失,但不得超过承包人在订立合同时预见或者应当预见到的违约可能造成的损失。

(2)支付违约金。承包人、发包双方可以在专用条件内约定承包人应当支付违约金的数额或计算方法,并随当月工程款予以支付。

(3)采取补救措施。对于施工质量不符合要求的违约,发包人有权要求承包人采取返工、修补、更换等补救措施。

(4)继续履行。如果发包人要求继续履行合同,则承包人应当在承担上述违约责任后继续履行施工合同。

5. 担保方承担责任

在施工合同中,一方违约后,另一方可按双方约定的担保条款,要求提供担保的第三方承担相应的责任。

(四)工程索赔管理

1. 索赔要求

向对方提出索赔时,要求有正当的索赔理由,且有索赔事件发生的有效依据。

2. 承包人的索赔

发包人未能按合同约定履行自己的各项义务或发生错误,以及应由发包人承担责任的其他情况,造成工期延误或承包人不能及时得到合同价款、承包人的其他精神损失,承包人可按下列程序以书面形式向发包人索赔:索赔事件发生后28天内,向监理工程师发出索赔意向通知;发出索赔意向通知后28天内,向监理工程师提出延长工期和补偿经济损失的报告及有关资料;监理工程师在收到承包人送交的索赔报告和有关资料后,于28天内未予答复或未对承包人做进一步要求,视为该项索赔已认可;当该索赔事件继续进行时,承包人应当向监理工程师发出阶段性索赔意向,在索赔终了后28天内,向监理工程师送交索赔的有关资料和最终索赔报告。索赔答复程序与上述答复程序规定相同。

3. 发包人的索赔

承包人未能按合同约定履行自己的各项义务或发生错误,给发包人造成经济损失的,发包人可参考上述承包人索赔规定的时限向承包人提出索赔。

（五）争议

1. 争议解决的方法

合同当事人在履行施工合同时发生争议，可以和解或要求合同管理部门及其他主管部门调解。和解或者调解不成的，双方可以在合同专用条件内约定采用以下方式解决争议：① 双方达成仲裁协议，向约定的仲裁委员会申请仲裁；② 向有管辖权的人民法院起诉。

如果当事人选择仲裁，应当在合同专用条件中明确请求仲裁的意思表示、仲裁事项和选定的仲裁委员会。当事人选择仲裁的，仲裁机构作出的裁决是最终的，具有法律效力，当事人必须执行。如果一方不执行，另一方可向有管辖权的人民法院申请强制执行。

如果当事人选择诉讼，则施工合同的纠纷一般应由工程所在地的人民法院管辖。当事人只能向有管辖权的人民法院提起诉讼，作为解决争议的最终方式。

2. 争议发生后允许停止履行合同的情况

发生争议后，在一般情况下，双方都应继续履行合同保持施工连续，保护好已完工程。只有出现下列情况时，当事人可停止履行合同：① 单方违约导致合同确已无法履行，双方协议停止施工；② 调解要求停止施工，且为双方接受；③ 仲裁机关要求停止施工；④ 法院要求停止施工。

（六）工程分包管理

承包人按合同专用条件约定分包所承担的部分工程，并与分包单位签订分包合同，未经发包人同意，承包人不得将所承包的任何部分分包。

承包人不得将其承包的全部工程转包给他人，也不得将其承包的工程肢解后以分包的名义转包给他人。下列行为均属于转包：

（1）承包人将承包的工程全部包给其他施工单位。

（2）承包人将工程的主要部分或群体工程中半数以上的单位工程分包给其他施工单位。

（3）分包单位将承包的工程再次分包给其他施工单位。

工程分包不能解除承包人的任何责任与义务。承包人应在分包场地派驻相应的管理人员，保证本合同的履行。分包单位的任何违约行为或疏忽导致工作损害或给发包人造成其他损失的，承包人承担连带责任。

分包工程价款由承包人与分包单位结算，发包人未经承包人同意，不得以任何形式向分包单位支付任何工程款项。

（七）工程保险

工程保险是指业主或者承包商向专门的保险机构缴纳一定的保险费，由专门的保险机构建立保险基金，一旦发生所投保的风险事故造成的财产损失或人身伤亡，即由保险公司用保险基金予以补偿的一种制度。保险的实质是一种风险转移，即业主或承包商通过投保，将原应承担的风险责任转移给风险公司承担。大型工程一般规模较大，工期较长，涉及面广，潜伏的风险因素多。因此，着眼于可能发生的不利情况和意外不测，业主和承包商参加工程保险，付出少量的保险费，就可以在遭受重大损失时得到补偿，从而提高抵御风险的能力。

工程保险可分为两大类，凡合同规定必须投保的险种，称为合同规定的保险或强制性保险，其他保险均称为非合同规定的保险或选择性保险，建设工程施工合同对保险事项规定如下：

（1）工程开工前，发包人为建设工程和施工场地内的自有人员及第三方人员生命财产办理保险，支付保险费用。

（2）运至施工场地内用于工程的材料和待安装设备，由发包人办理保险，并支付保险费用。

（3）发包人可以将有关保险事项委托承包人办理，费用由发包人支付。

（4）承包人必须为从事危险作业的职工办理意外伤害保险，并为施工场地内自有人员生命财产和施工机械设备办理保险，支付保险费用。

（5）保险事件发生时，发包人和承包人有责任尽力采取必要的措施，防止或者减少损失。

具体投保内容和相应责任，发包人和承包人在合同专用条件中约定。

复习思考题

1. 什么叫合同？它有哪三大要素？
2. 工程建设合同有哪些特征？
3. 工程建设合同有哪些作用？
4. 签约前对当事人资格和资信审查哪些内容？
5. 设计阶段监理工作有哪些内容？
6. 发包人对勘察、设计合同管理有哪些重要依据？
7. 承包人对勘察、设计合同如何管理？
8. 建设工程委托监理合同中委托人有哪些权利？
9. 建设工程委托监理合同中监理人有哪些权利？
10. 监理单位如何履行委托监理合同？
11. 监理工作总结包括哪些内容？
12. 施工过程中如何处理工程延期？
13. 施工中确定变更价款有哪些程序和应该注意的问题？
14. 发包人承担违约责任的方式有哪些？
15. 承包人如何承担违约责任？
16. 争议解决的方法有哪些？
17. 建设工程施工合同对保险事项有哪些规定？
18. 哪些情况属于转包？

第九章 工程施工安全管理

在工程建设活动中,没有危险,不出事故,不造成人身伤亡、财产损失,这就是安全。因此,施工安全不但包括施工人员和施工管(监)理人员的人身安全,还包括财产(机械设备、物资等)的安全。

保证安全是项目施工中的一项重要工作。施工现场场地狭小,施工人员众多,各工种交叉作业,机械施工与手工操作并进,高空作业多,而且大部分是露天、野外作业。特别是水利水电工程又多在河道上兴建,环境复杂,不安全因素多。因此,监理人必须充分重视安全管理,督促和指导施工承包人从技术上、组织上采取一系列必要的措施,防患于未然,保证项目施工的顺利进行。水利工程建设安全生产管理,坚持"安全第一,预防为主"的方针。

监理人在施工安全管理中的主要任务有:充分认识施工中的不安全因素;建立安全监控的组织体系;审查施工承包人的安全措施。

第一节 施工不安全因素分析

施工中的不安全因素很多,而且随工种不同、工程不同而变化,但概括起来,这些不安全因素主要来自人、物和环境三个方面。因此,一般来说,施工安全管理就是对人、物和环境等因素进行管理。

一、人的不安全行为

人既是管理的对象,又是管理的动力,因此,人的行为是安全生产的关键。在施工作业中存在的违章指挥、违章作业及其他行为都可能导致生产安全事故的发生。统计资料表明,88%的安全事故是由于人的不安全行为造成的。通常的不安全行为主要有以下几个方面。

(1)违反上岗身体条件规定。例如,患有不适合从事高空和其他施工作业相应的疾病;未经严格身体检查,不具备从事高空、井下、水下等相应施工作业规定的身体条件;疲劳作业和带病作业。

(2)违反上岗规定。例如,无证人员从事需证岗位作业;非定机、定岗人员擅自操作等。

(3)不按规定使用安全防护品。例如,进入施工现场不戴安全帽;高空作业不佩挂安全带或排置不可靠;在潮湿环境中有电作业不使用绝缘防护品等。

(4)违章指挥。例如,在作业条件未达到规范、设计条件下,组织进行施工;在已经不再适应施工的条件下,继续进行施工;在已发事故安全隐患未排除时,冒险进行施工;在安全设施不合格的情况下,强行进行施工;违反施工方案和技术措施;在施工中出现异常的情况下,做了不当的处理等。

(5)违章作业。例如,违反规定的程序、规定进行作业。

(6)缺乏安全意识。

二、物的不安全因素

物的不安全状态,主要表现在以下三个方面:

(1) 设备、装置的缺陷,主要是指设备、装置的技术性能降低、强度不够、结构不良、磨损、老化、失灵、腐蚀、物理和化学性能达不到要求等。

(2) 作业场所的缺陷,主要是指施工作业场地狭小,交通道路不宽畅,机械设备拥挤,多工种交叉作业组织不善,多单位同时施工等。

(3) 物资和环境的危险源,主要包括:化学方面的氧化、易燃、毒性、腐蚀等;机械方面的振动、冲击、位移、倾覆、陷落、抛飞、断裂、剪切等;电气方面的漏电、短路,电弧、高压带电作业等;自然环境方面的辐射、强光、雷电、风暴、浓雾、高低温、洪水、高压气体、火源等。

上述不安全因素中,人的不安全行为是关键因素,物的不安全因素是通过人的生理和心理状态而起作用的。因此,监理人在安全控制中,必须将两类不安全因素结合起来综合考虑,才能达到确保安全的目的。

三、施工中常见的不安全因素

(一) 高处施工的不安全因素

高空作业四面临空,条件差,危险因素多,因此无论是水利水电工程还是其他建筑工程,高空坠落事故特别多,其主要不安全因素有:

(1) 安全网或护栏等设置不符合要求。高处作业点的下方必须设置安全网、护栏、立网,盖好洞口等,从根本上避免人员坠落,或万一有人坠落时,也能免除或减轻伤害。

(2) 脚手架和梯子结构不牢固。

(3) 施工人员安全意识差,例如,高空作业人员不系安全带、高空作业的操作要领没有掌握。

(4) 施工人员身体素质差,例如,患有心脏病、高血压等。

(二) 实验起重设备的不安全因素

起重设备,如塔式、门式起重机等,其工作特点是:塔身较高,行走、起吊、回转等作业可同时进行。这类起重机较突出的大事故发生在倒塔、折臂和拆装时。容易发生这类事故的主要原因有:

(1) 司机操作不熟练,引起误操作。

(2) 超负荷运行,造成吊塔倾倒。

(3) 斜吊时,吊物一离开地面就绕其垂直方向摆动,极易伤人,同时也会引起倒塔。

(4) 轨道铺设不合规定,尤其是地锚埋设不合要求。

(5) 安全装置失灵,例如,起重限制器、吊钩高度限制器、幅度指示器、夹轨等的失灵。

(三) 施工用电的不安全因素

电气事故的预兆性不直观、不明显,而事故的危害很大。使用电气设备引起触电事故的主要原因有:

(1) 违章在高压线下施工,而未采取其他安全措施,以至钢管脚手架、钢筋等碰上高压线而触电。

(2) 供电线路铺设不符合安装规程。例如,架设得太低,导线绝缘损坏,采用不合格的导线或绝缘子等。

（3）维护检修违章。例如，移动或修理电气设备时不预先切断电源，用湿手接触开关、插头，使用不合格的安全用具等。

（4）用电设备损坏或不合格，使带电部分外露。

（四）爆破施工中的不安全因素

无论是露天爆破、地下爆破，还是水下爆破，都发生过许多安全事故，其主要原因可归结为以下几个方面：

（1）炮位选择不当，最小抵抗线掌握不准，装药量过多，放炮时飞石超过警戒线，造成人身伤亡或损坏建筑物和设备。

（2）违章处理瞎炮，拉动起爆体触响雷管，引起爆炸伤人。

（3）起爆材料质量不符合标准。发生早爆或迟爆。

（4）人员、设备在起爆前未按规定撤离或爆破后人员过早进入危险区造成事故。

（5）爆破时，点炮个数过多，或导火索太短，点炮人员来不及撤到安全地点而发生爆炸。

（6）电力起爆时，附近有杂散电流或雷电干扰，发生早爆。

（7）用非爆破专业测试仪表测量电爆网络或起爆体，因其输出电流强度大于规定的安全值而发生爆炸事故。

（8）大量爆破对地震波、空气冲击和抛石的安全距离估计不足，附近建筑物和设备未采取相应的保护措施而造成损失。

（9）爆炸材料不按规定存放或警戒，管理不严，造成爆炸事故。

（10）炸药仓库位置选择不当，由意外因素引起爆炸事故。

（11）变质的爆破材料未及时处理，或违章处理造成爆炸事故。

（五）土方工程施工中的不安全因素

土方工程施工中最易发生的安全事故是塌方造成的伤亡事故。施工中引起塌方的原因主要有：

（1）边坡修得太小或在堆放泥土施工中，大型机械离沟坑边太近，这些均会增大土体的滑动力。

（2）排水系统设计不合理或失效。这使得土体抗滑力减小，滑动力增大，易引起塌方。

（3）由流沙、涌水、沉陷和滑坡引起的塌方。

（4）地基发生不均匀沉降和显著变形。

（5）违规拆除结构件、拉结件或其他原因造成杆件或结构局部破坏。

（6）局部杆件受载后发生变形、失稳或破坏。

四、安全技术操作规程中关于安全方面的规定

（一）高处施工安全规定

（1）凡在坠落高度基准面 2 m 和 2 m 以上有可能坠落的高处进行作业，均称为高处作业。高处作业的级别：高度在 2～5 m 时，称为一级高处作业；在 5～15 m 时，称为二级高处作业；在 15～30 m 时，称为三级高处作业；在 30 m 以上时，称为特级高处作业。

（2）特级高处作业，应与地面设联系信号或通信装置，并应有专人负责。

(3) 遇有 6 级以上的大风,没有特别可靠的安全措施,禁止从事高处作业。

进行三级、特级和悬空高处作业时,必须事先制定安全技术措施,施工前,应向所有施工人员进行技术交底,否则,不得施工。

(4) 高处作业使用的脚手架上,应铺设固定脚手板和 1 m 高的护身栏杆。安全网必须随着建筑物升高而提高,安全网距离工作面的最大高度不超过 3 m。

(二) 使用起重设备安全规定

(1) 司机应听从作业指挥人员的指挥,得到信号后方可操作。操作前必须鸣号,发现停车信号(包括非指挥人员发出的停车信号)应立即停车。司机要密切注视作业人员的动作。

(2) 起吊物件的重量不得超过本机的额定起重量,禁止斜吊、拉吊和起吊埋在地下或与地面冻结以及被其他重物卡压的物件。

(3) 当气温低于 −20 ℃ 或遇雷雨大雾和 6 级以上大风时,禁止作业(高架门机另有规定)。夜间工作时,机上及作业区域应有足够的照明,臂杆及竖塔顶部应有警戒信号灯。

(三) 施工用电安全规定

(1) 现场(临时或永久)110 V 以上的照明线路必须绝缘良好,布线整齐且应相对固定,并经常检查维修,照明灯悬挂高度应在 2.5 m 以上,经常有车辆通过之处,悬挂高度不得小于 5 m。

(2) 行灯电压不得超过 36 V,在潮湿地点、坑井、洞内和金属容器内部工作时,行灯电压不得超过 12 V,行灯必须带有防护网罩。

(3) 110 V 以上的灯具只可做固定照明用,其悬挂高度一般不得低于 2.5 m,低于 2.5 m 时,应设保护罩,以防人员意外接触。

(四) 爆破施工安全规定

(1) 爆破材料在使用前必须检验,凡不符合技术标准的爆破材料一律禁止使用。

(2) 装药前,非爆破作业人员和机械设备均应撤离至指定安全地点或采取防护措施。撤离之前不得将爆破器材运到工作面。装药时,严禁将爆破器材放在危险地点或机械设备和电源、火源附近。

(3) 爆破工作开始前,必须明确规定安全警戒线,制定统一的爆破时间和信号,并在指定地点设安全哨,执勤人员应有红色袖章、红旗和口笛。

(4) 爆破后炮工应检查所有装药孔是否全部起爆,如发现瞎炮,应及时按照瞎炮处理的规定妥善处理,未处理前,必须在其附近设警戒人员看守,并设明显标志。

(5) 地下相向开挖的两端在相距 30 m 以内时,放炮前必须通知另一端暂停工作,退到安全地点,当相向开挖的两端相距 15 m 时,一端应停止掘进,单头贯通。

(6) 地下井挖洞室内空气含沼气或二氧化碳浓度超过 1% 时,禁止进行爆破作业。

(五) 土方施工安全规定

(1) 严禁使用掏根搜底法挖土或将坡面挖成反坡,以免塌方造成事故。如土坡上发现有浮石或其他松动突出的危石,应通知下面的工作人员离开,立即进行处理。弃料应存放到远离边线 5.0 m 以外的指定地点。如发现边坡有不稳定现象,应立即进行安全检查和处理。

(2) 在靠近建筑物、设备基础、路基、高压铁塔、电杆等附近施工时,必须根据土质情况、填挖、深度等,制定出具体防护措施。

（3）凡边坡高度大于 15 m，或有软弱夹层存在、地下水比较发育及岩层或主要结构面的倾向与开挖面的倾向一致，且两者走向的夹角小于 45°时，岩石的允许边坡值要另外论证。

（4）在边坡高于 3 m、陡于 1∶1 的坡上工作时，须挂安全绳，在湿润的斜坡上工作时，应有防滑措施。

（5）施工场地的排水系统应有足够的排水能力和备用能力。一般应比计算排水量加大50%～100%进行设备选型。

（6）排水系统的设备应有独立的动力电源（尤其是洞内开挖），并保证绝缘良好，动力线应架起。

五、强制性条文中关于安全方面的规定

《工程建设标准强制性条文》（水利工程部分）中关于安全方面的规定有：

（1）进入施工现场的人员，必须按照规定穿戴好防护用品和必要的安全防护用具，严禁穿拖鞋、高跟鞋或赤脚工作（特殊规定者除外）。

（2）施工现场的洞、坑、沟、升降口、漏斗等危险处应有防护设施或明显标志。

（3）交通频繁的交叉路口，应有专人指挥，火车道口两侧应设路杆。危险地段，要悬挂"危险"或"禁止通行"标志牌，夜间设红灯示警。

（4）爆破作业，必须统一指挥、统一信号，划定安全警戒区，并设置安全警戒人员，在装药、连线开始前，无关人员一律退出作业区。在点燃开始前，除炮工外，其他人员一律退到安全地点隐蔽。爆破后，需经炮工进行检查，确认安全后，其他人员方能进入现场。对暗挖石方爆破尚需经过通风、恢复照明、安全处理后，方能进行其他工作。

（5）拆除工作必须符合下列要求：进行大型拆除项目开工之前，必须制定安全技术措施，并在技术负责人的指导下，确保各项措施的落实；一般拆除工作，也必须有专人指挥，以免发生事故。

（6）在坝顶、陡坡、屋顶、悬崖、杆塔、吊桥脚手架及其他危险边沿进行悬空高处作业时，临空一面必须搭设安全网或防护栏杆。

（7）爆破器材必须存于专用仓库内，不得任意存放。严禁将爆破器材分发给承包户或个人保存。

（8）施工单位对接触粉尘、毒物的职工应定期进行身体健康检查。接触粉尘、毒物浓度比较高的工人，应每隔 6～12 个月检查一次，如粉尘、毒物浓度已经经常低于国家标准，则可每隔12～24 个月检查一次。

第二节　工程施工安全责任

为了加强水利工程建设安全生产监督管理，明确安全生产责任，防止和减少安全生产事故，保障人民群众生命和财产安全，根据《中华人民共和国安全生产法》《建设工程安全生产管理条例》等法律、法规，结合水利工程的特点，水利部于 2005 年 7 月 22 日颁发了《水利工程建设安全生产管理规定》。

《水利工程建设安全生产管理规定》规定：项目法人、勘察（测）单位、设计单位、施工单位、建设监理单位及其他与水利工程建设安全生产有关的单位，必须遵守安全生产法律、法规和本

规定,保证水利工程建设安全生产,依法承担水利工程建设安全生产责任。依据相关法律、法规的规定,结合水利水电工程的特点和行业管理需要,《水利水电工程标准施工招标文件》(2009 年版)在"通用合同条款"中对发包人和承包人的安全责任进行了详细约定。

一、发包人的施工安全责任

(1) 发包人应按合同约定履行安全职责,发包人委托监理人根据国家有关安全的法律、法规、强制性标准及部门规章,对承包人的安全责任履行情况进行监督和检查。监理人的监督检查不减轻承包人应负的安全责任。

(2) 发包人应对其现场机构雇佣的全部人员的工伤事故承担责任,但由于承包人原因造成发包人人员工伤的,应由承包人承担责任。

(3) 发包人应负责赔偿以下各种情况造成的第三者人身伤亡和财产损失。

① 工程或工程的任何部分对土地的占用所造成的第三者财产损失。

② 由于发包人原因在施工场地及其毗邻地带造成的第三者人身伤亡和财产损失。

(4) 除专用合同条款另有约定外,发包人负责向承包人提供施工现场及施工可能影响的毗邻区域内供水、排水、供电、供气、供热、通信、广播电视等地下管线资料,气象和水文观测资料,以及拟建工程可能影响的相邻建筑物地下工程的有关资料,并保证有关资料真实、准确、完整、满足有关技术规程的要求。

(5) 发包人按照已标价工程量清单所列金额和合同约定的计量支付规定,支付安全作业环境及安全施工措施所需费用。

(6) 发包人组织工程参建单位编制保证安全生产的措施方案。工程开工前,就要落实保证安全生产的措施,进行全面系统的布置,进一步明确承包人的安全生产责任。

(7) 发包人负责在拆除工程和爆破工程施工 14 天前向有关部门或机构报送相关的备案资料。

二、承包人的施工安全责任

(1) 承包人应按合同约定履行安全职责,执行监理人有关安全工作的指示。承包人应按技术标准和要求(合同技术条款)约定的内容和期限,以及监理人的指示,编制施工安全技术措施,提交监理人审批。监理人应在技术标准和要求(合同技术条款)约定的期限内批复承包人。

(2) 承包人应加强施工作业安全管理,特别应加强易燃、易爆材料、火工器材、有毒与腐蚀性材料和其他危险品的管理,以及对爆破作业和地下工程施工等危险作业的管理。

(3) 承包人应严格按照国家安全标准制定施工安全操作规程,配备必要的安全生产和劳动保护设施,加强对承包人人员的安全教育,并发放安全工作手册和劳动保护用具。

(4) 承包人应按监理人的指示制定应对灾害的紧急预案,报送监理人审批。承包人还应按预案做好安全检查,配置必要的救助物资和器材,切实保护好有关人员的人身和财产安全。

(5) 合同约定的安全作业环境及安全施工措施所需费用应遵守有关规定并包括在相关工程的合同价格中。因采取合同未约定的安全作业环境及安全施工措施增加的费用,由监理人按有关约定商定或确定。

(6) 承包人应对其履行合同雇佣的全部人员,包括分包人人员的工伤事故承担责任,但由于发包人原因造成承包人人员工伤事故的,应由发包人承担责任。

（7）由于承包人原因在施工场地内及其毗邻地带造成的第三者人员伤亡和财产损失，由承包人负责赔偿。

（8）承包人已标价工程量清单应包含工程安全作业环境及安全施工措施所需费用。

（9）承包人应建立健全安全生产责任制度和安全生产教育培训制度，制定安全生产规章制度和操作制度，保证本单位建立和完善安全生产条件所需资金的投入，对本工程进行定期和专项安全检查，并做好安全检查记录。

（10）承包人应设立安全生产管理机构，施工现场应有专职安全生产管理人员。

（11）承包人应负责对特种作业人员进行专门的安全作业培训，并保证特种作业人员持证上岗。

（12）承包人应在施工组织设计中编制安全技术措施和施工现场临时用电方案。对专用合同条款约定的工程，应编制专项施工方案报监理人批准。对专用合同条款约定的专项施工方案，还应组织专家进行论证、审查，其中专家中的一半人员应经发包人同意。

（13）承包人在使用施工机械和整体提升脚手架、模板等自升式架设设施前，应组织有关单位进行验收。

第三节　施工单位安全保证体系

对于某一施工项目，施工的安全管理，从其本质上讲是施工承包人的分内工作。施工现场不发生安全事故，可以避免不必要损失的发生，保证工程的质量和进度，有助于工程项目的顺利进行。因此，作为监理人，有责任和义务督促或协助施工承包人加强安全管理。所以，施工安全管理体系包括施工承包人的安全保证体系和监理人的安全管理（监督）体系。监理人一般应建立安全科（小组）或设立安全工程师，并督促施工承包人建立和完善施工安全管理组织机构，由此形成安全管理网络。

一、安全管理职责

1. 安全管理目标

应制定工程项目的安全管理目标。

（1）项目经理为施工项目安全生产第一责任人，对安全施工负全面责任。

（2）安全管理目标应符合国家法律、法规的要求，并形成方便员工了解的文件，并保持实施。

2. 安全管理组织

应对从事与安全有关的管理、操作和检查人员，规定其职责、权限，并形成文件。

二、安全管理计划

1. 安全管理原则

（1）安全生产管理体系应符合工程项目的施工特点，使之符合安全生产法规的要求。

（2）形成文件。

2. 安全施工计划

（1）针对工程项目的规模、结构、环境、技术含量、资源配置等因素进行安全生产策划，主要包括以下内容。

① 配置必要的设施、装备和专业人员,确定控制和检查的手段和措施。

② 确定整个施工过程中应执行的安全规程。

③ 冬季、雨季、雪天和夜间施工时的安全技术措施及夏季的防暑降温工作。

④ 确定危险部位和过程,对风险大和专业性强的施工安全问题进行论证。

⑤ 因工程的特殊要求需要补充的安全操作规程。

(2) 根据策划的结果,编制安全保证计划。

三、采购机制

(1) 施工单位对自行采购的安全设施所需的材料、设备及防护用品进行管理,确保符合安全规定的要求。

(2) 对分包单位自行采购的安全设施所需的材料、设备及防护用品进行管理。

四、施工过程安全管理

(1) 应对施工过程中可能影响安全生产的因素进行管理,确保施工项目按照安全生产的规章制度、操作规程和程序进行施工。

① 进行安全策划,编制安全计划。

② 根据项目法人提供的资料对施工现场及受影响的区域内地下障碍物进行清除,或采取相应措施对周围道路管线进行保护。

③ 落实施工机械设备、安全设施及防护品进场计划。

④ 指定现场安全专业管理、特种作业和施工人员。

⑤ 检查各类持证上岗人员资格。

⑥ 检查、验收临时用电设施。

⑦ 施工作业人员操作前,对施工人员进行安全技术交底。

⑧ 对施工过程中的洞口、高处作业所采取的安全防护措施,应规定专人进行检查。

⑨ 对施工中使用明火采取审批措施,现场的消防器材及危险物的运输、储存、使用应得到有效管理。

⑩ 搭设或拆除的安全防护设施、脚手架和起重设备,如当天未完成,应设置临时安全措施。

(2) 应根据安全计划中确定的特殊的关键过程,落实监控人员,确定监控方式、措施,并实施重点监控,必要时应实施旁站监控。

① 对监控人员进行技能培训,保证监控人员行使职责与权利不受干扰。

② 对危险性较大的悬空作业、起重机械安装和拆除等危险作业,编制作业指导书,实施重点监控。

③ 对事故隐患的信息反馈,有关部门应及时处理。

五、安全检查、检验和标识

1. 安全检查

(1) 施工现场的安全检查,应执行国家、行业、地方的相关标准。

(2) 应组织有关专业人员,定期对现场的安全生产情况进行检查,并保存记录。

2. 安全设施所需的材料、设备及防护用品的进货检验

（1）应按安全计划和合同的规定,检验进场的安全设施所需的材料、设备及防护用品是否符合安全使用的要求,确保合格品投入使用。

（2）对检验出的不合格品进行标识,并按有关规定进行处理。

3. 过程检验和标识

（1）按安全计划的要求,对施工现场的安全设施、设备进行检验,只有通过了检验的设备才能安装和使用。

（2）对施工过程中的安全设施进行检查验收。

（3）保存检查记录。

六、事故隐患管理

对存在隐患的安全设施、过程和行为进行管理,确保不合格设施不使用,不合格过程不通过,不安全行为不放过。

七、纠正和预防措施

（1）对已经发生或潜在的事故隐患进行分析并针对存在问题的原因,采取纠正和预防措施,纠正或预防措施应与存在问题的危害程度和风险相适应。

（2）纠正措施。

① 针对产生事故的原因,记录调查结果,并研究防止同类事故发生所需的纠正措施。

② 对存在事故隐患的设施、设备,安全防护用品,先实施处置并做好标识。

（3）预防措施。

① 针对影响施工安全的过程,要审核结果、安全记录等,以发现、分析、消除事故隐患的潜在因素。

② 对要求采取的预防措施,制定所需的处理步骤。

③ 对预防措施实施管理,并确保落到实处。

八、安全教育和培训

（1）安全教育和培训应贯穿施工的全过程,覆盖施工项目的所有人员,确保未经过安全生产教育培训的员工不得上岗作业。

（2）安全教育和培训的重点是提高管理人员的安全意识和安全管理水平,以及增强操作者遵章守纪、自我保护的意识和提高防范事故的能力。

第四节　施工现场的安全管理

一、施工安全技术措施

（一）施工安全技术措施的概念

在工程项目施工中,针对工程特点、施工现场环境、施工方法、劳力组织、作业方法使用的机械、动力设备、变配电设施、架设工具及各项安全防护设施等制定的确保安全施工的预防措施,称为施工安全技术措施。施工安全技术措施是施工组织设计的重要组成部分。

（二）施工安全技术措施审核

1. 审核要点

水利水电工程施工的安全问题是一个重要问题,这就要求在每一单位工程和分部工程开工前,监理单位的安全工程师首先要提醒施工承包人注意考虑施工中的施工安全技术措施。施工承包人在施工组织设计或技术措施中,必须充分考虑工程施工的特点,编制具体的施工安全技术措施,尤其是对危险工种要特别强调施工安全技术措施。在审核施工承包人的施工安全技术措施时,其要点如下:

（1）施工安全技术措施要有超前性。应在开工前编制,在工程图纸会审时,就应考虑到施工安全。因为开工前已编审了施工安全技术措施,所以用于该工程的各种安全设施有较充分的时间做准备,以保证各种安全设施的落实。由于工程变更设计情况变化,施工安全技术措施也应及时相应补充完善。

（2）施工安全技术措施要有针对性。施工安全技术措施是针对每项工程特点而制定的,编制施工安全技术措施的技术人员必须掌握工程概况、施工方法、施工环境、条件等第一手资料,并熟悉安全法规、标准等,只有这样才能编写出有针对性的施工安全技术措施。编写过程中主要考虑以下几个方面:

① 针对不同工程的特点可能造成施工的危害,从技术上采取措施,消除危险,保证施工安全。

② 针对不同的施工方法,如井巷作业、水上作业、提升吊装、大模板施工等,可能给施工带来不安全因素。

③ 针对使用的各种机械设备、交配电设施给施工人员可能带来危险因素,从安全保险装置等方面采取的技术措施。

④ 针对施工中有毒有害、易燃易爆等作业,可能给施工人员造成的危害,采取措施,防止伤害事故。

⑤ 针对施工现场及周围环境可能给施工人员或周围居民带来危害,以及材料、设备运输带来的不安全因素,从技术上采取措施,予以保护。

（3）注意对施工承包人的施工总平面图进行安全技术要求审查。施工总平面图布置是一项技术性很强的工作,若布置不当,不仅会影响施工进度,造成浪费,还会留下安全隐患。施工总平面图布置安全审查着重审核:易燃、易爆及有毒物质的仓库和加工车间的位置是否符合安全要求;电气线路和设备的布置与各种水平运输、垂直运输线路布置是否符合安全要求;高边坡开挖、洞井开挖布置是否有适合的安全措施。

（4）对方案中采用的新技术、新工艺、新结构、新材料、新设备等,特别要审核有无相应的安全技术操作规程和施工安全技术措施。

2. 常见的施工安全技术措施

对施工承包人的各工种的施工安全技术措施,审核其是否满足《水利水电建筑安装安全技术工作规程》(SD 267—1988)的要求。在施工中,常见的施工安全技术措施有以下几方面:

1）高空施工安全技术措施

（1）进入施工现场必须戴安全帽。

（2）悬空作业必须系安全带。

（3）高空作业点下方必须设置安全网。

（4）楼梯口、预留洞口、坑井口等必须设置围栏、盖板或架网。

（5）临时周边应设置围栏式安全网。

（6）脚手架和梯子结构牢固，搭设完毕要办理验收手续。

2）施工用电安全技术措施

（1）对常带电设备，要根据其规格、型号、电压等级、周围环境和运行条件，加强保护，防止意外接触，如对裸导线或母线应采取封闭、高挂式设置罩盖等绝缘、屏护遮栏，保证安全距离等措施。

（2）对偶然带电设备，如电机外壳、电动工具等，要采取保护接地或接零、安装漏电保护器等办法。

（3）检查、修理作业时，应采用标志和信号来帮助作业者作出正确的判断，同时要求他们使用适当的保护用具，防止触电事故发生。

（4）手持式照明器或危险场所照明设备，要求使用安全电压。

（5）电气开关位置要适当，要有防雷措施，坚持一机一箱，并设门、锁保护。

3）爆破施工安全技术措施

（1）充分掌握爆破施工现场周围环境，明确保护范围和重点保护对象。

（2）正确设计爆破施工方案，明确施工安全技术措施。

（3）严格炮工持证上岗制度，并努力提高他们的安全意识，要求按章作业。

（4）装药前，严格检查炮眼深度、孔位、距离是否符合设计方案。

（5）装药后检查孔眼预留堵塞长度是否符合要求，检查覆盖网是否连接牢固。

（6）坚持爆破效果分析制度，通过检查分析来总结经验和教训，制定改进措施和预防措施。

二、施工现场安全管理

安全工程师在施工现场进行安全管理的任务有：施工前的安全措施落实情况检查、施工过程中的安全检查和管理。

（一）施工前安全措施的落实检查

在施工承包人的施工组织设计或技术措施中，应对安全措施作出计划。由于工期、经费等原因，这些措施常得不到贯彻落实。因此安全工程师必须在施工前到现场进行实地检查。检查的办法是将安全措施计划与施工现场情况进行比较，指出存在问题，并督促安全措施的落实。

（二）施工过程中的安全检查形式及内容

安全检查是发现施工过程中不安全行为和不安全状态的重要途径，是消除事故隐患、落实整改措施、防止事故伤害、改善劳动条件的重要方法。

1. 施工过程中进行的安全检查

其形式有：

（1）企业或项目定期组织的安全检查；

（2）各级管理人员的日常巡回检查、专业安全检查；

（3）季节性和节假日安全检查；

（4）班组自我检查、交接检查。

2. 施工过程中进行的安全检查

其主要内容有：

（1）查思想，即检查施工承包人的各级管理人员、技术干部和工人是否树立了"安全第一、预防为主"的思想，是否对安全生产给予足够的重视。

（2）查制度，即检查安全生产的规章制度是否建立、健全和落实。例如，对一些要求持证上岗的特殊工种，上岗工人是否证照齐全。特别是承包人的各职能部门是否切实落实了安全生产的责任制。

（3）查措施，即检查所制定的安全措施是否有针对性，是否进行了施工安全技术措施交底，安全设施和劳动条件是否得到改善。

（4）查隐患。事故隐患是事故发生的根源，大量事故隐患的存在，必然导致事故的发生。因此，安全工程师还必须在查隐患上下工夫，对查出的事故隐患，要提出整改措施，落实整改的时间和人员。

（三）安全检查方法

施工过程中进行安全检查，其常用的方法有一般检查方法和安全检查表法。

（1）一般检查方法：常采用看、听、嗅、问、测、验、析等方法。

看：看现场环境和作业条件，看实物和实际操作，看记录和资料等。

听：听汇报、听介绍、听反映、听意见、听机械设备运转响声等。

嗅：对挥发物、腐蚀物等的气味进行辨别。

问：对影响安全的问题，详细询问。

查：查明数据、查明问题、查清原因，追查责任。

测：测量、测试、监测。

验：进行必要的试验或化验。

析：分析安全事故的隐患、原因。

（2）安全检查表法。这是一种原始的、初步的定性分析方法，它通过事先拟定的安全检查明细表或清单，对安全生产进行初步诊断和控制。

复习思考题

1. 人的不安全行为有哪些方面？
2. 物体的不安全因素有哪些？
3. 简单叙述施工中常见的不安全因素。
4. 简单叙述安全操作规程中关于安全方面的规定。
5. 强制性条文中有哪些关于安全方面的规定？
6. 发包人有哪些施工安全责任？
7. 承包人有哪些施工安全责任？

8. 简单叙述施工单位安全保证体系的内容。

9. 审核施工承包人的施工安全技术措施时有哪些要点？

10. 高空施工有哪些施工安全技术措施？

11. 施工用电有哪些施工安全技术措施？

12. 爆破施工有哪些施工安全技术措施？

13. 施工过程中的安全检查有哪些形式？

14. 施工过程中的安全检查有哪些内容？

15. 施工过程中的安全检查有哪些方法？

第十章 施工监理信息管理

第一节 施工监理信息管理概述

在水利水电工程项目施工中,贯穿于整个施工阶段的各个方面有各种情况发生,这些情况的内容包含了各种各样的信息。其表现形式各种各样,可以是文字,可以是数字,可以是各种报表,可以是图纸,也可以是各种声音和图像。这些文字、数字、报表、图纸、声音和图像包含的内容都是信息。

一、施工监理信息管理的特点

水利水电建设项目投资大,建设周期长,质量要求高;建设环境复杂,受意外风险、特殊风险和其他不可预见的因素影响大,变更因素多;合同的种类多,内容复杂,合同实施过程中相关各方的责、权、利关系复杂。这就决定了施工监理信息管理有其固有的特点。

(1)监理信息来源广、信息量大。在工程监理制度下,工程建设以监理工程师为中心,项目监理组织自然成为信息生成的中心、信息流入和流出的中心。监理信息来自两个方面:一是项目监理组织内部进行项目控制和管理而产生的信息;二是在实施监理的过程中,从项目监理组织外流入的信息。由于工程建设的长期性和复杂性,以及涉及的单位众多,故信息来源广,信息量大。

(2)动态性强。工程建设的过程是一个动态过程,监理工程师实施的控制也是动态控制,因而大量的监理信息都是动态的,这就需要及时地收集和处理。

(3)有一定的范围和层次。项目法人委托监理的范围不一样,监理信息也不一样。监理信息不等同于工程建设信息,工程建设过程中,会产生很多信息,这些信息并非都是监理信息,只有那些与监理工作相关的信息才是监理信息。不同的工程建设项目,所需的信息既有共性,又有个性。另外,不同的监理组织和监理组织的不同部门,所需的信息也不一样。

(4)信息管理要求系统严密,避免疏漏。施工监理过程中的信息系统是监理机构的神经系统。通过该信息系统实现三大中枢系统(项目法人、承包商、监理工程师)及其他相关部门之间的沟通与联系。信息流的失真、延误、丢失都将直接影响中枢系统的决策。指令或信息反馈不及时,对工程造成的损失将是巨大的。例如,监理工程师发放图纸拖延;对承包商的批复或批示延误或疏漏;同期记录不全或丢失;单据或证据丢失;处理变更、索赔或合同争端过程中有力证据无法系统地及时查询;会议记录漏记或丢失,等等。

因此可以说,现代施工监理信息管理系统,是用系统思维的方法,以电子计算机为工具,借助现代数据采集技术、通信技术及文档管理等其他软、硬件设备,通过合同实施过程中相关人员的参与控制,为建设监理过程服务的信息管理系统。

二、信息对水利工程建设监理的作用

信息对建设监理工作有着特殊的作用,主要表现在以下几个方面。

1. 信息是监理工程师实施控制的基础

控制是建设监理的主要手段。控制的主要任务是把工程项目实施情况与计划目标进行比较,找出差异,并加以分析,从而采取相应的措施,排除和预防产生差异的因素,使总体目标得以实现。

为了进行比较分析和采取措施来控制工程项目投资目标、质量目标及进度目标,监理工程师首先应掌握相关项目三大目标的计划值,它们是控制的依据;其次,监理工程师还应了解三大目标的执行情况。只有这两个方面的信息都充分掌握了,监理工程师才能实施控制工作。因此,从控制的角度来讲,离开了信息,监理工作是无法进行的,信息是控制的基础。

2. 信息是监理工程师实施决策的依据

建设监理决策的正确与否,直接影响着工程项目建设总目标能否实现,以及监理公司和监理工程师的信誉好坏。监理决策正确与否,取决于各种因素,其中最重要的因素之一就是信息。如果没有可靠的、充分的信息作为依据,正确决策是断然不可能的。例如,在工程施工招标时,监理工程师要对投标单位进行资格预审,以确定哪些报名参加投标的承包商能适应工程的需要。为进行这项工作,监理工程师就必须了解报名参加投标的众多承包商的技术水平、财务实力和管理经验等方面的信息。再如,施工阶段对承包商的支付决策,监理工程师也只有在了解相关承包商合同的规定及施工阶段对承包商的支付决策,了解施工实际情况等信息后,才能决定是否支付。由此可见,信息是监理决策的重要依据。

3. 信息是监理工程师协调项目建设各单位的重要媒介

工程项目的建设过程涉及众多单位,如与项目审批相关的政府部门、建设单位、设计单位、施工单位、材料设备供应单位、外围工程单位或部门(水、电、煤气、通信等)、毗邻单位、运输部门、保险部门、税收部门等,这些单位或部门都会对工程项目目标的实现带来一定的影响。如何才能使这些单位或部门有机地联系起来为工程项目建设服务,关键就是要用信息把它们联系起来,协调好它们之间的关系。总之,信息已渗透到监理工作的每一方面,是监理工作不可缺少的要素。

三、建设监理信息的类型

建设监理过程中涉及大量的信息,这些信息依据不同的标准可以分为下列几类。

1. 按建设监理的目的划分

(1) 投资控制信息。投资控制信息是指与投资控制直接相关的信息,如各种估算指标、类似工程造价、物价指数、概算定额、工程项目投资估算、设计概算、合同价、工程报价表、币种汇率、利率、保险、施工阶段的支付账单、原材料价格、机械设备台班费、人工费、运杂费等。

(2) 质量控制信息。如国家相关的质量政策及质量标准、项目建设标准、质量目标的分解结果、质量控制工作流程、质量控制的工作制度、质量控制的风险分析、质量抽样检查的数据等。

(3) 进度控制信息。如施工定额、项目总进度计划、关键线路和关键工作、进度目标分析、里程碑目标、进度控制的工作流程、进度控制的工作制度、进度控制的风险分析、某段时间的进度记录等。

（4）合同管理信息。如经济合同、工程建设施工承包合同、物资设备供应合同、工程咨询合同、施工索赔等。

2. 按建设监理信息的来源划分

（1）项目内部信息。内部信息取自建设项目本身，如工程概况、设计文件、施工方案、合同文件、合同管理制度、信息资料的编码系统、信息目录表、会议制度、监理班子的组织、项目的投资目标、质量目标、进度目标施工现场管理等。

（2）项目外部信息。来自项目外部环境的信息称为外部信息，如国家相关的政策、法规及规章，国内及国外市场上原材料及设备价格、物价指数、类似工程造价、类似工程进度、投标单位的实力、投标单位的信誉、毗邻单位的情况、主管部门和当地政府的相关信息等。

3. 按信息的稳定程度划分

（1）固定信息。固定信息是指在一定时间内相对稳定不变的信息，包括标准信息、计划信息、查询信息。标准信息主要是指各种定额和标准，如施工定额、原材料消耗定额、生产作业计划标准、设备和工具的耗损程度等。计划信息反映为计划期内拟定的各项指标情况。查询信息是指在一个较长的时期内，很少发生变更的信息，如国家和专业部门颁发的相关技术标准、不变价格、监理工作制度、监理实施细则等。

（2）流动信息。流动信息是指不断变化着的信息，如项目实施阶段的质量、投资及进度的统计信息。流动信息反映某一时刻项目建设的实际进度及计划完成情况。再如，项目实施阶段的原材料消耗量、机械台班数、人工工日数等，都属于流动信息。

4. 按信息的层次划分

（1）战略性信息。战略性信息是指相关项目建设过程的战略决策所需的信息，如项目规模、项目投资总额、建设总工期、承包商的选定、合同价的确定等信息。

（2）策略性信息。策略性信息是指供相关人员或机构进行短期决策使用的信息，如项目年度计划、财务计划等。

（3）业务性信息。业务性信息是指各业务部门的日常信息，如日进度、月支付额等。这类信息是经常的，也是大量的。

第二节　工程监理信息管理的内容

一、工程施工中的信息

水利水电工程的前期工作中产生了各种相关的文件和数据，对于工程建设总目标的实现有重要的意义。但从提供的信息量来讲，还是比较单纯、比较少的，而在工程开工后的整个施工时段，有各个方面的参与，同时在紧张的施工中每天都在发生着各种各样的情况，各种情况包含的各种信息都应当得到及时处理。因此，可以说，施工时段是大量的信息发生、传递和处理时段。监理工程师的信息管理工作也主要集中在这一时段。

1. 项目法人提供的信息

项目法人为工程项目建设的组织者，在施工中要按照合同文件规定提供相应的条件，在建设中不时要表达对工程各方面的意见和看法,下达某些指令。

有些工程施工合同规定,项目法人负责定期提供气象预报、洪水预报。为了保证工程顺利开展,项目法人应提供准确、及时的相关数据。

当项目法人负责某些材料的供应时,需涉及材料的品种、数量、质量、价格情况、提货地点、提货方式等信息。

若项目法人负责某些设备的供应,要及时提供设备的品种、型号、数量、到货时间等情况,还应负责提供设备的出厂证明,包括合格证及试验资料。当然,相关设备的情况由设备制造厂家提供,但若合同规定由项目法人向施工安装单位提供设备,则相关资料应由项目法人提供。

项目法人在建设过程中对相关进度、质量、投资、合同等方面的意见和看法,可以通过某种方式(一般也以文字方式)向相关方面进行表述。

项目法人的上级单位对工程建设的各种意见,应直接向项目法人发送。项目法人若认为有必要,也可以向其他方面转达某些内容。

2. 承包商提供的信息

在施工过程中,现场所发生的各种情况均包含了大量的信息,这些信息是承包商自身必须掌握和收集的,也是监理工程师在现场管理中必须掌握和收集的,经记录和整理后,汇成丰富的信息资料。

承包商在施工中经常性地向相关方面,包括其上级、项目法人、监理单位、其他方面发出某些文件,传达一定的内容,例如,向监理工程师报送施工组织设计,报送各种计划、单项工程措施设计、月支付申请表、各种工程项目自检报告、质量问题报告、对相关问题的意见等。

3. 设计方面提供的信息

设计单位按设计合同及供图协议提供施工图纸,在施工过程中,还要根据实际的变化情况,对设计作出各种调查和修改等。设计方面提供的这些信息也需要及时报监理工程师,必要时由监理工程师通知相关各方。

4. 监理工程师所提供的信息

监理工程师要实现对进度、质量、投资的控制,严格进行合同管理,必须收集各种需要的资料,在分析整理后作出判断,得出各种处理意见,并以某种方式发送承包商和项目法人。

5. 来自其他方面的信息

在工程施工建设中除以上几个方面要产生各种信息外,还包括地方政府、贷款银行、工商部门、税务部门、保险公司、环保部门、水运部门、林业部门、渔业部门、公路部门等方面的相关信息。

二、监理信息资料的收集

在工程建设中,每时每刻都产生着大量的信息。但是,要得到有价值的信息,只靠自发产生的信息是远远不够的,还必须根据需要进行有目的、有组织、有计划的收集,只有这样才能提高信息质量,充分发挥信息的作用。

1. 收集监理信息的基本原则

(1) 要主动及时。监理工程师要取得对工程控制的制动权,就必须积极主动地收集信息,善于及时发现、及时取得、及时加工各类工程信息。只有工作主动,获得信息才会及时。监理控制是一个动态控制的过程,水利工程建设具有投资大、工期长、项目分散、管理部门多、参与建设的单位多等特点,因此信息量大,时效性强,稍纵即逝,如果不能及时得到工程中大量发生变化的数据,不能及时把不同的数据传递于需要相关数据的不同单位、部门,势必影响各部门工作,影响监理工程师作出正确的判断,影响监理工作的质量。

（2）要全面系统。监理信息贯穿于工程项目建设的各个阶段及全部过程,各类监理信息和每一条信息都是监理内容的反映或表现。所有收集的监理信息不能挂一漏万,以点带面,把局部当成整体,或不考虑事物之间的联系。同时,工程建设不是杂乱无章的,而是有着内在联系的。因此,收集信息不仅要注意全面性,而且还要注意系统性和连续性。全面系统就是要求收集到的信息具有完整性,以防决策失误。

（3）要真实可靠。收集信息的目的在于对工程项目进行有效的控制。由于工程建设中人们的经济利益关系、工程建设的复杂性,信息在传输过程中难免会发生失真现象等,这会产生不能真实反映工程建设实际情况的假信息。因此,必须严肃认真地进行收集工作,要将收集到的信息进行严格核实、检测、筛选、去伪存真。

（4）要重点选择。收集信息要全面系统和完整,但不等于不分主次、缓急和价值大小。必须有针对性,坚持重点收集原则。所谓有针对性首先是指有明确的目的性或目标;其次是指有明确的信息源和信息内容。还要做到适用,即索取的信息应符合监理工作的需要,能够应用并产生好的监理效果,所谓重点选择,就是根据监理工作的实际需要,根据监理的不同层次、不同部门、不同阶段对信息需求的侧重点,从大量的信息中选择使用价值大的主要信息。

2. 收集监理信息的基本方法

监理工程师主要通过各种记录来收集监理信息,这些记录统称为监理记录。监理记录是与工程项目监理相关的各种记录中资料的集合,通常可以分为以下几类。

1）现场记录

现场监理人员必须每天利用特定的表格或以日志的形式记录工地上所发生的事情。所有记录应始终保存在工地办公室内,供监理工程师及其他监理人员查阅。这类记录每月由专业监理工程师整理成书面资料上报监理工程师办公室。监理人员在现场遇到工程施工中不得不采取紧急措施而对承包商所发出的书面指令,应尽快通报上一级监理组织,以征得其确认或修改指令。

在现场通常要记录以下内容:

（1）现场监理人员对所监理工程范围内的机械、劳力的配备和适用情况做详细记录。例如,承包人现场人员和设备的配备是否与计划所列的一致;工程质量和进度是否因某部门职员或某种设备不足而受到影响,受到影响程度如何;是否缺乏专业施工人员或专业施工设备,承包商有无代替方案;承包商的施工机械完好率和使用率是否令人满意;维修车间及设施情况如何,是否储存有足够的备件等。

（2）记录气候及水文情况。记录每天的最高和最低气温、降雨和降雪量、风力、河流水位;记录有预报的雨、雪、台风及洪水到来之前对永久性或临时性工程所采取的保护措施;记录气候、水文的变化影响施工及造成损失的细节,如停工时间、救灾的措施和财产的损失等。

（3）对工程施工中每步工序完成后的情况做简单描述,如该工序是否已被认可,对缺陷的补救措施或变更情况等做详细记录。监理人员在现场对隐蔽工程应特别注意记录。

（4）记录现场材料供应和储备情况，每一步材料的到达时间、来源、数量、质量、储存方式和材料的抽样检查情况等。

（5）对于一些必须在现场进行的试验，现场监理人员进行试验记录并分类保存。

2）会议记录

由监理人员所主持的会议应由专人记录，并且要形成纪要，由与会者签字确认。这些纪要将成为今后解决问题的重要依据。会议纪要应包括以下内容：会议地点及时间，出席者的姓名、职务及其所代表的单位；会议中发言者的姓名及主要内容；形成的决议；决议由何人、何时执行；未解决的问题及其原因。

3）计量与支付记录

计量与支付记录包括所有计量及付款资料。应清楚地记录哪些工程进行过计量，哪些工程没有进行过计量，哪些工程已经进行了支付；已同意或确定的费率和价格变更等。

4）试验记录

除正常的试验报告外，实验室应由专人每天以日志形式记录实验室工作情况，包括对承包商的试验的监督、数据分析等。记录内容包括：

（1）对工作内容的简单叙述。例如，做了哪些试验，监督承包商做了哪些试验，结果如何等。

（2）承包人试验人员配备情况。例如，试验人员配备与承包商计划所列是否一致，数量和素质是否满足工作需要，增减或更换试验人员之建议。

（3）对承包商试验仪器、设备配备、使用和调用情况的记录，需增加新设备的建议。

（4）监理实验室与承包商实验室所做同一试验，其结果有无重大差异，原因如何。

5）工程照片和录像

以下情况下，可以辅以工程照片和录像进行记录：

（1）科学试验。重大试验，如桩的承载试验，板、梁的试验及科学研究试验等；新工艺、新材料的原型及为新工艺、新材料的采用所做的试验等。

（2）工程质量。能体现高水平的建筑物的总体或分部，能体现建筑物的宏伟、精致、美观等特色的部位；对工程质量较差的项目，指令承包商返工或需补强的工程的前后对比；能体现不同施工阶段的建筑物照片；不合格原材料的现场和清除出现场的照片。

（3）能证明或反证未来会引起索赔或工期延误的特征照片或录像；能向上级反映即将引起影响工程进展的照片。

（4）工程试验、实验室操作及设备情况。

（5）隐蔽工程。被覆盖前构造物的基础工程；重要项目钢筋绑扎、管道铺设的典型照片；混凝土桩的桩顶表面特征情况。

（6）工程事故。工程事故处理现场及处理事故的状况；工程事故及处理和补强工艺，能证实保证了工程质量的照片。

（7）监理工作。重要工序的旁站监督和验收；现场监理工作实况；参与的工地会议及参与承包商的业务讨论会，班前、工后会议；被承包商采纳的建议，证明确有经济效益及提高了施工质量的实物。

拍照需要采用专门登记本标明序号、拍摄时间、拍摄人员等。

三、监理信息的加工整理

1. 监理信息加工整理的作用和原则

监理信息的加工整理是对收集来的大量原始信息,进行筛选、分类、排序、压缩、分析、比较、计算等的过程。

信息的加工整理作用很大。首先,通过加工,将信息聚同分类,使之标准化、系统化。收集来的信息往往是原始的、零乱的和孤立的,信息资料的形式也可能不同,只有经过加工后,使之成为标准的、系统的信息资料,才能使用、存储,以及提供检索和传递。其次,经过收集的资料,其真实程度、准确程度都比较低,甚至还混有一些错误,经过对其进行分析、比较、鉴定,乃至计算、校正,使获得的信息准确、真实。另外,原始状态的信息一般不便于使用和存储、检索、传递,经加工后,可以使信息浓缩,以便进行上述操作。信息在加工过程中,通过对信息的综合、分解、整理、补增,可以得到更多有价值的新信息。

信息加工整理要本着标准化、系统化、准确性、时效性和适用性等原则进行。为了适应信息用户的使用和交换,应遵守已制定的标准,使来源和形态多样的各种信息标准化。要按监理信息分类,系统、有序地加工整理,符合信息管理系统的需要。要对收集的监理信息进行校正、剔除,使之准确、真实地反映工程建设状况。要及时处理各种信息,特别是对那些时效性强的信息。要使加工后的监理信息满足实际监理工作的需要。

2. 监理信息加工整理的成果——各种监理报告

监理工程师对信息进行加工整理,形成各种资料,如各种来往信函、来往文件、各种指令、会议纪要、备忘录或协议和各种工作报告等。工作报告是最主要的加工整理成果,这些报告有:

1）现场监理日报

现场监理日报是现场监理人员根据每天的现场记录加工整理而成的报告,主要包括如下内容:当天的施工内容;当天参加施工的人员(工种、数量、施工单位等);当天施工用的机械的名称和数量等;当天发现的施工质量问题;当天的施工进度和计划进度的比较,若发生进度拖延,应说明原因;当天天气综合评语;其他说明及应注意的事项等。

2）现场监理工程师周报

现场监理工程师周报是现场监理工程师根据现场监理日报加工整理而成的报告,每周向项目总监理工程师汇报一周内所有发生的重大事件。

3）监理工程师月报

监理工程师月报是集中反映工程实况和监理工作的重要文件,一般由项目总监理工程师组织编写,每月上报项目法人一次。大型项目的监理工程师月报往往由各合同段或子项目的总监理工程师代表组织编写,上报总监理工程师审阅后报项目法人。监理工程师月报一般包括以下内容:

（1）工程进度:描述工程进度情况、工程形象进度和累计完成的比例。若拖延了计划,应分析其原因及这种原因是否已经消除,以及承包商、监理人员所采取的补救措施等。

（2）工程质量:用具体的测试数据评价工程质量,如实反映工程质量的好坏,并分析原因;反映承包商和监理人员对质量较差项目的改进意见,若有责令承包商返工的项目,应说明其规模、原因以及返工后的质量情况。

（3）计量支付：表示本期支付、累计支付及必要的分项工程的支付情况，形象地表达支付比例、实际支付与工程进度对照情况等；承包商是否因流动资金短缺而影响了工程进度，并分析造成资金短缺的原因（如是否未及时办理支付等）；有无延迟支付、价格调整问题，说明其原因及由此而产生的增加费用。

（4）质量事故：记录质量事故发生的时间、地点、项目、原因、损失估计（经济损失、时间损失、人员伤亡情况）等；说明事故发生后采取了哪些补救措施，在今后工作中避免类似事故发生的有效措施；说明由于事故的发生，影响了单项或整体工程进度的情况。

（5）工程更变：对每次工程变更应说明引起变更计划的原因，批准机关变更项目的规模，工程量增减、投资增减的估计等；是否因该变更影响了工程进展，承包商是否就此提出或准备提出延期和索赔。

（6）民事纠纷：说明民事纠纷产生的原因，哪些项目因此被迫停工，停工时间，造成窝工的机械、人力情况等；承包商是否就此已提出或准备提出延期和索赔。

（7）合同纠纷：说明合同纠纷情况及产生的原因、监理人员进行调节的措施、监理人员解决纠纷的体会、项目法人或承办商有无要求进一步处理的意向。

（8）监理工作状态：描述本月的主要监理活动，如工地会议、现场重大监理活动、延期和索赔的处理、上级布置的相关工作的进展情况和监理工作中的困难等。

四、监理信息的贮存和传递

1. 监理信息的贮存

经过加工处理后的监理信息，按照一定的规定，记录在相应的信息载体上，并把这些记录信息的载体按照一定的特征和内容性质，组织成为系统的、完整的、供人们检索的集合体，这个过程称为监理信息的贮存。

监理信息的贮存，可汇集信息、建立信息库，有利于进行检索，可以实现监理信息资源的共享，促进监理信息的重复利用，便于信息的更新和剔除。

监理信息贮存的主要载体是文件、报告、报表、图纸、音像资料等。监理信息的贮存主要就是将这些材料按不同的类别，进行详细的登录、存放，建立资料归档系统。该系统应简单和易于保存，但内容应足够详细，以便能很快查出任何已归档的资料。

监理资料归档一般按以下几类进行：

（1）一般函件。与项目法人、承包商和其他相关部门来往的函件按日期归档；监理工程师主持或出席的所有会议记录按日期归档。

（2）监理报告。各种监理报告按次序归档。

（3）计量与支付资料。每月计量与支付证书，连同其所附资料每月按编号归档；监理人员每月提供的计量与支付相关的资料应按月份归档，物价指数的来源等资料按编号归档。

（4）合同管理资料。承包商对延期、索赔和分包的申请、批准的延期、索赔和分包文件按编号归档；变更计划的相关资料按编号归档；现场监理人员为应急发出的书面指令及最终指令应按项目归档。

（5）图纸。图纸按分类编号存放归档。

（6）技术资料。现场监理人员每月汇总上报的现场记录及检验报表按月归档，承包商提供的竣工资料分项归档。

（7）试验资料。监理人员所完成的试验资料按分类归档；承包商所报试验资料按分类归档。

（8）工程照片。反映工程实际进度的照片按日期归档；反映现场监理工作的照片按日期归档；反映工程质量事故及处理情况的照片按日期归档；其他照片，如工地会议和重要监理活动的照片按日期归档。

以上资料在归档的同时，要进行登录、建立详细的目录表，以便随时调用、查询。

2. 监理信息的传递

监理信息的传递，是指监理信息借助一定的载体（如纸张、软盘等）从信息源传递到使用者的过程。

监理信息在传递过程中，形成各种信息流。信息流常有以下几种：

（1）自上而下的信息流，是指从上级管理机构向下级管理机构流动的信息，上级管理机构是信息源，下级管理机构是信息的接收者。这类信息主要是相关政策法规、合同、各种批文、各种计划信息。

（2）自下而上的信息流，是指由下一级管理机构向上一级管理机构流动的信息，这类信息主要是相关工程项目总目标完成情况的信息，亦即投资、进度、质量、合同完成情况的信息。其中有原始信息，如实际投资、实际进度、实际质量信息，也有经过加工、处理后的信息，如投资、进度、质量对比信息等。

（3）内部横向信息流，是指在同一级管理机构之间流动的信息。由于工程监理是以三大控制为目标，以合同管理为核心的动态控制系统，在监理工程中，三大控制和合同管理分别由不同的组织进行，由此产生各自的信息，并且互相之间又要为监理的目标进行协作、传递信息。

（4）外部环境信息流，是指在工程项目内部与外部环境之间流动的信息。外部环境是指气象部门、环保部门等。

为了有效地传递信息，必须使上述信息流畅通。

3. 信息流程设计

为了避免信息流通中的混乱、延误、中断或丢失而引起监理工作的失误，应在项目监理实施细则中明确信息流程。

4. 信息分配计划

在执行计划前，必须制订参加工程项目管理的各级机构的信息分配计划。大量的信息交织在一起，不分层次、不分部门，会使管理者淹没在所有出现的信息中，很难方便地找出他所关心的信息。下面以进度计划为例说明信息分配计划的编制。

1）制订信息分配计划的原则

信息分配应按照组织管理机构的形式进行。例如，最高层管理者宜根据关键路线、非关键工作的时差对进度计划进行分析；而对施工监督人员来说，有用的是他所监督的工作的最早开工时间和最早结束时间，因为他仅需要本身职责范围内的各种信息。因此，信息分配首先按管理层次分类，然后按专业分类。另外，越是高层次的管理人员，所收到的信息报告越应简要，而施工监督人员掌握的信息要详细具体。

在分配信息时，必须对信息概括、分类，否则，有些部门就会收到数量和质量上不合适的信息。

制订信息分配计划的原则和任务可以归纳为以下三点：

（1）根据不同层次、不同专业，对信息分类。

（2）对信息进行概括。

（3）识别选择参数。

2）信息分配计划的表示

信息分配计划可以采用表 10-1 所示的形式。

表 10-1　信息分配计划

信息类型	时间	信息发出者	信息接收者							
			管理局	高级驻地监理工程师	进度控制部	质量控制部	投资控制部	合同管理部	信息管理部	承包商
周进度回忆备忘录	每周	进度控制部		×					×	×
月协调会议备忘录	每月	监理办公室	×	×	×	×	×	×	×	
附加会议备忘录	不定期	监理办公室	×	×	×	×	×	×	×	×
现场情况报告	1次/周	各工作面监理员		×	×	×		×		
进度月报	每月	进度控制部								
质量月报	每月	质量控制部					×			
支付月报	每月	支付控制部		×			×			
合同执行月报	每月	合同管理部		×				×		
总和月报	每月	监理办公室	×	×	×	×	×	×	×	×

注："×"表示是该信息的接收对象。

五、建设监理过程中信息的主要形式

1. 图纸

在水利水电施工工程项目中，施工图纸种类多、数量大。一个中小型工程的技术施工图纸不少于数百种，大型电站的有近千种，每种图纸按规定都应有数十张，因此，在施工中图纸的管理工作量相当大。

按照工程施工合同文件规定，图纸由设计单位供应，交发包方经监理工程师审查，向承包商按规定时间、数量发出；发包方也将留用部分数量图纸；监理工程师要留够自身工作所需数量图纸，图纸应按分类编号予以存放，为检索方便，要建立详细图纸目录表并存储在计算机的数据库中。图纸目录表要与图纸存放情况对应，以便迅速查询。

2. 设计变更通知

在施工过程中除图纸外,设计变更通知也是经常性的一种文件。设计变更通知的管理方法与图纸的管理方法类似,也应编号登录、存档。

3. 基本资料

监理工作所需基本资料,除监理人员个人应按自身需要准备外,监理办公室应收集各种资料,建立资料档案,以备工作所需,基本资料包括:① 设计文件;② 国家相关法规;③ 项目审批文件;④ 合同文件;⑤ 各种技术规范;⑥ 各种工作手册;⑦ 监理单位内部制定的文件。

4. 收文

在监理工作过程中,参加建设各方均要向相关方面发出各种文件。监理工程师可能收到承包商发送来的各种文件,收到项目法人送来的各种文件,设计单位和其他部门也可能通过项目法人向监理方转来各种函件、通知等。监理办公室在收到来自各方的文件后,要在收文簿上进行登记,内容包括来文单位、文号、题目、主要内容、收到时间等。收文簿按来文时间以流水方式进行登录。除此以外,一般还应按来文单位、类别另行编制归档文号进行登录,同时来文原件按来文单位、类别分别进行归档存放,以便查阅。除存档外,要立即安排对来文的审阅,如果来文份数较多,除存档外,其余部分可以安排交送审阅;如果来文份数较少(一般在监理工作开展初期,应与相关各方商定发送文件份数),一般应按规定时间分别或依次送各相关项目和专业人员及监理负责人传阅,传阅中要求写出具体书面意见。意见要求签注姓名和时间,办公室工作人员要按时将传阅的文件和书面意见收回存档。

5. 发文

监理工程师的重要工作手段之一,就是以文件的形式向相关各方传送意见,向承包商发出函件、通知、指令等,其内容包括审阅来文后的回复意见、表达施工中各种问题的意见等。

按照不同性质和内容区分,发文应制定相应的规定。一般应制定专用发文稿,由规定人员进行拟稿、校核、审查、签发、打字、校对、送文。各类发文应分别编制文号,按规定份数发送相关单位,在内部分送相关人员。除分别按不同目录类别进行登录、存档外,一般应装订一套,供平时查阅。

6. 现场查验单、试验资料、观测资料

现场施工过程中的各种检验单、试验资料、材质证明、产品合格证、观测资料,在经过各种签证后,随着工程的发展,其种类和数量将日益增多。单元工程验收、阶段验收、单项工程验收、竣工验收的资料将随着工程的进展而积累增多。这些资料是工程质量等级评定时必须的重要基本资料。因此必须建立严格的归档制度。由于工作量大,时间跨度又贯穿在整个工程建设期间,若无严格的管理制度,容易杂乱无章或残缺不全。

资料管理一般由办公室与各项专业监理人员配合完成,在工作进行期间由各专业、项目人员妥为管理,一旦该项工作完成即应及时整理归档,分门别类整理成册,编录后集中管理。

7. 工作照片

工作照片一般包括形象面貌和质量事故照片两类。拍照时应采用专门登记本说明序号、拍摄时间、拍摄内容、拍摄人员等。照片拍摄完后,应及时冲洗,分类编排,书写文字说明,在专门簿中予以保存,底片妥为保存,以备编写监理报告和其他需用时选取加洗。

8. 其他资料

与工程建设相关的其他资料也应按类似方法登录、存档。

第三节　建设监理信息管理系统

一、信息编码系统及属性关键词

1. 信息编码系统

信息编码是指根据信息实体的名称、属性和状态设计的符号和数字代码。这类代码主要有两个作用：一是可以为信息实体提供一个简练的、准确的记号；二是可以提高信息处理效率。这是因为代码比数据全称要短得多，这样可以大大节省存储空间和处理时间，对查询、编码、记录、修改、增删都十分方便。监理机构应系统设计信息编码，印制编码手册，做到人人会用、人人能懂。

1）编码的原则

信息编码时，应遵循下述原则：

(1) 每一代码所指代的信息实体（或其属性）是唯一的；反之，每一信息实体（或其属性）必须用一个确定的代码来表示。

(2) 信息编码应系统化，以便于使用，如按组织机构、项目或工作性质等编码。必要时可以用"—"来表示等符号分组设计。

(3) 代码设计应等长度，以便于计算机处理。

(4) 代码设计应留有足够的余地，以适应新的情况变化而扩充。

(5) 代码应尽量短小，以便于使用和减少工作失误。

2）编码的方法

信息编码是一项重要且复杂的工作，人们正在实践中摸索与发展编码方法。常用的方法有：

(1) 顺序编码法。顺序编码法是按照信息发生的先后顺序，依次排列下去，直至最后的编码方法。该方法简单，代码较短，但因代码本身不反映任何信息属性，在大中型工程监理的信息管理中无法采用。

(2) 属性编码法。属性编码法是按照信息的某种或几种特定的属性进行编码的方法，如按工程部位、管理机构、工作性质和作用、客体种类（如工程项目、工程设备、人员、材料、施工机械等）等进行编码。这种编码方法系统合理，层次分明，适用于大中型建设项目监理的信息管理。

2. 信息属性关键词

需要说明的是，尽管信息编码体现了信息实体的某些属性，但不能错误地指望这些编码能反映数据管理中所需要的信息实体的全部属性，这是因为若用信息代码一一对应地表示信息实体的全部属性，则编码就会过于冗长，既不便使用，又容易出现错误。因此，对于信息代码中表示信息实体的其他属性，可以由信息发出者填写信息属性关键词，然后由文档管理人员归档存储的方法处理。例如，填写"质量检查""变更""支付"等信息代码时可根据需要，用数字、英

文或汉语拼音、汉字等各种符号表示。图 10-1 所示的为一种信息编码形式,其设计思想如下:

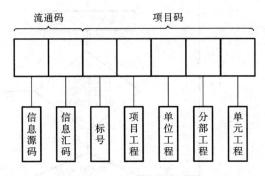

图 10-1　信息编码形式示意图

1）流通码

流通码说明信息的流量,用 E(employer)、 S(supervisory)、 C(contractor)三个字母分别表示项目法人、监理工程师、承包商。具体含义为:前一个字母表示信息发送者,称为信息源;后一个字母表示信息接收者,称为信息汇。例如,SC 表示监理工程师向承包商发出的指示、通知。监理工程师内部指示、文件和原始文件,可以用 SS 表示。

2）项目码

项目码表示信息所指的工程项目对象。例如,涉及第二标整个合同的问题可以用 20000 表示,第一标第二个工程项目的问题可以采用 12000 表示。

二、建设监理信息系统的主要模块

建设监理的信息管理系统一般由投资控制子模块、进度控制子模块、质量控制子模块、合同管理子模块组成。

1. 投资控制子模块

建设项目投资控制的首要问题是对项目的总投资进行分解,也就是说,将项目的总投资按照项目的构成进行分解。例如,水电工程,可以分解成若干个单项工程和若干个单位工程,每一个单项工程和单位工程均有投资数额要求,它们的投资数额加在一起构成项目的总投资。在整个控制过程中,要详细掌握每一项投资发生在哪一部分,一旦投资的实际值和计划值发生偏差,就应找出原因,以便采取措施进行纠偏,使其满足总投资控制的要求。控制过程如图 10-2 所示。

投资控制子模块的主要内容如下:

(1) 投资使用计划。

(2) 资金计划、概算和预算的调整。

(3) 资金分配、概算的对比分析。

(4) 项目概算与项目预算的对比分析。

(5) 合同价格与投资分配、概(预)算的对比分析。

(6) 实际费用支出的统计分析。

(7) 实际投资与计划投资的动态比较。

(8) 项目投资变化趋势预测。

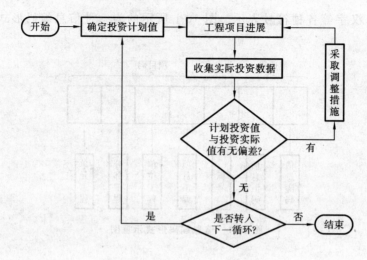

图 10-2 投资控制方法示意图

（9）项目计划投资的调整。

（10）项目结算与预算、合同价的对比分析。

（11）项目投资信息查询。

（12）各种项目投资的管理报表。

投资控制子模块功能图如图 10-3 所示。

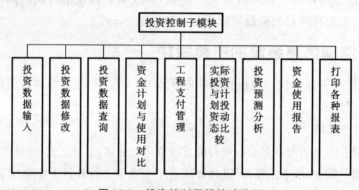

图 10-3 投资控制子模块功能图

2. 进度控制子模板

进度控制的方法主要是定期地收集工程项目实际进度的数据，并与工程项目进度计划分析比较，若发现进度实际值与进度计划值有偏差，要及时采取措施，调整工程进度计划，以确保工期目标的实现，如图 10-4 所示。

进度控制子模块的主要内容如下：

（1）进度控制数据的存储、修改、查询。

（2）进度计划的编制与调整，包括横道图计划、网络计划、日历进度计划等不同形式。

（3）工程实际进度的统计分析。

（4）实际进度与计划进度的比较。

（5）工程进度变化的趋势预测。

（6）计划进度的定期调整。

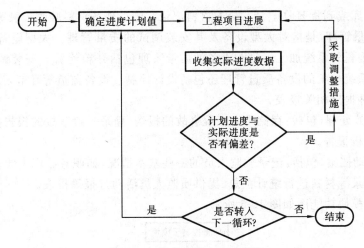

图 10-4　进度控制方法示意图

（7）工程进度的查询。

（8）进度计划、各种进度控制图表的打印输出。

（9）各种资源的统计分析。

进度控制子模块功能图如图 10-5 所示。

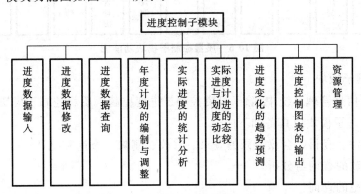

图 10-5　进度控制子模块功能图

3. 质量控制子模块

质量控制子模块的主要内容如下：

（1）设计质量控制，包括：存储设计文件；核查记录、技术规范、技术方案；利用计算机进行统计分析；提供相关信息；存储设计质量鉴定结果；存储设计文件签证记录，包括签证项目、签证时间、签证资料等内容；提供图纸资料交付情况报告，统计图纸资料按时交付率、合格率等指标，摘要登录设计变更文件等。

（2）施工质量控制，包括：质量检验评定记录（单元工程、分部工程、单位工程的检查评定结果及相关质量保证资料）；进行数据的校验和统计分析；根据单元工程评定结果和相关质量检验评定标准，进行分部工程、单位工程质量评定，为建设主管部门进行质量评定提供参考依据；运用数据统计方法，对重点工序和重要质量指标的数据进行统计分析，绘制直方图、控制图等管理图表；根据质量控制的不同要求，提供各种报表。

（3）材料质量跟踪，是指对主要的建筑材料、成品、半成品及构件进行跟踪管理。处理信息包括材料入库或到货验收记录、分配材料记录、施工现场材料验收记录等。

（4）设备质量管理，是指对大型设备及其安装调试的质量管理。大型设备的供应有两种方式，即订购和委托外系统加工。订购设备的质量管理包括开箱检验、安装调试、试运行三个环节；委托外系统加工的设备质量管理还包括设计控制、设备监造等环节，计算机存储各环节的记录信息，并提出相关报表。

（5）工程事故处理，包括：存储重大工程事故的报告，登录一般事故的报告摘要，提供多种工程事故统计分析报告。

（6）质监活动档案，包括：记录质监人员的一些基本情况，如职务、职责等；根据单元工程质量检验评定记录等材料进行统计汇总、提供质监人员活动月报等报表。

质量控制子模块功能图如图 10-6 所示。

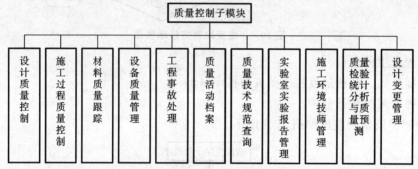

图 10-6　质量控制子模块功能图

4. 合同管理子模块

在施工监理信息管理系统中，除了投资控制、进度控制、质量控制子模块外，以合同文件为中心的合同管理子模块应具备如下内容：

（1）合同文件、资料、会议记录的登录、修改、删除、查询和统计。

（2）合同条款的查询与分析。

（3）技术规范的查询。

（4）合同执行情况的跟踪及其管理。

（5）合同管理的信息函、报表、文件的打印输出。

（6）法规文件的查询。

合同管理子模块功能图如图 10-7 所示。

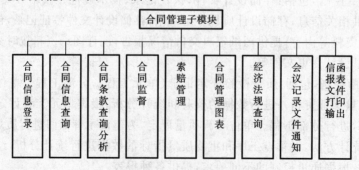

图 10-7　合同管理子模块

复习思考题

1. 施工监理信息管理有哪些特点？
2. 信息对水利工程建设监理有哪些作用？分哪些类型？
3. 水利工程施工中有来自哪些方面的信息？
4. 水利工程监理信息资料收集有哪些基本原则？
5. 水利工程监理信息收集有哪些基本方法？
6. 水利工程监理信息如何加工整理？
7. 水利工程监理信息如何贮存和传递？
8. 水利工程建设监理过程中的信息有哪些主要形式？
9. 信息编码有哪些原则和方法？
10. 水利工程建设监理信息系统有哪些主要模块？

第十一章 水利工程建设监理的协调

协调是现代管理理论中的一个重要理念。我们说,矛盾无处不在、无时不有,有矛盾后就需要协调。可以说,协调时时刻刻发生在我们生活的方方面面。在社会生活中,任何一个组织都不能缺少沟通和协调,任何个人之间也不能缺少沟通和协调。难以想象,没有协调的组织之间,如何能够成为一个坚强团结的集体去积极有效地实现组织目标;没有协调的个人之间,如何彼此了解和相处。协调在水利工程建设项目管理中具有十分重要的地位。

协调又称协调管理,即通过协商、沟通、调度,联合所有力量,使各项活动衔接有序地正常展开,以实现预定目标。

当前,随着我国社会主义市场经济体制的逐步完善和建筑市场的形成,建设领域建设项目投资形成了多元化的格局,工程建设项目建设中各方的责、权、利关系发生了较大变化,由此产生了大量的协调问题。例如,投资方的资金、投资比例、债务分摊、产品及利润分配、产权归属、宏观管理的职责分工等,都要通过协商并以协议形式规定下来。同时,由于招标投标制带来了新的甲乙方关系,建设单位和施工单位构筑了在经济合同基础上的新型关系,不属于行政隶属关系。因此,合同双方的责、权、利矛盾,只能通过协商的方法来解决。特别是大中型建设项目,涉及面广、周期长、技术复杂、参与单位多,众多的合同本身不可能没有疏漏,合同履行难免不产生偏差,加之工程变更、施工条件变化,以及不可抗力的作用,都会不同程度地制约着合同履行,都要进行大量的协调工作。

在水利工程项目建设的不同阶段、不同部位和参加项目建设的不同单位、不同层次之间,存在着大量的界面和结合部,协调的作用就是沟通和理顺这些结合部的关系,化解各种矛盾,排除各种时空的干扰,组织好各种工艺、工序之间的衔接,使工程总体建设活动能有机地交叉进行,实现质量高、投资省、工期短的建设目标。

第一节 协调的作用

水利工程建设监理是指具有相应资质的水利工程建设监理单位,受项目法人委托,按照监理合同对水利工程建设项目实施中的质量、进度、资金、安全生产、环境保护等进行的管理活动,包括水利工程施工监理、水土保持工程施工监理、机电及金属结构设备制造监理、水利工程建设环境保护监理。它以实现水利工程建设项目的目标为目的,对水利工程建设项目进行有效的计划、组织协调、控制。

一、工程参建各方的目标

一般来说,一个水利工程建设项目要经过项目建议书、可行性研究、初步设计、施工准备、建设实施、生产准备、竣工验收和后评价几个阶段,而在整个项目实施过程中,牵涉很多部门和单位,各个部门都有各自不同的目标任务。参与项目实施的单位主要是业主、设计方、施工方、设备供应方和监理方。他们都有自己的项目管理任务,但其出发点和侧重面各有不同:建设单位(业主)着眼于全过程,其主要任务是三大控制;设计单位的项目管理是自我管理,其主要任务是确保设计任务按质量目标、进度目标实现,并通过设计对投资进行有效的控制;施工单位的项目管理,由签订承包合同开始到竣工结算为止,其主要任务是建立自身质量保证体系和进度控制网络图,依据合同目标要求控制工程质量和工期目标,如期竣工,并在此前提下,实现最低的工程成本;对设备供应单位来说,要按设备订单进行设计、加工、制作、运输、安装、调试等;监理单位是接受业主委托,针对工程项目建设实施监督管理活动的,是具有独立性、社会化、专业化的社会中介服务组织。

项目管理总目标与各参与方项目管理目标及各参与方目标之间是既相联系又相矛盾的。例如,对业主来说,进度目标包括设计进度、施工进度、设备安装与调试周期等,要尽可能地缩短施工周期,就要求设计方缩短设计周期、施工单位缩短施工周期等,而设计单位为了保证设计质量总是想方设法延长设计周期,施工单位要赶工期就要增加支出并要冒质量方面的风险。因此,要实现项目管理总目标,其中很重要的一条就是要协调好各方之间的矛盾,总目标的实现和各分目标的实现互为条件、互为前提,是各分目标矛盾统一的平衡结果。

由此可以看出,一个建设项目绩效的好坏,一方面取决于参与项目各方各自的项目管理水平,另一方面还取决于各方之间的有机协调和配合。从某种意义上说,各方配合的好坏甚至决定项目的成败。现实中项目实施过程中没有协调好各方的关系,致使各参与单位之间不配合、不协调,而导致项目陷于困境的例子并不少见。

关于项目参与者之间的配合与该项目绩效之间的关系,国外已经有人做过大量的分析研究,其中美国 James B. Pocock 的研究比较完善,他用配合度(DOI)表示项目参与者之间的配合程度,以成本、工期、合同变更、设计缺陷四个客观指标测算项目的绩效,其结论是配合度越大,即相互配合得越多,项目的绩效越好。

二、工程项目承发包模式和监理模式

监理制度的实行使工程项目建设形成了以项目法人、承包人、监理单位为三大主体的结构体系。他们为实现工程项目的总目标联结、联合、结合在一起,形成了工程项目的组织系统。在这个体系中,三大主体形成了平等的关系。在市场经济条件下维系着他们关系的主要是合同。工程项目承发包模式在很大程度上影响了项目建设中三大主体形成的组织结构形式,即工程项目发包与承包的组织模式不同,合同结构不同,监理单位的组织结构也相应不同,它直接关系到工程项目的目标控制。因此,监理单位为了实现项目的目标控制,其组织结构必须与工程项目的发包及承包组织模式相适应。分析发包与承包的组织模式的目的是,结合工程特点合理地选择发包与承包的组织模式,以便双方的组织机构相互对应,便于管理。

目前,我国工程项目建设任务发包与承包的组织模式主要有四种:平行承发包、设计/施工总承包、工程项目总承包和工程项目总承包管理。在工程项目建设实践中,针对工程项目的实际情况,应选择一种对项目组织、投资控制、进度控制、质量控制和合同管理最有利的模式。

(一)平行承发包模式及其监理模式

1. 平行承发包模式

平行承发包,即分标发包,发包方将一个工程建设项目分解为若干个任务,分别发包给多个设计单位和多个施工单位。各设计单位之间的关系是平行的,各施工单位之间的关系也是平行的,如图 11-1 所示。

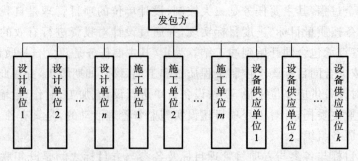

图 11-1 平行承发包模式

一般对于一些大型工程建设项目,其投资大,工期比较长,各部分质量标准、专业技术工艺要求不同,又有工期提前的要求,多采用此种平行承发包模式,以利于投资、进度、质量的合理安排和控制。

当设计单位、施工单位规模小,且专业性很强,或者发包方愿意分散风险时,一般多采用这种模式。

但是,平行承发包模式对项目组织管理不利,对进度协调不利。因为发包方要和多个设计单位或多个施工单位签订合同,为控制项目总目标,协调工作量大,不仅要协调设计、施工单位的进度,还要协调它们之间的进度。

2. 监理模式

与平行承发包模式相适应的监理模式如下:

(1) 项目法人委托一家监理单位承担监理服务,如图 11-2 所示。

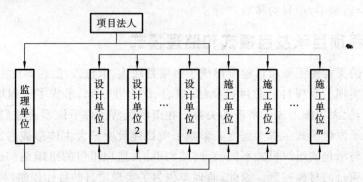

图 11-2 项目法人委托一家监理单位承担监理服务的模式

项目法人委托一家监理单位承担监理服务这种模式,一般要求监理单位要有较强的合同管理能力和组织协调能力。监理单位的监理组织机构可以组建多个分支机构,分别对项目法人委托的各设计单位和各施工单位实施监理。

(2) 项目法人委托多家监理单位承担监理服务,如图 11-3 所示。

项目法人委托多家监理单位承担监理服务,这种模式下,项目法人分别与多家监理单位签订监理委托合同,受委托的监理单位按合同约定分别针对不同的设计单位和不同的施工单位实施监理。由于项目法人分别与监理单位签订了委托监理合同,项目法人应加强监理合同的管理,做好各监理单位的协调工作。采用这种模式,对于监理单位来说,监理对象单一,便于管理。

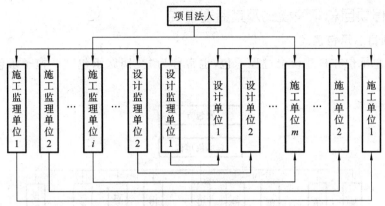

图 11-3　项目法人委托多家监理单位承担监理服务的模式

（二）设计/施工总承包模式及其监理模式

1. 设计/施工总承包模式

设计/施工总承包，即设计和施工分别总承包，如图 11-4 所示。

这种模式对项目组织管理有利，发包方只需与一个设计总承包单位和一个施工总承包单位签订合同。因此，相对平行承发包模式而言，其协调工作量小，合同管理简单，对投资控制有利。

采用这种模式时，国际惯例一般规定设计总承包单位（或施工总承包单位）不可把总承包合同规定的任务全部转包给其他设计单位（或施工单位），并且还要求总承包单位将任何部分的任务分包给其他单位时，必须得到发包方的认可，以保证工程项目投资、进度及质量目标的实现。《中华人民共和国合同法》第二百七十二条规定：建设工程主体结构的施工必须由承包人自行完成。

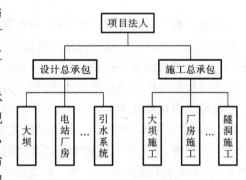

图 11-4　设计/施工总承包模式

2. 监理模式

对设计/施工总承包模式，项目法人可以委托一家监理单位承担全过程监理服务，如图 11-5 所示，也可以按设计和施工分别委托监理单位承担监理服务，如图 11-6 所示。

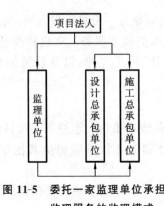

图 11-5　委托一家监理单位承担
监理服务的监理模式

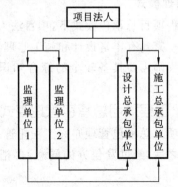

图 11-6　设计和施工分别委托监理单位
承担监理服务的监理模式

（三）工程项目总承包模式及其监理模式

1. 工程项目总承包模式

工程项目总承包亦称建设全过程承包，也常称为"交钥匙承包""一揽子承包"，如图11-7所示。

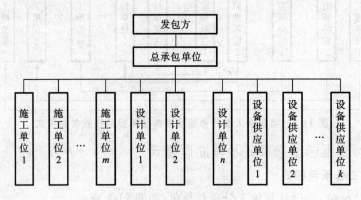

图 11-7 工程项目总承包模式

发包方把一个工程项目的设计、材料采购、施工到试运行全部任务都发包给一个单位，这一单位称总承包单位。总承包单位可以自行完成全部任务，也可以把项目的部分任务在取得发包方认可的前提下，分包给其他设计单位和施工单位。

总承包单位可在项目全部竣工试运行达到正常生产水平后，再把项目移交给发包方。

这种总承包模式工作量最大、工作范围最广，因而合同内容也最复杂，但其项目组织、投资控制、合同管理都非常简单，而且这种模式责任明确、合同关系简单明了，易于形成统一的项目管理保证系统，便于按现代化大生产方式组织项目建设，是近年来现代化大生产方式进入建设领域、项目管理不断发展的产物。对发包方来说，总承包单位一般都具有管理大型项目的良好素质和丰富经验，工程项目总承包单位可以依靠总承包的综合管理优势，加上总承包合同的法律约束，使项目的实现纳入统一管理的保证系统。近年来，我国一些大型项目采用工程项目总承包模式，一般都取得了工期短、质量高、投资省的良好效果；但这种模式对发包方、总承包单位来说，承担的风险很大，一旦总承包失败，就可能致总承包单位破产，发包方也将造成巨大的损失。

2. 监理模式

在工程项目总承包模式下，项目法人与总承包单位之间签订一份总承包合同，项目法人一般宜委托一家具有丰富设计和施工监理经验的监理单位承担监理服务。在这种委托模式下，总监理工程师需要具备较全的综合知识，具有丰富的设计、施工经验，以及较强的组织协调能力。

（四）工程项目总承包管理模式

工程项目总承包管理亦称工程托管。工程项目总承包管理单位在承揽工程项目的设计和施工任务之后，经过发包方的同意，再把承揽的全部设计和施工任务转包给其他单位，如图11-8所示。

项目总承包管理单位是纯管理公司，主要是经营项目管理，本身不承担任何设计和施工任务。这类承包管理是站在项目总承包立场上的项目管理，而不是站在发包方立场上的监理，发

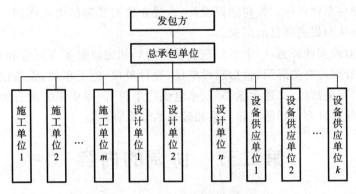

图 11-8　工程项目总承包管理模式

包方还需要有自己的项目管理,以监督总承包单位的工作。

上述四种不同的承发包模式,在对投资、进度、质量目标的控制和对合同管理、组织协调方面,其难易程度是不同的,其结构也不同。发包方应该根据实际情况进行选择,监理单位也应相应地调整自己的组织机构和工作职能。

三、协调的作用

从我国目前常用的项目管理模式可以看出,监理单位受业主委托对项目进行计划、组织、协调、控制,直接与项目其他参与方发生关系,是最佳的协调人。

总体来说,协调的作用可以归纳为以下三种。

1. 协调可以纠偏和预控错位

在水利工程施工中,经常出现作业行为偏离合同和规范的标准,工期超前和滞后、后续工序脱节、由于涉及修改和材料代用给下阶段施工带来影响的变更,以及水文、地质突然变化带来的影响,或人为因素对工期和质量带来的影响等,这些都会造成计划与实际偏离。监理协调的重要作用之一就是及时纠偏,或采取预控措施事前调整错位。

2. 协调是控制进度的关键

在建设工程施工中,有许多单位工程或单项工程是由不同的专业化施工队伍完成的,这就存在着不同专业施工队伍间的相互衔接和相互协调的问题。无论哪一专业施工队伍出现工期延误,都会直接影响建设总工期,这就需要监理工程师进行组织与协调。由此可以看出,进度控制的关键是协调。

3. 协调是平衡的手段

在水利工程施工中,一些大中型的建设项目往往由许多施工队伍进行施工,加上设计单位、土建单位、安装单位、设备材料供应单位等,既有纵向的串接又有横向的联合,各自又有不同的作业计划、质量目标,这就存在着各单位之间的协调问题。监理工程师应当从工程内部分析,既要进行各子系统之间的平衡协调,又要进行队伍之间、上下之间和内外之间的协调,发挥监理工程师的核心作用,突出协调功能。

工程项目管理中,工程建设监理的一个重要作用就是组织协调。通过监理的组织协调,使项目参与各方彼此沟通,促进相互了解和理解,在项目总目标和各分目标之间寻求平衡,达到统一思想与行动,使各项工作能够顺利进行。通过业主与监理的总体协调作用,联合各参与单位的力量,实现项目总体目标。换句话说就是,通过业主与监理的协调作用,提高项目参与各方之间的配合度,从而提高项目的绩效。

多年的工程监理实践证明,一个工程建设项目的顺利完成是多方配合和相互合作的共同成果。参与建设管理的有关部门,包括建设单位、设计单位、施工单位、设备供应单位、材料生产单位、地方政府有关部门、交通运输部门、水电供应单位等,需要多方配合和相互合作,这就必然要求监理工程师具有良好的人际关系和较强的组织协调能力。

第二节　协调的内容

协调工作贯穿于水利工程建设项目的全过程,渗透到水利工程建设项目的每一个环节。水利工程建设的每个过程、每个环节,都存在着不同程度的矛盾和干扰,甚至会产生冲突,这就需要不同层次的人员去协调。协调的内容小到短时间的停工停电,大到不可抗力的破坏和重大设计变更而引起的资金、施工方案的调整。归纳起来,协调的主要内容有:协调日常施工干扰和相关单位或层次的协作配合,平衡调配资源供给,协调设计变更引起的施工组织、施工方案的调整,协调工程建设的外部条件及其他重大问题等。

一、项目系统界面

水利工程建设系统就是一个由人员、物质、信息等构成的人为组织系统。用系统方法分析,水利工程建设的协调一般有三大类:一是人员/人员界面;二是系统/系统界面;三是系统/环境界面。

建设工程组织是由各类人员组成的工作班子,由于每个人的性格、习惯能力、岗位、任务、作用不同,即使只有两个人在一起工作,也有潜在的人员矛盾或危机。这种人和人之间的间隔,就是所谓的"人员/人员界面"。

建设工程系统是由若干个子项目组成的完整体系,子项目即子系统。由于子系统的功能、目标不同,因此容易产生各自为政的趋势和相互推诿的现象。这种子系统和子系统之间的间隔,就是所谓的"系统/系统界面"。

水利工程建设系统是一个典型的开放系统。它具有环境适应性,能主动从外部世界取得必要的能量、物质和信息。在取得的过程中,不可能没有障碍和阻力。这种系统与环境之间的间隔,就是所谓的"系统/环境界面"。

项目监理机构的协调管理就是在人员/人员界面、系统/系统界面、系统/环境界面之间,对所有的活动及力量进行联结、联合、调和的工作。系统方法强调,要把系统作为一个整体来研究和处理,因为总体的作用规模要比各子系统的作用规模之和大。为了顺利实现建设工程系统目标,必须重视协调管理,发挥系统整体功能。在建设工程监理中,要保证项目的参与各方围绕建设工程开展工作,使项目目标顺利实现。组织协调最为重要,也最为困难,是监理工作的关键,只有积极地组织协调才能实现整个系统全面协调控制的目的。

二、项目系统协调

根据工程系统界面,从系统方法的角度看,项目监理机构协调的范围分为系统内部的协调和系统外部的协调。

（一）项目系统内部协调

项目系统内部协调主要包括项目系统内部人际关系的协调、项目系统内部组织关系的协调、项目系统内部需求关系的协调和建设各方之间关系的协调。

1. 项目系统内部人际关系的协调

工程建设项目系统是由人组成的工作体系。工作效率如何，很大程度上取决于人际关系的协调程度。监理工程师应首先抓好人际关系的协调工作。

（1）人员安排要量才录用。对各种人员，要根据每个人的专长进行安排，做到人尽其才。人员的搭配要注意能力和性格的互补，要少而精干。

（2）工作分工要职责分明。对组织内的每一个岗位，都应订立明确的目标和岗位责任，使管理职能不重不漏，做到事事有人管、人人有专责。

（3）效率评价要实事求是。每个人员都希望自己的工作出成绩，并得到组织肯定。但工作成绩的取得不仅需要主观努力，而且需要有一定的工作条件和相互配合，评价一个人的成绩应实事求是，以免无功自傲或有功受委屈，这样才能使每个人都热爱自己的工作，并对工作充满信心和希望。

（4）矛盾调解要恰到好处。人员之间的矛盾是难免的，一旦出现矛盾就应当进行调解。调解要注意工作方法，如果通过及时沟通、个别谈话和必要的批评还无法解决矛盾，则应采取必要的岗位变动措施。对上下级矛盾要区别对待，是上级的问题就做自我批评，是下级的问题就启发引导，对无原则的争论应当批评制止，这样才能使人们处于团结、和谐、热情的气氛中。

2. 项目系统内部组织关系的协调

项目系统内部组织关系的协调主要从以下几个方面入手：

（1）要在职能和分工的基础上设置组织机构。

（2）要明确规定每个机构的目标职责、权限，形成制度。

（3）要事先确定各个机构在工作中的相互关系，防止出现脱节等贻误工作的现象。

（4）建立信息沟通制度，如采用工作例会、业务碰头会、发会议纪要、计算机网络信息传递等方式来沟通信息，这样才能使局部了解全局，服从全局的需要。

（5）及时消除工作中的矛盾和冲突，解决矛盾的方法应根据具体情况而定。例如，配合不佳导致的矛盾和冲突，应从配合关系入手来消除；争功夺利导致的矛盾和冲突，应从考核评价标准入手来消除；奖罚不公导致的矛盾和冲突，应从明确奖罚制度入手来解决；过高要求导致的矛盾和冲突，应从领导的思想方法和工作方法入手来消除等。

3. 项目系统内部需求关系的协调

工程建设项目实施中有人员需求、材料需求、能源动力需求等，但资源是有限的，因此内部需求平衡至关重要。

内部需求关系的协调主要应抓好以下几个关键环节：

（1）抓计划环节，平衡人、财、物的需求。工程建设项目实施的不同阶段往往有不同的需求，同一工程的不同部位在同一时间往往有相同的需求。这不仅是供求平衡问题，而且是均衡配置问题，解决的关键在于计划。抓计划环节，要注意抓住期限上的及时性、规格上的明确性、数量上的准确性、质量上的规定性，这样才能体现计划的严肃性，发挥计划的作用。

（2）对建设力量的平衡，要抓住"瓶颈"环节。施工现场千变万化，有些项目的进度往往受到人力、材料、设备、技术、自然条件的限制或人为因素的影响而成为卡脖子的环节。这样"瓶颈"环节就会成为阻碍全局的拦路虎。一旦发生这样的"瓶颈"环节，就应通过资源、力量的调整，集中力量攻破"瓶颈"，为整个工程建设项目建设的均衡推进创造条件。抓关键、抓主要矛盾，网络计划技术关键路线法是一种有效的工具。

（3）对专业工种配合，要抓住调度环节。一个工程建设项目的施工，往往需要机械化施工、土建、机电安装等专业工种交替配合进行。交替有衔接问题，配合有步调问题，这些都需要抓好调度协调工作。

4. 建设各方之间关系的协调

建设项目各方的关系主要是指监理单位与业主单位、建设单位与施工单位、建设单位与设计单位、设计单位与施工单位、各施工单位之间的关系等。这些关系在合同签订和合同履行过程中，由于各方的理解、认识、做法的不同及外部环境的影响，会不可避免地产生误解、纠纷、施工干扰，甚至冲突。监理工程师应站在公正的立场上，本着实事求是的原则，认真细致地处理各种矛盾。

1）监理单位与业主单位关系的协调

监理实践证明，监理目标能否顺利实现与业主协调的好坏有很大的关系。我国长期的计划经济体制使得业主合同意识差、随意性大，主要体现在：一是沿袭计划经济时期的基建管理模式，搞"大统筹，小监理"，在一个建设工程上，业主的管理人员要比监理人员多或管理层次多，对监理工作干涉多，并插手监理人员应做的具体工作；二是不把合同中规定的权力交给监理单位，致使监理工程师有职无权，发挥不了作用；三是科学管理意识差，在建设工程目标确定上压工期、压造价，在建设工程实施过程中变更多或时效不按要求，给监理工作的质量、进度、投资控制带来困难。因此，与业主的协调是监理工作的重点和难点。监理工程师应从以下几方面加强与业主的协调：

（1）监理工程师首先要理解建设工程总目标，理解业主的意图。未能参加项目决策过程的监理工程师必须了解项目构思的基础、起因、出发点，否则可能对监理目标及完成任务有不完整的理解，这样会给其工作造成很大的困难。

（2）利用工作之便做好监理宣传工作，增进业主对监理工作的理解，特别是对建设工程管理各方职责及监理程序的理解；主动帮助业主处理建设工程中的事务性工作，以自己规范化、标准化、制度化的工作去影响和促进双方工作的协调一致。

（3）尊重业主，与业主一起投入建设工程全过程的管理，尽管有预定的控制目标，但建设工程实施必须执行业主的指令，使业主满意。对业主提出的某些不适当的要求，只要不属于原则性问题，都可先执行，然后利用适当时机，采用适当方式加以说明或解释；对于原则性的问题，可采用书面报告等方式说明原委，尽量避免发生误解，以使建设工程顺利实施。

2）建设单位与施工单位关系的协调

建设单位与施工单位对工程承包合同负有共同履约的责任，工作往来频繁，在往来中对一些具体问题产生某些意见的分歧是常有的事。在这个层次的协调中，由于工程进展各个阶段的不同，建设单位与施工单位的关系也不尽相同，协调工作随着工程进展阶段的变化而变化。

（1）招标阶段的协调。

中标后建设单位与施工单位的合同洽谈和签订，是协调的主要内容。首先，要对双方法人资格和履约能力进行复核。其次，合同中要明确双方的责、权、利，如建设单位要保证资金、材料、设计、建设场地，以及外部水、电、通信线路的"五落实"；施工单位要实行"五包"，即包工期、包质量、包单价或总价、包材料和包配套竣工。"五落实"未落实而影响"五包"或"五包"未按合同兑现，均应受到处罚。双方处罚条件应当平等。

（2）施工准备阶段的协调。

施工准备是顺利组织施工的先决条件。施工准备工作包括必要的劳动力、材料、机具、技术和场地准备。这些工作需要建设单位和施工单位双方协作，共同完成，为开工和顺利施工创造条件。

开工的条件是：有完整的施工图纸；有政府管理部门签发的施工许可证；资金和材料已落实，能按工程进度需要拨款、供料；施工组织计划已经批准；加工订货设备已经落实；施工条件已经基本落实，现场已"四通一平（水、电、路、电信通和场地平整）"。

建设单位和施工单位双方应有明确的约定和分工。对一些习惯性的做法和问题应事先沟通，以便协调行动。

（3）施工阶段的协调。

监理工程师对质量、进度和投资的控制都是通过承包商的工作来实现的，所以做好与承包商的协调工作是监理工程师组织协调工作的重要内容。

监理工程师在监理工作中应强调各方面利益的一致性和建设工程总目标；监理工程师应鼓励承包商将建设工程实施状况、实施结果和遇到的困难及意见向他汇报，以减少对目标控制可能的干扰。双方了解得越多、越深刻，监理工作中的对抗和争执就越少。

协调不仅是方法、技术问题，更多的是语言艺术、感情交流和用权适度问题，有时尽管协调意见是正确的，但由于方式或表达不妥，反而会激化矛盾。而高超的协调能力则往往能起到事半功倍的效果，令各方面都满意。

这个阶段的协调工作，包括解决进度、质量、中间计量和支付签证、合同纠纷等一系列问题，主要有下列协调问题：

① 与承包商项目经理关系的协调。从承包商项目经理及其工地工程师的角度来说，他们最希望监理工程师是公正、通情达理并容易理解别人的；希望从监理工程师处得到明确而不含糊的指示，并且能够对他们所询问的问题给予及时的答复；希望监理工程师的指示能够在他们工作之前发出。他们可能对本本主义及工作方法僵硬的监理工程师最为反感。这些心理现象，作为监理工程师来说，应该非常清楚。一个既懂得坚持原则，又善于理解承包商项目经理的意见、工作方法灵活、随时可能提出或愿意接受变通办法的监理工程师肯定是受欢迎的。

② 进度问题的协调。由于影响进度的因素错综复杂，因而进度问题的协调工作也十分复杂。实践证明，有两项协调工作很有效：一是业主和承包商双方共同商定一级网络计划，并由双方主要负责人签字，作为工程施工合同的附件；二是设立提前竣工奖，由监理工程师按一级网络计划节点考核，分期支付阶段工期奖，如果整个工程最终不能保证工期，由业主从工程款中将已付的阶段工期奖扣回并按合同规定予以罚款。

③ 质量问题的协调。在质量控制方面，应实行监理工程师质量签字认可制度。对没有出厂证明、不符合使用要求的原材料、设备和构件，不准使用；对工序交接实行报验签证；对不合格的工程部位，不予验收签字，也不予计算工程量，不予支付工程款。在建设工程实施过程中，设计变更或工程内容的增减是经常出现的，有些是合同签订时无法预料和明确规定的。对于这种变更，监理工程师要认真研究，合理计算价格，与有关方面充分协商，达成一致意见，并实

行监理工程师签证制度。

④ 对承包商违约行为的处理。在施工过程中,监理工程师对承包商的某些违约行为进行处理是一件应很慎重而又难免的事情。当发现承包商采用一种不适当的方法进行施工,或是用了不符合合同规定的材料时,监理工程师除应立即制止外,可能还要采取相应的处理措施。遇到这种情况,监理工程师应该考虑的是:自己的处理意见是否在监理权限以内;根据合同要求,自己应该怎么做等。在发现质量缺陷并需要采取措施时,监理工程师必须立即通知承包商。监理工程师要有时间期限的概念,否则承包商有权认为监理工程师对已完成的工程内容是满意或认可的。监理工程师最担心的可能是工程总进度和质量受到影响。有时,监理工程师会发现,承包商的项目经理或某个工地工程师不称职。此时明智的做法是继续观察一段时间,待掌握足够的证据时,总监理工程师可以正式向承包商发出警告。万不得已时,总监理工程师有权要求承包商撤换其项目经理或工地工程师。

⑤ 合同争议的协调。对合同纠纷,首先应协商解决,协商不成时再申请调解和仲裁。如合同约定由法院裁决时,应按照《中华人民共和国合同法》和《中华人民共和国民法通则》的有关规定向人民法院提起诉讼。若系国际工程,应按 FIDIC 施工合同执行;一般合同争议最好避免诉讼,尽量协商解决,避免伤害感情,贻误工作。只有当对方严重违约而使自己的利益受到重大损失而不能得到补偿时,才用诉讼手段保护自己的利益。如果遇到非常棘手的问题,不妨暂时搁置,等待时机,另谋良策。

⑥ 对分包单位的管理。这主要是对分包单位明确合同管理范围,分层次管理。将总包合同作为一个独立的合同单元进行投资、进度、质量控制和合同管理,不直接和分包合同发生关系。对分包合同中的工程质量、进度进行直接跟踪监控,通过总包商进行调控、纠偏。分包商在施工中发生的问题,由总包商负责协调处理,必要时,监理工程师帮助协调。当分包合同条款与总合同发生抵触,以总包合同条款为准。此外,分包合同不能解除总包商对总包合同所承担的任何责任和义务。分包合同发生的索赔问题,一般由总包商负责,涉及总包合同中业主义务和责任时,由总包商通过监理工程师向业主提出索赔,由监理工程师进行协调。

⑦ 处理好人际关系。在监理过程中,监理工程师处于一种十分特殊的位置。业主希望得到独立、专业的高质量服务,而承包商则希望监理单位能对合同条件有一个公正的解释,因此监理工程师必须善于处理各种人际关系,既要严格遵守职业道德,礼貌而坚决地拒收任何礼物以保证行为的公正性,也要利用各种机会增进与各方面人员的友谊和合作,以利于工程的进展,否则,便有可能引起业主或承包商对其可信赖度的怀疑。

(4) 交工验收阶段的协调。

建设单位在交工验收中可能提出这样那样的问题,施工单位应根据技术文件、合同、中间验收签证和验收规范作出详细解释,对不符合要求的工程采取补救措施,使其达到设计、合同、规范要求。

3) 建设单位与设计单位关系的协调

监理单位必须协调好设计单位的有关工作,以加快工程进度,确保质量,降低消耗。

(1) 真诚尊重设计单位的意见。例如,组织设计单位向承包商介绍工程概况、设计意图、技术要求、施工难点等,把标准过高、设计遗漏、图纸差错等问题解决在施工之前;施工阶段,严格按图施工;结构工程验收、专业工程验收、竣工验收等工作,约请设计代表参加;若发生质量事故,认真听取设计单位的处理意见等。

（2）施工中发现设计问题,应及时向设计单位提出,以免造成大的直接损失。当监理单位掌握比原设计更先进的新技术、新工艺、新材料、新结构、新设备时,可主动向设计单位推荐。为使设计单位有修改设计的余地而不影响施工进度,可与设计单位达成协议,限定一个期限,争取设计单位、承包商的理解和配合。

（3）注意信息传递的及时性和程序性。监理工程师联系设计单位申报表或设计变更通知单的传递,要按设计单位(经业主同意)—监理单位—承包商之间的程序进行。

这里要注意的是,在施工监理的条件下,监理单位与设计单位都受业主委托进行工作,两者之间并没有合同关系,所以监理单位主要是和设计单位做好交流工作,协调要靠业主的支持。设计单位应就其设计质量对建设单位负责,因此《中华人民共和国建筑法》指出:工程监理人员发现工程设计不符合建筑工程质量标准或者合同约定的质量要求的,应当报告建设单位,要求设计单位改正。建设单位与设计单位的协调,主要涉及设计进度、设计质量、工程概算、设计变更、设计标准、技术条件,以及新技术、新工艺、新材料的采用等方面。

4）设计单位与施工单位关系的协调

设计单位与施工单位之间的协调主要涉及设计交底、领会设计意图及设计与施工配合问题,如设计要方便施工、施工必须符合设计要求等。

5）施工单位之间关系的协调

施工单位之间关系的协调,包括总包单位与分包单位之间的协调,以及分别直接发包情况下各施工单位之间的协调。总包单位与分包单位之间的协调,主要由总包单位负责。各施工单位之间的协调,主要有施工协作配合、施工干扰、施工安全、工程进度、计划的统筹安排等事项。

（二）项目系统外部协调

参与项目建设的单位和部门,除作为建筑市场主体的建设、设计、施工、制造、供应和监理单位外,还有国家主管部门、各级地方政府、当地有关部门、金融机构、新闻媒体及其他社会团体。协调好项目系统外部的关系,争取各方面的支持,改善建设环境,对于实现项目目标具有十分重要的意义。

1. 与政府部门的协调

（1）工程质量监督站是由政府授权的工程质量监督的实施机构。对委托监理的工程,工程质量监督站主要核查勘察、设计、施工单位的资质和检查工程质量。监理单位在进行工程质量控制和质量问题处理时,要做好与工程质量监督站的交流和协调。

（2）对于重大质量事故,在承包商采取急救、补救措施的同时,应敦促承包商立即向政府有关部门报告情况,接受检查和处理。

（3）建设工程合同应送公证机关公证,并报政府建设管理部门备案;征地、拆迁、移民要争取政府有关部门支持和协作;现场消防设施的配置,宜请消防部门检查认可;要督促承包商在施工中注意防止环境污染,坚持做到文明施工。

2. 协调与社会团体的关系

一些大中型建设工程建成后,不仅会给业主带来效益,还会给该地区的经济发展带来好处,同时也会给当地人民生活带来方便,因此必然会引起社会各界的关注。业主和监理单位应把握机会,争取社会各界对建设工程的关心和支持。这是一种争取良好社会环境的协调。

（1）争取各级地方政府支持是改善建设环境的重要环节。征地、拆迁、移民安置是政策性很强、涉及千家万户的利益、实施起来比较困难的工作，只有争取各级地方政府的支持，充分发挥其作用，才能做好这项工作。同样，对外交通保障、大构件运输要求的桥梁加固、抗洪救灾、工地治安、建筑材料的调配供应等问题的妥善解决，都离不开地方政府的支持，都需要与地方政府做好协调工作。

（2）协调好与企融机构的关系。例如，与投资公司、银行保持良好关系，及时报告工程进展和资金使用情况，接受金融系统对建设资金的监督，按期归还建设贷款，建立良好的信誉，实事求是地反映资金供应上的困难，对于确保建设资金按时到位，都具有十分重要的意义。

（3）协调好与新闻媒体及其他社会团体的关系，争取新闻机构的支持，利用广播、报纸、电视等大众宣传媒介，宣传项目建设的意义、建设进度、取得的成绩、项目建设对地方经济发展的贡献等，有利于得到社会各界的支持，鼓舞建设者的士气，顺利实现建设目标。

第三节　协调的方法和方式

一、协调的方法

协调作为项目管理的一种重要职能，在项目建设中发挥着重要作用。采取合适的协调方法和艺术是协调富有成效、发挥作用的关键。在建设项目的实践中，不少建设单位和监理工程师对协调工作进行了有益的探索，逐步形成了条块结合、多层次、全方位、全过程的协调模式和经济调控、思想工作、行政干预相结合的协调方法。这里主要介绍以下三种方法。

（一）坚持以合同契约为依据，以经济调控为手段

承发包双方通过签署具有法律效力的经济合同，明确各自在建设项目中的责、权、利关系。因此，项目实施中的一些矛盾、干扰和协作配合问题，都必须以合同契约为依据，以经济调控为主要手段，通过平等协商，协调处理好各单位、各部门、各环节之间的关系，以维护合同双方的合法权益，确保项目目标的实现。

（二）坚持以政治工作为前提，以思想教育为手段

在社会主义市场经济条件下，虽然各方都带着自己的利益参加项目建设，但全面完成建设目标是各单位的共同目标。因此，在项目协调中，要坚持讲大局，兼顾国家、集体和个人三者利益的统一。从不同角度把各方的利益和项目建设的总目标结合起来，在履行经济合同的基础上，讲团结、强调协作和风格，把全体建设者的思想统一到建设项目的大局上来，一切以有利于建设项目为出发点判断、分析和解决问题。

（三）坚持以法律法规为保障，以行政干预为手段

在当前市场经济体制还不完备的情况下，完全依靠经济手段和做思想工作还难以协调所有问题，有些较大的关系调整和工作协作超出了建设、设计、施工及监理单位的权限或能力。在这种情况下，必须采用行政手段，依靠上级政府部门，给予必要的行政干预和协调帮助。进一步完善经济合同，理顺相互间的关系，促进各方面严格履行合同，保证项目建设快速、高效地完成。

在项目协调中，要将上述三种协调方法有机地结合起来，形成一套以经济调控为主体、思

想工作为先导、行政干预为补充的综合协调方法。

二、协调的方式

项目协调最常用的方式是召开协调会议和采用适当的协调方法。在工程建设项目的施工中,工地会议就成为项目协调的主要方式。

工地会议便于监理工程师对施工进度和质量的矛盾进行协调,同时方便各种信息在建设单位、施工单位之间传递,有利于工程的顺利进行。工地会议可以用来协调建设单位、监理工程师、施工单位之间的矛盾,也可以协调工程施工中的一些矛盾,使矛盾和问题及时得到解决,避免对工程建设项目三大目标产生影响。工地会议上,监理工程师对工程施工进度、质量、投资情况进行经常性的检查,通过对执行合同的情况和施工技术问题的讨论,及时发现问题,为监理工程师决策提供依据。工地会议还可以集思广益,对施工中出现的各种问题采取建设性的措施。因此,工地会议是监理工程师的一项重要工作。

(一)工地会议

1. 第一次工地会议

第一次工地会议是施工单位、监理工程师进入工地后的第一次会议,是建设单位、施工单位、监理工程师建立良好合作关系的一次机会。第一次工地会议的目的在于,监理工程师对工程开工前的各项准备工作进行全面检查,确保工程实施有一个良好的开端。第一次工地会议宜在正式开工前召开,并应尽早举行。会议由总监理工程师或其与建设单位的负责人联合主持,监理工程师应事先将会议议程及有关事项通知建设单位、施工单位和其他有关单位,必要时可以先召开一次预备会议,使参加会议的有关方面做好资料准备。在会议进行中,如果某些问题得不到解决,形不成一致意见,可以暂时休会,待条件具备时再行复会。

2. 第一次工地会议人员的组成

第一次工地会议,监理单位、建设单位、施工单位的授权代表必须出席会议,各方将要担任职务的项目负责人及指定的分包人参加会议。会议纪要由项目监理机构负责整理并经与会各方代表签认,由监理单位作为资料存档。

1) 介绍人员及组织机构

建设单位代表就其实施工程建设项目期间的职能机构、职责、范围及主要人员名单提出书面文件,并就有关细节进行说明。

总监理工程师向总监理工程师代表和专业监理工程师授权,并声明自己保留的权利,将授权书、组织机构图、职责范围和全体监理人员名单以书面形式提交施工单位及建设单位。

施工单位应将项目经理或工地代表授权书、主要人员名单、职能机构框图、职责范围及有关人员资质材料以书面形式提交监理工程师,以取得监理工程师的批准。监理工程师应在本次会议上进行审查并口头批准(或有保留地批准),会后正式予以书面确认。

2) 介绍施工进度计划

施工单位的施工进度计划应在中标通知发出后合同规定的时间内提交监理工程师。在第一次工地会议上,监理工程师就施工进度计划作出如下说明:施工进度计划可于何日批准或哪些分项已获得批准;根据批准或将要批准的施工进度计划,施工单位何日进行哪些施工,有无其他条件限制,有哪些重要的或复杂的分项工程还应单独编制进度计划提交批准。

3）施工单位介绍施工准备情况

施工单位应就施工准备情况按如下内容提出陈述报告，监理工程师应逐项予以澄清、检查和评述。

（1）主要施工人员，包括项目负责人、主要技术人员、主要机械操作人员，是否进场或将何日进场。

（2）用于工程的进口材料、机械、仪器和设备、设施是否进场或将何日进场，是否会对施工产生影响，并提交进场计划和清单。

（3）用于工程的本地材料来源是否落实，并提交进场计划和清单。

（4）施工驻地及临时工程建设进展情况如何，并提交施工驻地及临时工程建设计划和分布图。

（5）工地实验室、流动实验室及设备是否准备就绪，设备将于何日安装，并提交实验室布置图、流动实验室分布图及仪器设备清单。

（6）施工测量的基础资料是否已经落实并通过复核，施工测量是否进行或将何日完成，并应提供施工测量计划及有关资料。

（7）履约保函、动员预付款保函和各种保险是否已办理或将何日办理完毕，并提交有关已办理的手续副本。

（8）为监理工程师提供的住房、交通、通信、办公等设备和服务设施是否具备或将何日具备，并提交有关安排计划和清单。

（9）其他与开工条件有关的内容和事项。

4）建设单位说明开工条件

建设单位代表就工程占地、临时用地、临时道路、拆迁及其他开工条件有关的问题进行说明。监理工程师应根据批准或将要批准的施工进度计划的安排，对上述事项提出建议和要求。

5）明确施工监理例行程序

监理工程师应疏通与施工单位之间的联系渠道，明确工作例行程序并提出有关表格及说明，确定施工过程中的工地会议举行时间、地点及程序，以及其他有关的制度规定等。工作例行程序及相关表格、说明一般包括：质量控制的主要程序、表格及说明，进度控制的主要程序、图表及说明，投资控制的主要程序、表格及说明，工程计量程序、报表及说明，索赔的主要程序、报表及说明，工程变更的主要程序、图表及说明，工程质量事故及安全事故的报告程序、报表及说明，函件的往来传递交接程序、报表及说明。

（二）工地例会

1. 工地例会的重要性

工地例会也称例行现场会议，召开工地例会的主要目的是对在施工中发现的工程质量问题、工程进度延误及承包人提出工期延长或费用索赔的申请或与上述有关的一些重要事项进行讨论，并作出决定。

会议每周或每旬召开一次。工地例会必须先准备一个议程，目的是使有关方面尽早准备好会议所需的资料等，以便开会时不会有任何遗漏。工地例会由监理工程师主持，并将会议上讨论的事项和决议记录下来，分发给各方。会议记录经监理工程师及承包人认可，就成为正式记录，对双方均具有约束力，并可能成为解决延期索赔的重要证据。会议记录必须记录会议的地点及时间、参加者的姓名及其所代表的单位、会议的主持人、会议中发言者的姓名及发言的内容、讨论的事项及决议。

2. 参加工地例会人员

(1) 监理工程师。一般由监理工程师代表及其他有关的监理人员参加。

(2) 承包人。一般由承包人的项目经理及其他有关人员参加。

(3) 应邀的业主代表及有关人员。

(4) 根据会议内容的需要,可另外邀请其他人员参加。

3. 工地例会的议程

1) 检查上次会议决议的执行情况

出席会议的人员应汇报执行上次会议决议的情况,如哪项未执行或认为记录中有不正确或不清楚的问题,应对提出的问题进行讨论,必要时修改记录,否则应申明上次会议决议是正确的,已获得所有与会人员的同意。

2) 汇报进度情况

审阅所有进度情况的报告及主要工程细目,特别是处于关键线路上的工程进度。找出拖延进度的各种因素,提出解决的措施,定出下一阶段的进度计划。

3) 承包人的人员、材料和施工机械情况

(1) 现场人员是否正如承包人计划所列的那样,工程是否因某种管理人员不足而受到影响,专业技术人员中是否有技术不能胜任的现象,如果发现有不称职的人员,承包人建议如何处理。

(2) 工程材料是否已安排如期运送,是否采取措施保证到达工地的材料质量是合格的。

(3) 工地使用的施工机械是否与承包人填列的一样,工程是否受到任何机械不足的影响,机械的技术完好状况是否令人满意,保养及维修设施是否足够,易损配件是否储存充足,机械的利用率如何。

4) 技术和质量方面的问题

凡施工中已经出现的有关技术和质量问题,例如,工艺水平、工程缺陷、材料质量、放样误差、补充图纸等,都应分项列出,供会议研究讨论,并提出双方同意的解决方案。

5) 财务方面

计量支付是否及时,价格调整是否合理,期中支付是否按时收到,可根据各财务细目分别进行讨论,并作出决定。

6) 合同管理事项

合同管理事项包括以下方面:

(1) 现场的移交情况。

(2) 公用设施及附近的房地产主和使用者的干扰问题。

(3) 分包与转让问题。

(4) 工程变更问题。

(5) 工程意外问题。

(6) 暂时停工问题。

(7) 监理工程师和承包人在各层次之间的联系,以及有关要求工程的检验及证书的签发等事项。

(8) 其他有关合同管理事项。

7）延期与索赔要求

对承包人提出的延期和费用索赔问题，应作出详细记录，这些记录将作为以后处理索赔的重要资料。

（1）承包人有否打算提出延期或索赔的要求。

（2）承包人已经提交的延期与索赔情况。

会议最后应对以上议程中未提到但需讨论的问题进行讨论，并确定下次工地例会的地点及时间。

（三）现场协调会

在整个建设工程施工期间，应根据具体情况，不定期地召开不同层次的现场协调会。召开现场协调会的目的在于监理工程师对日常或经常性的施工活动进行检查、协调和落实，使监理工作和施工活动密切配合。会议由监理工程师主持，施工单位派代表出席，有关监理工程师及施工技术人员酌情参加。会议只对近期建设工程施工中的问题进行证实、协调和落实，对发现的施工质量问题及时予以纠正，对其他重大问题只提出而不进行讨论，另安排专门会议或在工地例会上进行研究处理。会议的主要内容包括：施工单位报告近期的施工活动，提出近期的施工计划安排，简要陈述发生或存在的问题；监理工程师就施工进度和施工质量予以简要评述，并根据施工单位提出的施工活动计划，安排监理工程师或监理人员进行旁站、巡视、平行检验、抽样试验、检测验收等监理工作，对执行施工合同有关的其他问题交换意见。

现场协调会以协调工作为主，讨论和证实有关问题，及时发现工程施工中存在的问题，一般对出现的问题不作出决议，重点对日常工作发出指令。监理工程师和施工单位通过现场协调会彼此交换意见、交流信息，促使监理工程师和施工单位双方保持良好的关系，以利于工程建设活动的开展。

三、其他协调方式

（一）交谈协调法

在实践中，并不是所有问题都需要开会来解决，有时可采用"交谈"这一方式，包括面对面的交谈和电话交谈两种形式。

无论是内部协调还是外部协调，这种方式使用频率都是相当高的。其原因在于：

（1）它是一条保持信息畅通的最好渠道。由于交谈本身没有合同效力及其方便性和及时性，故建设工程参与各方之间及监理机构内部都愿意采用这一方式。

（2）它是寻求协作和帮助的最好方式。在寻求别人帮助和协作时，往往要及时地了解对方的反应和意见，以便采取相应的对策。另外，相对于书面寻求协作，人们更难以拒绝面对面的请求。因此，采用交谈方式请求协作和帮助比采用书面方式实现的可能性要大。

（3）它是正确及时地发布工程指令的有效方式。在实践中，监理工程师一般都采用交谈方式先发布口头指令，这样，一方面可以使对方及时地执行指令，另一方面可以和对方进行交流，了解对方是否正确理解了指令，随后，再以书面形式加以确认。

（二）书面协调法

当会议或者交谈不方便或不需要，或者需要精确地表达自己的意见时，就会用到书面协调的方式。书面协调法的特点是具有合同效力，一般常用于以下几个方面：

（1）不需双方直接交流的书面报告、报表、指令和通知等。

（2）需要以书面形式向各方提供详细信息和情况通报的报告、信函及备忘录等。

（3）事后对会议记录、交谈内容或口头指令的书面确认。

（三）访问协调法

访问协调法主要用于外部协调中，有走访和邀访两种形式。走访是指监理工程师在建设工程施工前或施工过程中，对与工程施工有关的各政府部门、公共事业机构、新闻媒介或工程毗邻单位等进行访问，向他们解释工程的情况，了解他们的意见。邀访是指监理工程师邀请上述各单位（包括业主）代表到施工现场对工程进行指导性巡视，了解现场工作。因为在多数情况下，这些有关方面并不了解工程，不清楚现场的实际情况，如果进行一些不恰当的干预，会对工程产生不利影响。这个时候，采用访问协调法可能是一个相当有效的协调方式。

（四）情况介绍法

情况介绍法通常是与其他协调方式紧密结合在一起使用的。它可能是在一次会议前，或是在一次交谈前，或是在一次走访或邀访前向对方进行的情况介绍。其形式主要是口头的，有时也伴有书面的。介绍往往作为其他协调的引导，目的是使别人首先了解情况，因此，监理工程师应重视任何场合下的每一次介绍，要使别人能够理解你介绍的内容、问题和困难，以及你想得到的协助等。

总之，协调是一种管理艺术和技巧，监理工程师尤其是总监理工程师需要掌握领导科学、心理学、行为科学方面的知识和技能，如激励、交际、表扬和批评的艺术，以及开会的艺术、谈话的艺术、谈判的技巧等，只有这样，监理工程师才能进行有效的协调。

复习思考题

1. 简述工程建设项目组织协调的作用。
2. 简述项目系统内部协调的内容。
3. 简述项目系统外部协调的内容。
4. 简述协调的方法。
5. 什么是第一次工地会议？
6. 什么是工地例会？
7. 简述第一次工地会议的主要内容。
8. 简述例行现场会议的议程。

第十二章 工程验收与移交阶段的监理

第一节 工程验收概述

工程验收是在工程质量评定的基础上，依据一个既定的验收标准，采取一定的手段来检验工程产品的特性是否满足验收标准的过程；工程施工完成后都要经过验收。工程验收工作分为分部工程验收、阶段验收、单位工程验收、合同项目完工验收及竣工验收（包括初步验收）。

验收工作的主要内容如下：

（1）检查工程是否按照批准的设计进行建设。

（2）检查已完工程在设计、施工、设备制造安装等方面的质量，并对验收遗留问题提出处理要求。

（3）检查工程是否具备运行或进行下一阶段建设的条件。

（4）总结工程建设中的经验教训，并对工程作出评价。

（5）及时移交工程，尽早发挥投资效益。

工程验收的依据是：工程承建合同文件（包括其技术规范等）；经发包人或监理机构审核签发的设计文件（包括施工图纸、设计说明书、技术要求和设计变更文件等）；国家或行业现行设计、施工和验收的规程、规范，工程质量检验和工程质量等级评定标准，以及工程建设管理法律等有关文件。

分部工程验收、阶段验收、单位工程验收、合同项目完工验收和竣工验收一般均以前阶段签证为基础、相互衔接、不重复进行。对已签证部分，除有特殊要求需抽样复查的外，一般也不再复验。

工程进行验收时必须有如下质量评定意见：

（1）按照水利行业现行标准《水利水电工程施工质量检验与评定规程》（SL 176—2007）进行质量评定。

（2）阶段验收和单位工程验收应有水利水电工程质量监督单位的工程质量评价意见。

（3）竣工验收必须有水利水电工程质量监督单位的工程质量评定报告；竣工验收委员会在其基础上鉴定工程质量等级。

验收工作由验收委员会（组）负责，验收结论必须经 2/3 以上验收委员会成员同意。

验收过程中发现的问题，其处理原则由验收委员会（组）协商确定。主任委员（组长）对争议问题有裁决权。若有 1/2 以上的委员（组员）不同意裁决意见，则应报请验收主持单位或其上级主管部门决定。

验收委员会（组）成员必须在验收成果文件上签字。验收委员（组员）的保留意见应在验收鉴定书或签证中明确记载。

工程验收的遗留问题,各有关单位应按验收委员会(组)所提要求,负责监督处理完毕。

工程项目中的建设征地补偿及移民安置可按国家有关规定单独组织验收,并由验收主持单位提前向该工程验收委员会(组)提交建设征地补偿和移民安置验收工作报告,没有提交建设征地补偿和移民安置验收工作报告的,不予竣工验收。

资料准备由项目法人负责统一组织,有关单位应按项目法人的要求及时完成。

一、分部工程验收

分部工程是指在一个建筑物内组合发挥一种功能的建筑安装工程,是组成单位工程的各个部分。单元工程是指分部工程中由几个工种施工的最小综合体,是日常质量考核的基本单位。

分部工程划分原则如下:

(1) 枢纽工程的土建工程按设计的主要组成部分划分分部工程;渠道工程和堤防工程依据设计及施工部署划分分部工程;金属结构、启闭机及机电设备安装工程根据《水利水电工程单元工程施工质量验收评定标准——水工金属结构安装工程》(SL 635—2012)划分分部工程。

(2) 同一单位工程中,同类型的各个分部工程的工程量不宜相差太大,不同类型的各个分部工程投资不宜相差太大(相差不超过50%)。

(3) 每个单位工程的分部工程数目不宜少于5个。

分部工程验收应具备的条件是,该分部工程的所有单元工程已经完建且质量全部合格。

分部工程验收由验收工作组负责,分部工程验收工作组由项目法人或监理主持,设计、施工、运行管理单位有关专业技术人员参加,每个单位以不超过2人为宜。

分部工程验收的主要工作是:鉴定工程是否达到设计标准;按现行国家或行业技术标准,评定工程质量等级;对验收遗留问题提出处理意见。

分部工程验收的图纸、资料和成果是竣工验收资料的组成部分,必须按竣工验收标准准备。

分部工程验收的成果是分部工程验收签证。签证原件不少于4份,暂由项目法人保存,待竣工验收后,分送有关单位。

二、阶段验收

根据工程建设需要,当水利工程建设达到一定关键阶段(如基础处理完毕、截流、水库蓄水、机组启动、输水工程通水等)时,组织阶段验收是由水利工程的特殊性所决定的。

阶段验收由竣工验收主持单位或其委托单位主持。阶段验收委员会由项目法人、设计、施工、监理、质量监督、运行管理、有关上级主管单位等组成,必要时应邀请地方政府及有关部门参加。

阶段验收的主要工作是:检查已完工程的质量和形象面貌。检查在建工程建设情况。检查待建工程的计划安排和主要技术措施落实情况,以及是否具备施工条件。检查拟投入使用工程是否具备运用条件,对验收遗留问题提出处理要求。

阶段验收的成果是阶段验收鉴定书。自鉴定书通过之日起14天内,由验收主持单位行文发送有关单位。阶段验收鉴定书原件不少于5份,由项目法人保存,待竣工验收后,分送有关单位。

三、单位工程验收

单位工程是指具有独立发挥作用或独立施工条件的建筑物。单位工程按设计及施工部署划分：

枢纽工程，以每座独立的建筑物为一个单位工程。工程规模大时，也可以将一个建筑物中具有独立施工条件的一部分划分为一个单位工程。

渠道工程，按渠道级别(干、支渠)以建设期或工程建设期、段划分，段的渠道工程为一个单位工程，大型渠道建筑物也可以每座独立的建筑物为一个单位工程。

堤防工程，依据设计及施工部署，以堤身、堤岸防护、交叉连接建筑物分别列为单位工程。

单位工程验收分投入使用验收和完工验收。

(一)单位工程投入使用验收

在竣工验收前已经建成并能够发挥效益，需要提前投入使用的单位工程，在投入使用前应进行投入使用验收。

1. 投入使用验收应具备的条件

(1) 已按批准设计文件规定的内容全部建成。

(2) 工程投入使用后，不影响其他工程正常施工，且其他工程施工不影响该单位工程安全运行(或防护措施已落实)。

(3) 运行管理条件已初步具备。

(4) 少量尾工已妥善安排。

(5) 需移交运行管理单位时，项目法人与运行管理单位已签单位工程提前启用协议书。

2. 投入使用验收的主要工作

(1) 检查工程是否已按批准设计完建。

(2) 进行工程质量鉴定并对工程缺陷提出处理要求。

(3) 检查工程是否已具备安全运行条件。

(4) 对验收遗留问题提出处理要求。

(5) 主持单位工程移交。

投入使用验收由竣工验收主持单位或其委托单位主持，验收委员会由项目法人、设计、施工、监理、质量监督、运行管理及有关上级主管单位等组成，每个单位参与人员以2～3人为宜。必要时应邀请地方政府及有关部门参加验收委员会。

按照《水利水电工程施工质量检验与评定规程》(SL 176—2007)，工程项目可划分为数个单位工程。在竣工验收前，当其中某个单位工程已经完成并需要投入使用时，对该单位工程来说相当于竣工验收，但对工程项目整体而言为部分验收。因而，单位工程投入使用验收，由竣工主持单位或其委托单位主持，验收组织和验收程序均参照竣工验收有关规定执行。一般来说，占工程概算投资主要部分或产生主要工程效益的单位工程验收由竣工验收主持单位主持，其他单位工程可以委托其他单位主持验收。

投入使用验收的成果是单位工程验收鉴定书。自鉴定书通过之日起28天内，由验收主持单位行文发送有关单位。

单位工程验收鉴定书原件不少于6份，除竣工验收主持单位和运行管理单位及施工单位各 1 份外,其余暂由项目法人保存,待竣工验收后,分送有关单位。

(二)单位工程完工验收

单位工程完工验收是按项目划分所划定的单位工程,不需要提前投入使用,在工程完成后进行的完工验收。单位工程完工验收应具备的条件是所有分部工程已经完建并验收合格。

单位工程完工验收由项目法人主持,验收委员会由监理、设计、施工、运行管理单位等的专业技术人员组成,每个单位参与人员一般以 2~3 人为宜。单位工程完工验收的成果是单位工程完工验收鉴定书。鉴定书原件不少于 5 份,暂由项目法人保存,待竣工验收后,分送有关单位。

单位工程完工验收的主要工作如下:

(1)检查工程是否按批准设计完成。

(2)检查工程质量,评定质量等级,对工程缺陷提出处理要求。

(3)对验收遗留问题提出处理要求。

(4)按照合同规定,施工单位向项目法人移交工程。

四、合同项目完工验收

在承包人按施工合同约定或监理指示完成所有施工工作,并具备完工验收条件后,由发包人主持,监理、设计、施工、运行管理、监督等有关单位的专业技术人员组成验收委员会,组织合同项目完工验收,并在通过工程完工验收后限期向项目法人办理工程项目移交手续。

1. 合同工程完工验收应具备的条件

(1)工程已按合同规定和设计文件要求完建。

(2)单位工程及阶段验收合格。以前验收中的遗留问题已基本处理完毕并符合合同文件规定和设计文件的要求。

(3)各项独立运行或运用的工程已具备运行或运用条件,能正常运行或运用,并已通过设计条件的检验。

(4)完工验收要求的报告、资料已经整理就绪,并经监理机构预审预验通过。

2. 完工验收委员会的主要工作

(1)听取承建单位、设计单位、监理单位及其他有关单位的工作报告。

(2)对工程是否满足工程承建合同文件规定和设计要求作出全面的评价。

(3)对合同工程质量等级作出评定。

(4)确定工程能否正式移交、投产、运用和运行。

(5)确定尾工项目清单、合同完工期限和缺陷责任期。

(6)讨论并通过合同工程完工验收鉴定书。

工程通过完工验收后,监理机构还应督促承建单位根据工程承建合同文件及国家、部门工程建设管理法规和验收规程的规定,及时整理其他各项必须报送的工程文件等,以及应保留或拆除的临建工程项目清单等资料,并按项目法人或监理机构的要求,及时地向项目法人移交。

五、竣工验收

工程项目竣工验收是工程建设的一个主要阶段,是工程建设的最后一个程序,是全面检验工程建设是否符合设计要求和施工质量的重要环节,也便于检查承包合同执行情况,促进建设项目及时投产和交付使用,发挥投资效果,同时,通过竣工验收,总结建设经验,全面考核建设成果,为今后的建设工作积累经验。它是建设投资效果转入生产和使用的标志,也是监理工程师的一项重要工作。

(一) 初步验收

根据国家计委《建设项目(工程)竣工验收办法》(计建〔1990〕1215号)(以下简称《竣工验收办法》)的规定,结合大中型水利水电工程的特点,在项目竣工验收前应进行初步验收,这样可以减少竣工验收工作时间,防止因时间仓促造成竣工验收时对有些问题查验不清、不透。初步验收一般是技术性的验收,验收人员主要是有关技术专家,验收的主要内容也是以技术方面为主。考虑到一些工程相对简单,重要问题已在历次验收中解决,为提高效率,竣工验收主持单位可根据具体情况决定是否进行初步验收。

1. 初步验收应具备的条件

(1) 工程主要建设内容已按批准设计全部完成。

(2) 工程投资已到位,并具备财务决算条件。

(3) 有关验收报告已准备就绪。

初步验收由初步验收工作组负责。初步验收工作组由项目法人主持,由设计单位、施工单位、监理单位、质量监督单位、运行管理单位及有关上级主管单位代表及有关专家组成。

项目法人应在初步验收会14天前将相关资料(详见第十二章第四节表12-1)送达验收工作组成员单位各1套。

2. 初步验收的主要工作

(1) 审查有关单位的工作报告。

(2) 检查工程建设情况,鉴定工程质量。

(3) 检查历次验收中的遗留问题和已投入使用单位工程在运行中所发现问题的处理情况。

(4) 确定尾工内容清单、完成期限和责任单位等。

(5) 对重大技术问题作出评价。

(6) 检查工程档案资料的准备情况。

(7) 根据专业技术组的要求,对工程质量做必要的抽检。

(8) 提出竣工验收的建议日期。

(9) 起草竣工验收鉴定书初稿。

3. 初步验收会工作程序

(1) 召开预备会,确定初步验收工作组成员,成立初步验收各专业技术组。

专业技术组的工作是初步验收最基础和最重要的工作。所以应根据工程特点成立必要的各专业技术组,人员主要是各专业技术人员;另外要给专业技术组以充足的时间来检查工程和研究问题的处理。

(2) 召开大会。

① 宣布验收会议程。

② 宣布初步验收工作组和各专业技术组成员名单。

③ 听取项目法人、设计、施工、监理、建设征地补偿及移民安置、质量监督等单位的工作报告。

④ 查看工程声像、文字资料。

（3）分专业技术组检查工程，讨论并形成各专业技术组工作报告。

（4）召开初步验收工作组会议，听取各专业技术组工作报告。讨论并形成初步验收工作报告，讨论并修改竣工验收鉴定书初稿。

（5）召开大会。

① 宣读初步验收工作报告。

② 验收工作组成员在初步验收工作报告上签字。

初步验收的成果是初步验收工作报告，自报告通过之日起 14 天内，由项目法人行文发送有关单位。

初步验收工作报告原件的份数应满足项目法人、设计、施工、运行管理、监理等单位各 1 份的需要，暂由项目法人保存，待竣工验收后，分送各有关单位。

（二）竣工验收

工程在投入使用前必须通过竣工验收。竣工验收应在全部工程完建后 3 个月内进行。进行验收确有困难的，经工程验收主持单位同意，可以适当延长期限。

1. 竣工验收应具备的条件

（1）工程已按批准设计规定的内容全部建成。

（2）各单位工程能正常运行。

（3）历次验收所发现的问题已基本处理完毕。

（4）归档资料符合工程档案资料管理的有关规定。

（5）工程建设征地补偿及移民安置等问题已基本处理完毕，工程主要建筑物安全保护范围内的迁建和工程管理土地征用已经完成。

（6）工程投资已经全部到位。

（7）竣工决算已经完成并通过竣工审计。

虽然以上规定的条件尚未完全具备，但属下列情况者仍可进行竣工验收：

（1）个别单位工程尚未建成，但不影响主体工程正常运行和效益发挥。验收时应给该单位工程留足投资，并作出完建的安排。

（2）由于特殊原因致使少量尾工不能完成，但不影响工程正常安全运用。验收时应对尾工进行审核，责成有关单位限期完成。

2. 竣工验收主持单位确定的原则

竣工验收主持单位，应按以下原则确定：

（1）中央投资和管理的项目，由水利部或水利部授权流域机构主持。

（2）中央投资、地方管理的项目，由水利部或流域机构与地方政府或省一级水行政主管部门共同主持，原则上由水利部或流域机构代表担任验收委员会主任委员。

（3）中央和地方合资建设的项目，由水利部或流域机构主持。

（4）地方投资和管理的项目由地方政府或水行政主管部门主持。

（5）地方与地方合资建设的项目，由合资方各方共同主持。原则上由投资方代表担任验收委员会主任委员。

（6）多种渠道集资兴建的甲类项目由当地水行政主管部门主持；乙类项目由主要出资水行政主管部门派员参加。大型项目的验收主持单位要报省级水行政主管部门批准。

（7）国家重点工程按国家有关规定执行。

竣工验收工作由竣工验收委员会负责。竣工验收委员会设主任委员 1 名（由主持单位代表担任），副主任委员若干名。竣工验收委员会由主持单位、地方政府、水行政主管部门、银行（贷款项目）、环境保护、质量监督、投资方等单位代表和有关专家组成。

工程项目法人、设计、施工、监理、运行管理单位作为被验收单位不参加验收委员会，但应列席验收委员会会议，负责解答验收委员的质疑。

项目法人应提前 28 天将竣工验收申请报告送达验收主持单位，并应在竣工验收会 14 天前将相关资料（详见第十二章第四节表 12-1）送达验收委员会成员单位各 1 套。

验收主持单位在接到项目法人竣工验收申请报告后，应同有关单位进行协商，拟定验收时间、地点及验收委员会组成单位等有关事宜，批复验收申请报告。

3. 竣工验收的主要工作

（1）审查项目法人的工程建设管理工作报告和初步验收工作组的初步验收工作报告。

（2）检查工程建设和运行情况。

（3）协调处理有关问题。

（4）讨论并通过竣工验收鉴定书。

4. 竣工验收会的一般工作程序

（1）召开预备会，听取项目法人有关验收会准备情况汇报，确定竣工验收委员会成员名单。

（2）召开大会。

① 宣布验收会议程。

② 宣布竣工验收委员会委员名单。

③ 听取项目法人的工程建设管理工作报告。

④ 听取初步验收工作组的初步验收工作报告。

⑤ 查看工程声像、文字资料。

（3）检查工程。

（4）召开验收委员会会议。

（5）召开大会。

协调处理有关问题，讨论并通过竣工验收鉴定书。

① 宣读竣工验收鉴定书。

② 竣工验收委员会委员在竣工验收鉴定书上签字。

③ 被验收单位代表在竣工验收鉴定书上签字。经验收主持单位同意未进行初步验收的建设项目，竣工验收应结合初步验收工作的有关规定同时进行。

如果在验收过程中发现重大问题，验收委员会可采取停止验收移交或部分验收等措施，并及时报上级主管部门。

竣工验收的成果是竣工验收鉴定书。竣工验收鉴定书是工程移交的依据。自鉴定书通过之日起 28 天内，由验收主持单位行文发送有关单位。

竣工验收鉴定书原件的份数应满足验收主持单位,以及项目法人、设计单位、运行管理单位、监理单位等各 1 份的需要。

竣工验收遗留问题,由竣工验收委员会责成有关单位妥善处理,并检查遗留问题的处理。项目法人应负责督促及时将处理结果报告竣工验收主持单位。

第二节　工程验收阶段的监理工作

一、工程验收阶段监理工作的主要职责

监理机构应按照国家和水利部的有关规定做好各时段工程验收的监理工作,其主要职责如下:

(1)协助发包人制订各时段验收工作计划。

(2)编写各时段工程验收的监理工作报告,整理监理机构应提交和提供的验收资料。

(3)参加或受发包人委托主持分部工程验收,参加阶段验收、单位工程验收、竣工验收。

(4)督促承包人提交验收报告和相关资料,并协助发包人进行审核。

(5)督促承包人按照验收鉴定书中对遗留问题提出的处理意见完成处理工作。

(6)验收通过后及时签发工程移交证书。

二、工程验收各阶段监理机构的主要工作

(一)分部工程验收

(1)在承包人提出验收申请后,监理机构应组织检查分部工程的完成情况并审核提交的分部工程验收资料。监理机构应指示承包人对提供的资料中存在的问题进行补充、修正。

(2)监理机构应在分部工程的所有单元工程已经完建且质量全部合格、资料齐全时提请发包人及时进行分部工程验收。

(3)监理机构应参加或受发包人委托主持分部工程验收工作,并在验收前准备应由其提交的验收资料和提供的验收备查资料。

(4)分部工程验收通过后,监理机构应签署或协助发包人签署分部工程验收签证,并督促承包人按照分部工程验收签证中提出的遗留问题及时进行完善和处理。

(二)阶段验收

(1)监理机构应在工程建设进展到基础处理完毕、截流、水库蓄水、机组启动、输水及堤防工程汛前,以及除险加固工程过水等关键阶段之前,提请发包人进行阶段验收的准备工作。

(2)如需进行技术性初步验收,监理机构应参加并在验收时提交和提供阶段验收监理工作报告和相关资料。

(3)在初步验收前,监理机构应督促承包人按时提交阶段验收施工管理工作报告和相关资料,并进行审核,指示承包人对报告和资料中存在的问题进行补充、修正。

(4)根据初步验收中提出的遗留问题处理意见,监理机构应督促承包人及时进行处理,以满足验收的要求。

(三)单位工程验收

(1)监理机构应参加单位工程验收工作,并在验收前按规定提交和提供单位工程验收监

理工作报告和相关资料。

（2）在单位工程验收前，监理机构应督促承包人提交单位工程验收施工管理工作报告和相关资料，并进行审核，指示承包人对报告和资料中存在的问题进行补充、修正。

（3）在单位工程验收前，监理机构应协助发包人检查单位工程验收应具备的条件。检验分部工程验收中提出的遗留问题的处理情况，并参加单位工程质量评定。

（4）对于投入使用的单位工程，在验收前，监理机构应审核承包人因验收前无法完成，但不影响工程投入使用而编制的尾工项目清单，以及已完工程存在的质量缺陷项目清单及其延期完工、修复期限和相应的施工措施计划。

（5）督促承包人提交针对验收中提出的遗留问题的处理方案和实施计划，并进行审批。

（6）投入使用的单位工程验收通过后，监理机构应签发工程移交证书。

（四）合同项目完工验收

（1）当承包人按施工合同约定或监理指示完成所有施工工作时，监理机构应及时提请发包人组织合同项目完工验收。

（2）监理机构应在合同项目完工验收前，按规定整编资料，提交合同项目完工验收监理工作报告。

（3）监理机构应在合同项目完工验收前，检验前述验收后尾工项目的实施和质量缺陷的修补情况；审核拟在保修期实施的尾工项目清单；督促承包人按有关规定和施工合同约定汇总、整编全部合同项目的归档资料，并进行审核。

（4）督促承包人提交针对已完工程中存在质量缺陷和遗留问题的处理方案和实施计划，并进行审批。

（5）验收通过后，监理机构应按合同约定签发合同项目工程移交证书。

（五）竣工验收

（1）监理机构应参加工程项目竣工验收前的初步验收工作。

（2）作为被验收单位参加工程项目竣工验收，对验收委员会提出的问题作出解释。

第三节　保修期的监理工作

一、保修期的起算、延长和终止

（1）监理机构应按有关规定和施工合同约定，在工程移交证书中注明保修期的起算日期。

（2）若保修期满后仍存在施工期的施工质量缺陷未修复或有施工合同约定的其他事项，则监理机构应在征得发包人同意后，作出相关的工程项目保修期延长的决定。

（3）保修期或保修期延长期满，承包人提出保修期终止申请后，监理机构在检查承包人已经按照施工合同约定完成全部工作，且经检验合格后，应及时办理工程项目保修终止事宜。

二、保修期监理的主要工作

建筑物完建后未通过完工验收正式移交发包人以前，监理机构应督促承包人负责管理和维护。对通过单位工程和阶段验收的工程项目，承包人仍然具有维护、照管、保修等合同责任，直至完工验收。在合同工程项目通过工程完工验收后,及时通知、办理并签发工程项目移交证书。工程项目移交证书颁发之后,管理工程的责任由发包人承担。

保修期监理的主要工作内容如下:

(1) 对尾工项目实施监理,并为此办理支付签证。

(2) 监督承包人对已完建设工程项目中所存在的施工质量缺陷进行处理。若该质量缺陷是由发包人的使用或管理不周造成,则监理机构应受理承包人提出的追加费用支付申请。在承包人未能执行监理工程师的指示或未能在合理时间内完成工作时,监理机构可建议发包人雇佣他人完成质量缺陷修复工作,并协助发包人处理由此所发生的费用。

(3) 协助发包人检查验收尾工项目,督促承包人按施工合同约定的时间和内容向发包人移交整编好的工程资料。

(4) 签发工程款最终支付凭证。

(5) 签发工程项目保修期终止证书。

(6) 若保修期满后仍存在施工期施工质量缺陷未修复,监理机构应继续指示承包人完成修复工作,并待修复工作完成且经检验合格后,再颁发项目工程保修期终止证书。

(7) 保修期间监理机构应适时予以调整,除保留必要的人员和设施外,其他人员和设施可撤离,或将设施移交发包人。

第四节　验收资料归档及监理档案资料管理

一、建立档案资料管理制度

监理机构应在合同工程项目开工前,建立档案资料管理制度(包括归档范围、要求,以及档案资料的收集、整编、查阅、复制、利用、移交和保密等各项内容),指定专人随工程施工和监理工作进展,及时做好监理资料的收集、整理和管理工作。

总监理工程师应定期对监理档案资料管理工作进行检查,督促承包人按合同规定做好工程档案资料管理工作。

监理机构应按国家、省或有关部门颁布的关于工程档案管理的规定,以及发包人要求和监理合同文件规定,做好包括合同文本文件、发包人指示文件、施工文件、设计文件和监理文件等必须归档的档案资料的分类建档和管理。监理工程师在验收承包人的档案时,应重点检查承包人的自检表格和报告的格式、签章、代码是否规范。

1. 验收应提供的资料

验收应提供的资料如表 12-1 所示。

表 12-1　验收应提供的资料

序号	资料名称	分部工程验收	阶段验收	单位工程完工验收	投入使用验收	竣工验收		提供单位
						初步验收	竣工验收	
1	工程建设管理工作报告		√	√	√	√	√	项目法人
2	工程建设大事记			√	√	√	√	项目法人

续表

序号	资料名称	分部工程验收	阶段验收	单位工程完工验收	投入使用验收	竣工验收 初步验收	竣工验收 竣工验收	提供单位
3	拟验工程清单、未完工程清单、未完工程的建设安排及完成工期存在的问题和解决建议	√	√	√	√		√	项目法人
4	初步验收工作报告						√	项目法人
5	验收鉴定书（草稿）						√	项目法人
6	工程运用和度汛方案	√	√	√	√		√	项目法人和设计、施工单位共同研究后,由项目法人汇总提供
7	工程监理工作报告	√	√	√	√		√	监理单位
8	工程设计工作报告	√	√	√	√		√	设计单位
9	水利水电工程质量评定报告	*	*	*	*		√	质量监督部门
10	工程施工管理工作报告	√	√	√	√		√	施工单位
11	重大技术问题专题报告	√	√	√	√		√	项目法人
12	工程运行管理准备工作报告				√		√	管理单位、施工单位
13	工程建设征地补偿及移民安置工作报告	√	√	√	√		√	承担工作的地方政府或指定的单位
14	工程档案资料自检报告					√	√	项目法人

注:符号"√"表示"应提供",符号"＊"表示"宜提供"。

2. 验收应准备的备查资料

验收应准备的备查资料如表 12-2 所示。

表 12-2　验收应准备的备查资料目录

序号	资料名称	分部工程验收	阶段验收	单位工程完工验收	投入使用验收	竣工验收 初步验收	竣工验收 竣工验收	提供单位
1	科研报告及有关单位批文		√	√	√	√	√	项目法人
2	地质、勘察、水文、气象等设计基础资料		√	√	√	√		设计单位
3	初步设计及批复、其他设计文件		√	√	√	√	√	设计单位
4	工程建设中的咨询报告		√	√	√	√	√	项目法人
5	工程招标文件		√	√	√	√	√	项目法人
6	承发包合同及协议书(包括设计、施工、监理等)		√	√	√	√	√	项目法人

续表

序号	资料名称	分部工程验收	阶段验收	单位工程完工验收	投入使用验收	竣工验收		提供单位
						初步验收	竣工验收	
7	征用土地批文及附件			√	√	√	√	项目法人
8	单元工程质量评定资料	√	√	√	√	√	√	施工单位
9	分部工程质量评定资料		√	√	√	√	√	项目法人
10	单位工程质量评定资料					√	√	项目法人
11	工程建设有关会议记录、记载重大事件的声像资料及文字说明	√	√	√	√	√	√	项目法人
12	工程监理资料	√	√	√	√	√	√	监理单位
13	工程运用及调度方案		√	√	√	√	√	设计单位
14	施工图纸、设计变更、施工技术说明	√	√	√	√	√	√	设计单位
15	竣工图纸		√	√	√	√	√	施工单位
16	重大事故处理记录	√	√	√	√	√	√	施工单位
17	设备产品出厂资料、图纸说明书,测绘验收,安装调试、性能鉴定及试运行等资料	√	√	√	√		√	施工单位
18	各种原材料、构件质量鉴定,检查检测试验资料	√	√	√	√	√	√	施工单位
19	征地补偿和移民安置资料		√	√	√	√	√	承担工作的地方政府或指定的单位
20	竣工决算报告及有关资料						√	项目法人
21	竣工审计资料					√	√	项目法人
22	其他有关资料(项目划分、监理规划、监督协议书)	√	√	√	√	√	√	有关单位

二、工程监理资料主要归档内容

(1) 监理规划及监理实施细则。
(2) 分包单位资格报审表。
(3) 进场通知。
(4) 合同项目开工申请单。
(5) 合同项目开工令。
(6) 施工进度计划申报表。
(7) 施工进场设备报验单。
(8) 施工组织及人员计划。
(9) 工程项目负责人申报表。

（10）施工质检员资质认证申报表。

（11）施工测量成果报审单。

（12）工程变更通知。

（13）监理通知。

（14）质量事故处理资料。

（15）会议纪要。

（16）监理日志、监理大事记。

（17）监理月报。

（18）施工设计图纸核查意见单。

（19）资金流动计划申报表。

（20）其他相关表单。

三、工程监理工作报告的主要内容

在进行监理范围内各类工程验收时，监理机构应按规定提交相应的监理工作报告。

（1）验收工程概况，包括工程特性、合同目标、工程项目组成等。

（2）监理规划，包括监理制度的建立、组织机构的设置与主要工作人员、检测采用的方法和主要设备等。

（3）监理过程，包括监理合同履行情况和监理过程情况。

（4）监理效果。

① 质量控制监理工作成效及综合评价。

② 投资控制监理工作成效及综合评价。

③ 进度控制监理工作成效及综合评价。

④ 施工安全与环境保护监理工作成效及综合评价。

⑤ 经验与建议。

⑥ 其他需要说明或报告的事项等。

⑦ 其他应提交的资料和说明事项等。

（5）附件，包括监理机构的设置与主要工作人员情况表、工程监理大事记。

四、工程监理工作总结报告的主要内容

监理工作结束后监理机构应在以前各类监理报告的基础上编制全面反映所监理项目情况的监理工作总结报告。监理工作总结报告应在结清监理费用后 56 天内发出。

（1）监理工程项目概况，包括工程特性、合同目标、工程项目组成等。

（2）监理工作综述，包括：监理机构设置与主要工作人员，监理工作的内容、程序、方法、监理设备情况等。

（3）监理规划执行、修订情况的总结评价。

（4）监理合同履行情况和监理过程情况简述。

（5）对质量控制的监理工作成效进行综合评价。

（6）对投资控制的监理工作成效进行综合评价。

（7）对进度控制的监理工作成效进行综合评价。

（8）对施工安全与环境保护监理工作成效进行综合评价。

（9）经验与建议。

（10）工程监理大事记。

（11）其他需要说明或报告的事项。

（12）其他应提交的资料和说明事项等。

五、监理档案的验收、移交和管理

（1）由监理部总监理工程师负责组织监理资料的归档整理工作，并负责审核、签字验收。

（2）由总监理工程师负责将监理档案资料按发包人要求规定，在委托监理的合同工程项目完成或监理服务期满后向发包人移交。

六、向监理单位上交的主要档案资料

（1）监理合同。

（2）监理规划及实施细则。

（3）监理月报及考勤表。

（4）工程监理工作报告。

（5）监理业务考核手册。

（6）监理相关的其他内容。

七、监理单位档案组卷的方法

（1）以单位工程，按归档的内容进行组卷。

（2）组卷文件应按专业和形成资料的时间排序编写卷内目录。

（3）档案的规格、图纸的折叠与装订执行国家或地方标准。

（4）送交总监理工程师审阅，并与档案管理员办理交接手续。

复习思考题

1. 水利水电工程验收一般分几个阶段？

2. 单位工程投入使用验收应具备的条件？

3. 竣工验收的作用是什么？

4. 竣工验收有哪些主要工作和程序？

5. 试述合同项目完工验收阶段监理工作的主要内容。

6. 试述工程验收阶段监理工作的主要职责。

7. 保修期监理工程师有哪些主要工作？

8. 试述工程监理资料的主要归档内容。

附录 A　水利工程监理文件实例

A1　监理规划实例——某水利工程监理规划

1　工程说明

1.1　工程概况

某大堤除险加固工程,加固实际堤长约 55.799 km,其中加固与重建穿堤建筑物 6 座。通过本次工程加固,提高该段大堤的防洪能力,减轻防汛压力,配合其他工程措施,使堤圈内广大平原的农田、村庄、大型煤矿、京沪铁路、合徐高速公路等能安全防御 1954 年洪水,结合临淮岗洪水控制工程和怀洪新河等分洪工程,使大堤的防洪标准达到百年一遇。

堤防工程主要工程量为:本工程主要有堤防加固工程、穿堤建筑物等,总土方填筑量为 175 万立方米,总混凝土浇筑工程量为 4.77 万立方米,黏土灌浆总进尺为 54.03 万米,水泥土截渗墙工程量为 4.5 万立方米,砌块砌筑 1.35 万立方米。

受季风影响,本地区风向多变。冬季多偏北风,夏季多偏南风,春、秋季多东风、东北风。年平均风速为 3.4 m/s,最大月平均风速为 4.2 m/s(4 月),最小月平均风速为 2.9 m/s(9 月),平均风力为 2 级,最大风力为 7 级。

根据当地气象统计资料,多年平均降水量为 896 mm,降水量年内和年际变化都很大。汛期 6—9 月降水量占全年降水量的 60% 以上,汛期降水又多集中在 7—8 月。

区内地下水可分为孔隙潜水和孔隙承压水两大类。孔隙潜水主要赋存于 1-2、2-2 层沙壤土中,孔隙承压水主要赋存于 3-2 层砂壤土,3-3、4-2 和 5-2 层细砂中,具有一定的承压水头。含水层厚度一般均不大(1-2 层厚度稍大),富水程度随岩性不同也不尽相同。1-2、2-2、3-2 层砂壤土一般属中等透水性土层(局部为弱透水性),3-3、4-2、5-2 层细砂属中等强透水性土层,而相对隔水层(1-1、2-1、3-1、4-1、5-1、6-1 层等)则属弱微透水性土层。

在新中国成立前该堤堤身矮小、堤线弯曲,没有形成完整的防洪体系。新中国成立后经过多次的加高培厚后,形成现在的规模。堤身填筑土主要在沿堤线附近就近取土,人工堆筑而成,堤身碾压不实,填筑质量较差,土性一般与附近堤基地层相同或相近,以轻、中粉质土为主,堤身散浸、渗漏现象较为普遍,抗冲性能差,根据堤身填土的现状,现将其分为两大类:Ⅰ类,填土主要为中、重粉质壤土,夹少量轻粉质壤土;Ⅱ类,填土主要为轻粉质壤土、砂壤土,夹黏性土团。

1.2　主要工程设计内容

该大堤除险加固工程堤防长 55.799 km,堤身设计标准断面参数初步确定为:超高 2.0 m;堤顶宽 10 m;堤防迎水坡为 1∶3;背水坡堤顶以下 3 m 处设置 2 m 宽平台(局部可为 10 m),平台以上边坡 1∶3,以下边坡 1∶5。

加固与重建穿堤建筑物 6 座,对安淮站涵、部湖站涵的穿堤涵洞拆除重建;对新集站涵和钱家沟站涵的穿堤涵洞进行局部的维修加固;对五河分洪闸临淮河侧引河河道进行清淤及上下游护坡修复处理;对防洪安全有重大影响的船闸闸门和启闭设备实施更换。

1.2.1　堤防加固

1.2.1.1　灌浆和截渗工程处理

堤身灌浆(桩号:52+102~70+800、72+100~85+450、89+200~104+124、115+691~122+968,计 54.245 km)均采用水泥土灌浆处理。灌浆孔沿堤肩或堤坡顺堤线方向呈梅花形布置 3 排,排距初步确定为 1.5 m,孔距为 2.0 m,孔径一般为 30~50 mm,孔口压力应控制在 0.4~0.7 kgf/cm²(1 kgf= 9.806 65 N),灌浆孔深入堤基以下 1.0 m 左右;对毛滩段、安淮段、高台子段(桩号分别为 58+550~59+650、70+800~72+100、77+400~79+000,共计长 4000 m)采用水泥土截渗墙处理。水泥土截渗墙,毛滩和高台子两段水泥土截渗墙均布置在迎水面距堤脚 2.5 m 左右的滩地上,安淮段截渗墙布置在堤顶上。根据各段堤身及堤基土质和渗透稳定分析结果,截渗墙底高程一般在堤基②层与③层的接口高程处,桩与桩搭接厚不小于 0.12 m,渗透系数不大于 10 cm/s。

1.2.1.2　堤身护坡

现浇混凝土护砌堤段(桩号:56+990~62+574、73+200~79+000、91+250~97+800、119+485~121+546,计 19.995 km)的结构形式为坡面上铺 0.08 m 厚混合砂石垫层,其上浇 0.10 m 厚的 C20 混凝土板;混凝土预制块护坡堤段(桩号:66+900~69+910、70+750~72+770、98+200~101+960、102+960~103+560,计 9.33 km)的结构形式为在坡面上铺一层土工布,再铺 0.05 m 厚的瓜子片垫层,再砌 0.12 m 的 C20 混凝土砌块;对原有干砌块石护坡标准不足的堤段(桩号:62+574~63+574、89+200~90+736,计 2536 km)进行干砌块石接高处理,其结构形式为干砌块石厚 0.30 m,下铺 0.10 m 厚的碎石垫层。

1.2.1.3　护岸设计

根据河段受河势及地质的影响,对杨家沟段、前台子段、柿树园段和石灰滩段河道迎流顶冲、主流贴岸、滩地窄、河床窄深等现象,致使河岸变陡坍塌、崩退的岸坡段,进行防护处理。杨家沟、前台子段(桩号分别为 64+000~64+500、91+000~91+500,长 1000 m)以设计枯水位为界,水上进行现浇混凝土护坎防护和水下抛石固脚处理。其结构形式,水上护坎为在坡面上铺 0.1 m 厚的混合砂石垫层,再现浇 0.15 m 厚的 C20 混凝土,水下抛石宽度分别为 20 m、18 m,抛石平均厚度为 0.6 m。

柿树园段(桩号:99+300~99+600,计 300 m)采用水下抛石固脚方案,抛石宽度为 30 m,抛石平均厚度为 0.6 m。

石灰滩段(桩号:102+680~102+980,计 300 m)新做 467.4 m 模袋混凝土护岸,模袋充填厚度为 15 cm 的 C20 混凝土,坡趾采用抛石压底。为防止由于水流冲刷使塌岸向滩地进展而危及堤防安全,建 221 m 的浆砌石挡土墙,平顺连接上下游岸坡。

1.2.2　水土保持

对 52+102~78+684、95+978~104+124 段压渗平台采取撒播狗牙根草籽,种植草皮护坡防护措施,草皮护坡坡长为 34.72 km。对堤身实施加培段进行草皮护坡,其桩号为:57+265~58+049、58+820~62+898、81+730~85+529、92+830~93+039、94+273~95+978、102+687~104+124 和 115+714~115+875,草皮护坡坡长为 13.398 km。

1.2.3 防汛道路工程

堤顶防汛道路主要为沥青道路，上堤道路为沥青道路、泥结碎石道路两种形式。

新集站至安淮段(桩号:62+770～68+900)613 km堤顶现状为土路面，新建宽6 m的沥青碎石防汛道路，路面结构为热拌沥青碎石面层厚4 cm，泥结碎石垫层厚20 cm、砂砾石基层厚15 cm；三冲涵至新集站段(桩号:52+102～62+770)和安淮至五河分洪闸段(桩号:68+900～85+450)两段改建成沥青碎石路面。清除表面浮层并整平后，新铺厚4 m、宽6 m的热拌沥青碎石路面；明光境内柳巷闸至下草湾拦河坝段(桩号:15+691～122+968)堤顶现状为沥青路面，对该段路面有损坏的直接在沥青路面上加铺厚4 cm的热拌沥青碎石层，局部洼坑用大粒径沥青碎石找平。

需改建的连接主要公路、集镇和码头的上堤道路有大新、新集、安淮、柳巷和泊岗等5条连接道路。路面结构同新建宽6 m的沥青碎石防汛道路的路面结构。

改建连接村庄、人渡的上下堤便道共80条。路面结构：路基宽度为6.0 m，路面宽4.0 m，基层为15 cm的大块碎石，上铺12 cm的泥结碎石，面层为3 cm的瓜子片，坡度为1/12，依堤坡填筑而成，迎水面下堤路需顺水流方向填筑。

1.2.4 穿堤建筑物

该大堤加固工程(桩号:52+102～104+124、115+691～122+968)需加固和拆除重建的穿堤建筑物共6座。其中，新集站涵、安淮站涵、都湖站涵、钱家沟站涵4座建筑物为电力排涝站涵，五河船闸为连接浍河与淮河的控制与通航工程。上述工程大都建于20世纪七八十年代，防洪标准偏低，施工质量差，因年久失修存在结构老化、拉裂、漏水、不均匀沉陷、混凝土碳化、伸缩缝止水破坏、消能防冲设施毁坏、闸门老化变形、启闭设备陈旧、不能正常使用等病害，根据检测报告及安全复核，本次加固设计拟对安淮站涵的穿堤涵洞拆除重建；对新集站涵和钱家沟站涵的穿堤涵洞进行局部的维修加固；五河分洪位于淮河与浍河交汇处，仅对河道清淤和上下游护坡修复处理；对防洪安全有重大影响的船闸闸门和启闭设备实施更换。

1.3 对外水、陆交通

该工程对外水、陆交通较为便利，现状：堤顶道路可通往五河县城，直接作为施工进场道路，在五河境内路面为沥青路面、混凝土路面、砂石路面，路况较好，明光段为土路面；各种水运材料通过淮河船运至工程附近的码头，由汽车运输至施工现场。

2 监理服务范围、方式、内容和目标

2.1 监理服务范围

本次招标范围为某大堤加固工程建设监理11标段(包含该段工程施工和移民、环境保护及水土保持项目)，桩号为52 + 102～104 + 124和115+691～122 +968，本次加固堤长约55.799 km，监理服务期约42个月。

2.2 监理方式

采用旁站、巡视、平行检验等监理方式。

2.3 监理内容

监理内容主要有工程及相应的征地移民拆迁、水土保持、环境保护等方面的质量控制、进度控制、投资控制、合同管理、信息管理和协调工作。

2.3.1　设计方面

（1）协助发包人与勘测设计单位签订施工图供应协议。

（2）管理发包人与设计人签订的有关合同、协议，督促设计人按合同或协议要求及时供应合格的设计文件。

（3）熟悉设计文件内容，检查施工图设计文件是否符合批准的初步设计和原审批意见，是否符合国家或行业标准、规程、规范，以及是否符合勘测设计合同规定。

（4）组织施工图和设计变更的会审，提出会审意见。经发包人批准后，向承包人签发设计及设计变更文件。

（5）组织设计人进行现场设计交底。

（6）协助发包人会同设计人对重大技术问题和优化设计进行专题讨论。

（7）审核承包人对设计文件的意见和建议，会同设计人进行研究，并督促设计人尽快给予答复。

（8）审核按承包合同规定应由承包人递交的设计文件。

（9）保管监理所的设计文件及过程资料。

（10）其他相关业务。

2.3.2　工程施工征地移民拆迁、水土保持、环境保护等方面

（1）均协助发包人进行工程招标，签订工程合同、移民拆迁协议等。

（2）管理工程合同，审查分包人资格。

（3）参加移民拆迁，测量放线，实物数量、标准的清点、核定等。

（4）检查工程承包人的开工准备工作，具备开工条件后，经发包人批准，签发开工通知。

（5）审批承包人递交的施工组织设计、施工技术措施、计划、作业规程、监建工程设计及现场试验方案和试验成果。

（6）签发补充的设计文件、技术要求等，答复承包人提出的建议和意见。

（7）工程进度控制。按发包人要求，编制工程控制性进度计划，提出工程控制性进度目标，并以此审查批准承包人提出的施工进度计划，检查其实施情况。督促承包人采取切实措施实现合同工期要求。当实施进度与计划进度发生较大偏差时，及时向发包人提出调整控制性进度计划的建议、意见并在发包人批准后完成其调整。

（8）工程质量控制。审查承包人的质量保证体系和控制措施，核实质量管理文件。依据合同文件、设计文件、技术规范与质量检验标准，对施工前准备工作进行检查，对施工工序、工艺与资源投入进行监督、抽查。依据有关规定，进行工程项目划分，由发包人报质量监督部门批准后实施。对单元工程、分部工程、单位工程质量按照国家有关规定进行检查、签证和评价。协助发包人调查处理工程质量事故。

（9）工程投资控制。协助发包人编制投资控制目标和分年度投资计划审查承包人提交的资金流计划，审核承包人完成的工程量和价款签署付款意见，对合同变更或增加项目提出审核意见后，报发包人受理索赔申请，进行索赔调查和谈判，提出处理意见报发包人。

（10）施工安全监督。检查施工安全措施、劳动防护和环境保护设施，并提出建议；检查防洪度汛措施并提出建议；参加安全事故调查并提出处理意见。

（11）组织监理合同授权范围内工程建设各方协调工作，编发协调会议纪要。

（12）主持单元工程、分部工程验收，协助发包人按国家有关规定进行工程各阶段验收及

竣工验收,审查设计人与承包人编制的竣工图纸和资料。

(13) 信息管理。做好工地现场监理记录与信息反馈。按监理协议附件要求编制监理月报、年报,督促、检查承包人及时按发包人的规定整理工程档案资料,对工程资料及档案及时进行整编,并在工程竣工验收时或监理服务期结束后移交发包人。

(14) 其他相关工作。

2.3.3　采购方面

(1) 协助发包人进行重要设备、材料的采购招标工作。

(2) 管理采购合同,并对采购计划进度进行监督与控制。

(3) 闸门的驻厂监造(投标人宜有相应专业资格的监造工程师资助),自动化控制设备的厂内不定期监理。

(4) 对进场的原材料、制成品、永久工程设备进行质量检验与到货验收。

(5) 其他相关业务。

2.3.4　咨询方面

(1) 配合发包人聘请的咨询专家开展工作。

(2) 根据咨询合同规定,向咨询专家提供工程资料与文件。

(3) 分析研究咨询专家建议和备忘录,选择合理的方案和措施,向发包人作出书面报告。

2.4　信息文件

2.4.1　定期信息文件监理月报

监理月报主要包括以下内容:

(1) 项目概述,包括项目位置、项目主要特征及合同情况简介。

(2) 大事记。

(3) 工程进度与形象面貌。

(4) 资金到位和使用情况。

(5) 质量控制,包括质量评定、质量分析、质量事故处理等情况。

(6) 合同执行情况,包括合同变更、索赔和违约等。

(7) 现场会议和往来信函,包括会议记录、往来信函。

(8) 监理工作,包括监理组织框图、资源投入、重要监理活动、图纸审查、图纸发放、技术方案审查、工程需要解决的问题和其他事项。

(9) 承包人情况,包括劳动力的动态、投入的设备、组织管理和存在的问题。

(10) 安全和环境保护。

(11) 进度款支付情况。

(12) 工程进展图片。

(13) 其他,包括水文和气象等自然情况。

2.4.2　不定期信息文件

(1) 关于工程优化设计、工程变更或施工进展的建议。

(2) 投资情况分析预测及资金、资源的合理配置和投入的建议。

(3) 工程进展预测分析报告。

(4) 发包人要求递交的其他报告。

2.4.3 日常监理文件

（1）监理日记及施工大事记。

（2）施工计划批复文件。

（3）施工措施批复文件。

（4）施工进度调整批复文件。

（5）进度款支付确认文件。

（6）索赔受理、调查及处理文件。

（7）监理协调会议纪要文件。

（8）其他监理业务往来文件。

2.4.4 其他文件与记录

按工程档案管理规定要求递交的其他文件与记录。

2.4.5 文件份数

文件报送份数由发包人具体要求（在报送文字材料的同时必须报送一份电子文件）。

2.5 文明工地

协助发包人创建文明工地。

2.6 监理目标

2.6.1 工期控制目标

监理服务期为×个月，即××××年××月至××××年××月，达到合同工期目标。

2.6.2 质量控制目标

工程质量达到合格。

2.6.3 投资控制目标

依据合同以承包合同价为控制目标。

3 项目监理机构组织形式和监理工作阶段划分

3.1 监理机构组织形式

根据本工程的具体情况，本着"满足监理工作需求，精干、高效"的原则，确定本项目监理班子组织框图如图 A-1 所示。

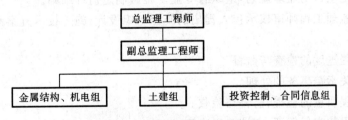

图 A-1 项目监理组织框图

3.1.1 监理机构人员结构及基本职责

监理机构主要人员组成如下。

总监理工程师：×××

副总监理工程师：×××

投资控制、信息管理组：×××　　×××

土建组：×××　×××　×××　×××　×××　×××

3.1.1.1　总监理工程师职责

(1) 主持编制监理规划，制定监理机构规章制度，审批监理实施细则，签发监理机构的文件。

(2) 确定监理机构各部门职责分工及各级监理人员职责权限，协调监理机构内部工作。

(3) 指导监理工程师开展工作；负责本监理机构中监理人员的工作考核，调换不称职的监理人员；根据工程建设进展情况，调整监理人员。

(4) 主持审核承包人提出的分包项目和分包人，报发包人批准。

(5) 审批承包人提交的施工组织设计、施工措施计划、施工进度计划和资金流计划。

(6) 组织或授权监理工程师组织设计交底，签发施工图。

(7) 第一次工地会议，主持或授权监理工程师主持监理例会和监理专题会议。

(8) 签发进场通知、合同项目开工令、分部工程开工通知、暂停施工通知和复工通知等重要监理文件。

(9) 组织审核付款申请，签发各类付款证书。

(10) 主持处理合同违约、变更和索赔等事宜，签发变更和索赔的有关文件。

(11) 主持施工合同实施中的协调工作，调解合同争议，必要时对施工合同条款作出解释。

(12) 要求承包人撤换不称职或不宜在本工程工作的现场施工人员或技术、管理人员。

(13) 审核质量保证体系文件并监督其实施，审批工程质量缺陷的处理方案，参与或协助发包人组织处理工程质量及安全事故。

(14) 组织或协助发包人组织工程项目的分部工程验收、单位工程完工验收、合同项目完工验收，参加阶段验收、单位工程投入使用验收和工程竣工验收。

(15) 签发工程移交证书和保修责任终止证书。

(16) 检查监理日志，组织编写并签发监理月报、监理专题报告、监理工作报告，组织整理监理合同文件和档案资料。

3.1.1.2　副总监理工程师职责

(1) 协助总监理工程师工作，指导和带动专业监理工程师开展各项工作。

(2) 参加制定项目的监理规划，组织各专业工程师制定监理细则。

(3) 协助总监理工程师审核承包人提出的施工组织设计、施工技术方案和安全防护措施，提出改进意见。

(4) 负责工程进度的检查与监督。

(5) 参与有关索赔事务的处理。

(6) 负责工程质量的检查、监督与验收。

(7) 审核工程款支付凭证，审核工程决算。

(8) 协助总监理工程师提交项目实施报告。

3.1.1.3　专业监理工程师职责

(1) 结合工程具体情况，制定质量监理细则。

(2) 参与设计交底和图纸会审，审查设计变更。

（3）审查承包人提出的施工技术方案。

（4）审查承包人的材料供应、资金计划。

（5）检查进场原材料、半成品、设备质量。

（6）核定建筑物在定线标高和布局等方面是否符合设计图纸要求。

（7）监督工程施工进度和各道工序的施工质量，实施跟踪旁站、巡查和抽查，记好日记，检查安全防护措施，定期向总监理工程师报告。

（8）参与发包人或承包人材料、设备采购调研等事项。

3.1.1.4　管理专业工程师职责

（1）结合工程具体实际情况，制定进度、投资控制的实施细则。

（2）审核承包人提交的施工总进度计划和月施工进度计划。

（3）协助组织现场协调会。

（4）核实工程量，编制投资动态计划，审查承包人提出的资金流动计划并向发包人预报下月支付金额，审核月进度支付证书，经总监理工程师签发后报发包人支付工程进度款。

（5）参与审查承包人选择的分包（供货）单位的资质，并经总监理工程师同意后报发包人批准。

（6）监督现场安全、防火检查。

3.1.1.5　监理员职责

（1）核实进场原材料质量检验报告和施工测量成果报告等原始资料。

（2）检查承包人用于工程建设的材料、构配件、工程设备使用情况，并做好现场记录。

（3）检查并记录现场施工程序、施工方法等实施过程情况。

（4）检查和统计计日工情况，核实工程计量结果。

（5）核查关键岗位施工人员的上岗资格，检查、监督工程现场的施工安全和环境保护措施的落实情况，发现异常情况及时向监理工程师报告。

（6）检查承包人的施工日志和实验室记录。

（7）核实承包人质量评定的相关原始记录。

3.1.2　项目监理机构规章制度

借鉴以往经验，结合本工程的特点，将对本工程的监理工作建立以下工作制度。

3.1.2.1　技术文件审核、审批制度

根据施工合同约定由双方提交的施工图纸，以及由承包人提交的施工组织设计、施工措施计划、施工进度计划、开工申请等文件均应通过项目监理机构核查、审核或审批，方可实施。

3.1.2.2　施工图会审及设计交底制度

由总监理工程师主持，召集设计单位、施工单位、发包人对施工图进行审查，要求承包人的项目经理、专业技术负责人、工种队长参加。由设计单位介绍设计意图并解释疑问，使承包人对工程的设计特点、工程结构、施工技术要求和施工工艺方面有比较详细的了解，做到心中有数，以便科学地组织施工和合理地安排工序，避免发生错误。

3.1.2.3　原材料检验制度

进场的原材料经承包人自检合格后，方可报项目监理机构检验。不合格的材料应按监理人员指示在规定时限内运离工地或进行相应处理。

3.1.2.4 工程质量检验制度

承包人每完成一道工序或一个单位工程，都应经过自检，合格后方可报项目监理机构进行复核检验。上道工序或上一单元工程未经复核检验或复核检验不合格，不得进行下一道工序或下一单元工程施工。

3.1.2.5 工程计量付款签证制度

所有申请付款的工程量均应进行计量并经项目监理机构确认。未经项目监理机构签证的付款申请，发包人不应支付。

3.1.2.6 会议制度

项目监理机构建立各项会议制度，包括第一次工地会议、监理例会和监理专题会议。会议由总监理工程师或由其授权的监理工程师主持，工程建设有关各方派人员参加。各次会议应符合下列要求：

（1）第一次工地会议。在合同项目开工令下达前举行，会议内容应包括开工准备情况，介绍各方负责人及其授权代理人和授权内容，沟通相关信息，进行监理工作交底。会议的具体内容可由有关各方会前约定。会议可由总监理工程师主持或由总监理工程师与发包人的负责人联合主持。

（2）监理例会。项目监理机构定期主持召开由参建各方负责人参加的会议，会上应通报工程进展情况，检查上次监理例会中有关决定的执行情况，分析当前存在的问题，提出问题的解决方案或建议，明确会后应完成的任务，会议应形成会议纪要。

（3）监理专题会议。项目监理机构根据需要，主持召开监理专题会议，研究解决施工中出现的涉及施工质量、施工方案、施工进度、工程变更、索赔、争议等方面的专门问题。

（4）总监理工程师组织编写由项目监理机构主持召开的会议纪要，并分发与会各方。

3.1.2.7 施工现场紧急情况报告制度

项目监理机构针对施工现场可能出现的紧急情况编制处理程序、处理措施等文件。当发生紧急情况时，应立即向发包人报告，并指示承包人立即采取有效紧急措施进行处理。

3.1.2.8 工作报告制度

项目监理机构及时向发包人提交监理月报或监理专题报告。在工程验收时，提交监理工作报告；在监理工作结束后，提交监理工作总结报告。

3.1.2.9 工程验收制度

在承包人提交验收申请后，项目监理机构及时对其是否具备验收条件进行审核，并根据有关水利工程验收规程或合同约定，参与、组织或协助发包人组织工程验收。

3.1.2.10 监理内部管理制度

为了更好地实施本工程的监理工作，履行工程建设监理合同中监理方的职责、权利和义务，制定监理内部工作制度如下：

（1）监理工作会议制度。监理组内部坚持每晚的碰头会，由各专业监理工程师汇报当天的工作情况，及时商讨解决施工过程中发生的问题，并安排好第二天的工作。

（2）对外行文审批制度。项目监理组对承包人、发包人的各种发文如工程师通知、监理报表等，根据内容由承担相应职责的专业监理工程师起草行文，经总监理工程师审定后签发。

（3）建立监理工作日记制度。项目监理组内部建立工作日记制度，总监理工程师、副总监理工程师及各专业监理工程师、监理员都必须做好监理日记。其内容包括：每天的环境状况、施工简况、出现问题及其处理结果,上级领导视察、批示及有关会议的纪要等。这些内容由专人汇总书面形成当日的监理日志,经总监理工程师、副总监理工程师审核后存档。

(4)监理月报制度。项目监理组每月或每半月按时出一期监理工作简报,主要报道工程的各方面进展情况,报送发包人及公司总部,并抄送承包人。

(5)监理考勤制度。项目监理组建立考勤制度,请假、加班需由总监理工程师审批。考勤表由副总监理工程师负责统计,总监理工程师审批后报公司总部。总监理工程师请假离开工地需经发包人批准,其月驻工地时间不少于 22 天,且满足工程建设的需要;其他监理人员请假需经总监理工程师批准后方可离开工地,但应满足月驻工地时间不少于 22 天,且满足工程建设的需要。

(6)技术经济资料及档案管理制度。根据公司的档案管理制度结合本工程特点,项目监理组设两名兼职资料管理员,负责文函往来手续,收、发、保管日常工作中的往来文件及图纸等技术资料。资料管理员同时负责竣工资料的收集,各专业监理工程师协助做好竣工资料的整理与归档工作。

3.1.3　项目监理机构与发包人的关系

项目监理机构是监理单位受发包人的委托,派驻现场从事工程建设监理工作的组织,与发包人是委托合同关系。双方的权利和义务通过监理委托合同详细确定。

3.1.4　项目监理机构与承包人的关系

项目监理机构受发包人委托和授权,对承包人在项目建设中的行为具有监控的权利,监理机构行使权力不超越监理委托合同及设计、施工承包合同所确认的权限,除非得到发包人的特别授权。

3.2　监理工作阶段划分

在与发包人签订监理合同后,将按下列工作阶段开展监理工作:

(1)在监理合同生效后的 21 天内派出以总监理工程师为首的监理人员进驻施工现场,成立现场监理机构,提交监理规划,提交总监理工程师和主要监理人员名单、简历,单项工程开工前 14 天内向发包人提交监理细则。

(2)进场后明确各监理人员的分工及职责;熟悉与工程有关的各项资料,如国家有关文件、规定、技术规范、标准、设计文件、地质资料、监理合同、承发包合同等。

(3)截至 2007 年底工程基本完工,工程项目监理部的主要监理工作如下:

① 依据投标文件并根据现场的实际情况,选派足够的监理人员,按监理大纲、监理规划、监理细则的要求开展监理工作。

② 及时组织单元工程、分部工程的质量评定和验收,对合格工程量进行计量支付。

(4)施工阶段划分如下:

① 堤内外填塘、堤身加培、堤脚平台等填筑及锥探灌浆安排在第一个及第二个两个枯水期,即××××年××月至××××年××月完成,其中锥探灌浆与堤防加固按施工分段错开枯水期进行。堤基水泥土截渗墙安排在第一个枯水期,所在堤段的锥探灌浆等施工应错开至第二个枯水期进行。护岸工程安排在第二个枯水期、淮河水位较低的时段内施工,其中护坎段土方开挖、脚槽砌石,以及脚槽以上的干砌护坎及护坡、浆砌石封顶等安排在淮河最枯时段的 12 月至翌年 2 月间完成,水下抛石和模板混凝土安排在水位较枯时段的 11 月至翌年 5 月初

完成。堤内坡草皮护坡、混凝土预制块护坡和堤顶防汛道路安排在第二个及第三个枯水期完成,护坡草皮在3—5月种植,混凝土预制块护坡在11月至翌年4月砌筑,堤顶防汛道路在施工堤段加固工程完成后进行。

② 堤防施工分别在两个非汛期施工。分别在××××年××月和××××年××月。

③ 穿堤建筑物随各自堤防施工段穿插进行,每座穿堤涵挖除复堤工期安排4个月;安淮站涵和部湖站涵为拆除重建项目,工程量较大,两者水系相通,分别安排在两个非汛期施工。

(5) 工程中后期项目监理部工作的重点在面上尾工、档案资料的整理工作。协助项目法人抓好工程竣工验收前的各项工作。

4 工程进度控制措施

4.1 工程进度控制的主要内容

项目监理机构在工程项目开工前依据施工合同约定的工期总目标、阶段性目标等,协助发包人编制控制性总进度计划,并在工程项目开工前依据控制性总进度计划审批承包人提交的施工进度计划。在工程施工过程中,依据施工合同约定审批各单位工程进度计划,逐阶段审批年、季、月施工进度计划,检查其实施情况,督促承包人采取切实措施实现合同目标要求。当种种原因致实施进度发生较大偏差时,及时向承包人提出调整控制性进度计划的建议并在通过发包人批准后完成其调整。

4.2 进度控制的主要措施

(1) 根据工程建设合同总进度计划,编制控制性进度目标和年度施工计划,建立多级网络计划和施工作业计划体系。

(2) 审查承包人的施工进度计划,主要审查内容包括:

① 在施工进度计划中有无项目内容漏项或重复的情况。

② 施工进度计划与合同和阶段性目标的相应性与符合性。

③ 施工进度计划中各项目之间逻辑关系的正确性与施工方案的可行性。

④ 关键路线安排和施工进度计划实施过程的合理性。

⑤ 人力、材料、施工设备等资源配置计划和施工强度的合理性。

⑥ 材料、构配件、工程设备供应与施工进度计划的衔接关系。

⑦ 本施工项目与其他各标段施工项目之间的协调性。

⑧ 施工进度计划的详细程度和表达形式的适宜性。

⑨ 对发包人提供施工条件要求的合理性。

⑩ 其他应审核的内容。

(3) 与承包人共同想办法,优先采用高效能的施工机械及施工新工艺、新技术,合理选择施工方案和工程施工措施。

(4) 建立反映工程进度状况的监理日志。

(5) 工作上与承包人积极配合,做到前道工序结束,就是监理检查结束之时,与承包人同步进行,具备条件即批准施工。

(6) 采用计算机技术对工程进度进行动态管理,及时提出调整进度的措施和方案。

(7) 做好现场组织协调工作,解决问题,排除干扰,为工程施工创造良好的内外部环境。

(8) 监督承包人严格按照合同工期组织施工。对控制工期的重点工期,审查承包人提出的保证进度的具体措施,如发生延误,应及时分析原因,采取措施。随施工进度逐旬对施工实施进度,特别是关键路线项目和重要事件的进展进行控制,包括运用工程承建合同文件中规定的"指令赶工"等手段,努力促进施工进度计划和合同工期目标得到实现。

4.3 实际施工进度计划的检查与协调

(1)项目监理机构在施工过程中编制描述实际施工进度状况和用于进度控制的各类图表,对比检查承包人已经批准的施工进度计划落实情况。

(2)项目监理机构在施工过程中督促承包人做好施工组织管理,确保施工资源的投入,并按批准的施工进度计划实施。

(3)项目监理机构切实做好实际工程进度记录,以及承包人每日的施工设备、人员、原材料的进场记录,并审核承包人的同期记录。

(4)项目监理机构对施工进度计划的实施全过程,包括施工准备、施工条件和进度计划的实施情况,进行定期检查,对实际施工进度进行分析和评价,对关键路线的进度实施重点跟踪检查。

(5)项目监理机构根据施工进度计划,协调有关参建各方之间的关系,定期召开生产协调会议,及时发现、解决影响工程进度的干扰因素,促进施工项目的顺利进展。

4.4 施工进度计划的调整

(1)项目监理机构在检查中发现实际工程进度与施工进度计划发生了实质性偏离时,及时要求承包人调整施工进度计划。

(2)项目监理机构根据工程变更情况,公正、公平地处理工程变更所引起的工期变化事宜。当工程变更影响施工进度计划时,项目监理机构及时要求承包人编制变更后的施工进度计划。

(3)项目监理机构依据施工合同和施工进度计划即实际工程进度记录,审查承包人提交的工期索赔申请,提出索赔处理意见报发包人。

(4)施工进度计划的调整使总工期目标、阶段目标、资金使用等发生较大的变化时,项目监理机构提出处理意见报发包人批准。

5 工程质量控制措施

5.1 质量控制的主要任务和内容

(1)建立和健全项目监理机构的质量控制体系,并在监理工作过程中不断改进和完善。

(2)项目监理机构监督承包人建立和健全质量保证体系,并监督其贯彻执行。

(3)熟悉和掌握质量控制的技术依据,例如,已批准的设计文件和施工图纸、水利工程施工验收规范、质量等级评定标准及有关操作规程,施工合同中有关质量的条款。组织施工图和设计变更的会审,提出会审意见,报告发包人,经发包人批准同意后,向承包人签发设计及设计变更文件。

(4)协助发包人做好施工现场准备工作,为承包人提供符合施工合同要求的施工现场。

(5)项目监理机构按照有关工程建设标准和强制性条文及施工合同约定,对所有施工质量活动及与质量活动相关的人员、材料,工程设备和施工设备、施工方法和施工环境进行监督和控制,按照事前审批、事中监督和事后检验等监理工作环节控制工程质量。

（6）项目监理机构严格按规定或施工合同约定,检查承包人现场检验设备、人员、技术条件等情况。

（7）项目监理机构对承包人从事施工、安全、质检、材料等岗位及施工设备操作等需要持证上岗的人员的资格进行验证和认可。对不称职或违章、违规人员,可要求承包人暂停或禁止其在本工程中工作。

（8）监理机构应审批承包人制定的施工控制网和原始地形图的施测方案,并对承包人施测过程进行监督,对测量成果进行签认,或参加联合测量,共同签认测量成果。监理机构应对承包人在工程开工前实施的放线测量进行抽样复测或与承包人进行联合测量。

（9）监理机构应审批承包人提交的工艺参数试验方案,对现场试验实施监督,审核试验结果和结论,并监督承包人严格按照批准的工法进行施工。

（10）以单元工程为基础,对基础工程、隐蔽工程、分部工程的质量进行检查、签证和施工质量的评价。

（11）协助发包人调查处理工程质量事故。

（12）主持或参与工程阶段验收和竣工验收工作。

（13）施工安全监督。检查施工安全措施、劳动防护和环境保护设施及汛期防洪度汛措施等;参加重大安全事故调查并提出处理意见。

5.2 质量控制的主要措施

（1）严把设计图纸关。

① 组织监理人员认真熟悉设计图纸,领会设计意图,把设计图纸中的"错、漏、碰、缺"等问题解决在开工前。

② 组织设计交底及图纸会审,施工图纸交底和会审意见应由承包人或项目监理整理形成文字记录,经设计单位、监理单位、发包人各方会签后作为施工依据。确保未经会审的图纸不得用于施工。

③ 严格按程序办理设计变更及工程变更。

（2）建立工程质量控制体系,加强事前预控。

① 建立监理工程师的质量控制体系。

② 审查承包人质量保证体系及分包单位资质。

③ 建立工程开工申请制度。

④ 建立质检报表制度。要求承包人在单元工程完工后,必须填好单元工程验评表,在自检合格的基础上报监理组(附材料质保书、试验单、隐检单等)复验。项目监理组应严格"三检(预检、复检、抽检)",及时完整、准确记录整理检查资料(包括照片),督促承包人限时整改不合格工程,加强薄弱环节的管理。

（3）审查施工组织设计、施工方案。

① 提出审查意见,及时发回承包人,并送发包人备案。

② 严格落实经审批的施工组织设计,施工方案的全面执行不得任意改动,并在其实施完毕后,对实施效果作出评价。

（4）严格控制工程材料、土料等的质量,杜绝不合格材料进入现场。

（5）对施工测量、放样等进行随机抽查。如发现问题应及时通知承包人纠正,并作出监理记录。

（6）严格工序质量管理。

① 加强施工过程检查。建立施工值班制度,保证在施工现场不离人,督促承包人发挥自身质保体系的作用并及时解决现场发生的问题,同时做好值班记录。对关键工序设置质量控制点,在施工过程中采用旁站与巡视相结合的检查方法,确保工程质量。

② 严格工序交接检查、停工后复工前的检查。严格控制前道工序质量验收合格后,才能进行下道工序的施工,层层把关。隐蔽工程在下道工序施工前必须进行质量验收,未经验收不得进入下道工序施工。

（7）检查确认运到施工现场的工程材料、土料,禁止不符合质量要求的材料、土料进入工地和投入使用。

（8）监督承包人严格按照施工规范、设计图纸要求施工,严格执行承包合同,对工程主要部位、主要环节及技术复杂工程加强检查。

（9）对承包人的检验测试仪器、设备、度量工具的定期检验工作进行全面监督,不定期地进行抽验,保证度量数据的准确。

（10）参加工程设备供货人组织的技术交底会议,监督承包人按照工程设备供货人提供的安装指导书进行工程设备的安装。

（11）审核承包人提交的设备启动程序并监督承包人进行设备启动与调试工作。

（12）行使质量监督权,下达停工令。当出现下述情况之一者,监理工程师发布停工令:

① 未经检验即进入下一道工序者。

② 擅自采用未经认可或批准的材料者。

③ 擅自将工程转包者。

④ 擅自让未经同意的分包商进场者。

⑤ 没有可靠的质量保证措施贸然施工,已出现质量下降征兆者。

⑥ 工程质量下降,经指出未采取有效改正措施,或采取了一定措施而效果不好,而继续作业者。

⑦ 擅自变更设计图纸要求者等。

（13）对不合格的工程拒付工程进度款。

（14）对工程质量事故的处理如下:

① 工程质量事故发生后,承包人必须以电话或书面形式逐级上报,对重大的质量事故和工伤事故,监理机构立即上报发包人。

② 凡对工程质量事故隐瞒不报,或拖延处理,或处理不当,或处理结果未经监理机构同意的,对工程事故及受事故影响的部分工程应视为不合格工程,不予计价。待合格后,再补办验工计价。

（15）严格执行单元工程、分部工程、单位工程质量验评程序及竣工验收程序,对合格工程进行工程质量的确认,对不合格工程督促承包人限时整改。

（16）做好项目竣工验收工作,审核承包人的竣工资料。

5.3　本工程主要项目技术控制要求

5.3.1　测量

建设单位、监理单位、施工单位三方共同对基准点进行复查移交确认会签,同时承包人应增设控制网并采取可靠的保护措施,以确保施工项目施测放样的精度。

可能产生的隐患：导致工程偏离设计，有基准误差。

质量预控措施：现场认证坐标系、高程基准点、测量仪器精度符合要求且经校验。

5.3.2　施工的预控措施

5.3.2.1　质量控制点

质量控制点如下：堤基清理；土方开挖；堤身加培；填塘固基；堤身灌浆；截渗墙工程；老穿堤建筑物拆除；基坑排水；建基面清理；砌石工程；模板制作安装；钢筋绑扎；混凝土浇筑；埋件制作安装；闸门制作安装；启闭机安装；电气设备安装；建筑物土方回填；堤顶防汛路；草皮护坡；外观质量控制；抛石护岸。

5.3.2.2　预控措施

1. 堤基清理

可能产生的隐患：堤基清理的深度、范围达不到设计要求，堤基范围内的坟墓、房基、水井、泉眼和各类洞穴及坑、槽、沟、河等没有按规范要求处理，堤基清理土方没有运至设计或监理工程师指定的位置等。

质量预控措施如下：

（1）在堤基清理前根据设计图纸计算出设计铺土边线，使堤基清理边线超出设计线不小于 50 cm；按规范要求进行检查。

（2）监督检查堤基表层不合格土、杂物等的清除情况，对堤基范围内的坟墓、房基水井、泉眼，各类洞穴及坑、槽、沟、河等均要求承包人清基后按堤身填筑要求进行回填处理。

（3）对所有堤基开挖，清除的弃土、杂物、废渣等均要求承包人运至设计图纸或监理工程师指定的场地堆放，不得随地弃置，更不能与筑堤土料混杂。

（4）要求承包人堤基清理完成后进行倒毛、平整、碾压，经监理工程师检验合格后方可进行下一道工序施工。

（5）在堤基清理前和清基完成后均会同承包人对堤防断面进行重新测量，为保证工程计量支付的准确性奠定基础。

2. 土方开挖

可能产生的隐患：料场表层耕作土、淤泥、杂物等清理不彻底，土料开挖施工方法不合理，料场排水系统不畅通，土料运输方法不合理等。

质量预控措施如下：

（1）根据料场的实际情况，要求承包人制定切实可行的土料开挖方法。

（2）在土料开挖前，认真仔细地检查料场的清表情况，在确认土料质量符合设计和规范后，方可批准承包人进行土方开挖。

（3）在土方开挖过程中，监督检查承包人土料开采和运输的方法，发现承包人土料开挖和运输方法与料场土质实际情况有出入时，及时要求承包人调整土料开挖方案。

（4）检查承包人料场开挖范围内的排水系统是否畅通，开挖区内的渗雨水排除是否及时，发现问题及时要求承包人整改。

3. 堤身加培

可能产生的隐患：土料质量不符合设计和规范要求，碾压试验成果的代表性差，土料含水量过高，铺土厚度和边线不满足要求，新老堤结合部处理不彻底，压实机具和碾压遍数不符合碾压试验所确定的参数,碾压方法不正确,土料干密度取样和试验方法达不到规范和设计要求,在雨雪和负温天气条件下填筑土料没有按要求施工等。

质量预控措施如下:

(1) 土料开挖前要求承包人先对开挖区的土料进行核查,了解可开挖厚度、数量、水位和地质条件,进行天然密实度、含水量、液限和塑性指数等试验,测定其最大干密度、最优含水量。

(2) 堤防填筑前,旁站监理人员监督承包人根据工地的实际情况选定合适的位置做现场碾压试验,确定本工程所采用的碾压机具和施工参数等。

(3) 采用巡视检查和部分时间旁站的方法,检查承包人筑堤土料质量,严禁淤土、杂质土等特殊土料和冻土块上堤。

(4) 根据碾压试验确定的最优含水量来确定各种筑堤土料的控制含水量范围,在检查中发现当上堤土料的含水量偏高或过低时及时要求承包人采取措施。

(5) 为控制铺料边线,要求承包人在铺料前用白灰洒出铺土边线,按要求将土料(按进占法施工)铺至规定部位,上堤土料中的杂质应予清除。

(6) 为控制铺料厚度,要求承包人沿铺土边线每隔 30~50 m,设一根控制高程的木桩,在木桩上用红漆画出铺土高度,推土机整平后及时用标有铺土厚度的钢钎进行复测,以保证按规定层厚铺土。

(7) 土料铺填前,应对新老堤的结合部位进行开阶处理,以有利于新老堤的结合。

(8) 在土料铺填过程中,检查承包人铺土的方法是否符合规范要求,发现问题,现场要求承包人进行改正。

(9) 在土料碾压前,要求承包人根据项目划分分段设立标志,以防漏压、欠压和过压,上下层的分段接缝位置应错开。碾压过程中控制相邻作业面的搭接碾压宽度、碾压方法、碾压机具、碾压机械行走方向和速度及压实遍数等。

(10) 在工程施工过程中,要求承包人专人负责收集天气预报资料,降雨前及早通知。雨前及时压实作业面,雨后恢复施工时,填筑面应经晾晒,复压处理,必要时应对表层再次进行清理,并待质检合格后及时复土。由于气候、施工等原因停工的填筑工作面应加以保护,复工时必须仔细清理,经监理人验收合格后,方准续土,并做记录备查。

(11) 在冬季施工时要求承包人压实土料的温度必须在 -1.0 ℃ 以上,但在风速大于10 m/s 时应停止施工。填土中严禁有冰雪或冻土块,如因冰雪停工,复工前需将表面积雪清理干净,并经监理人检验合格后,方可继续施工。

(12) 监督检查承包人对土料干密度所进行的取样和试验的工作,并根据规范要求进行抽检试验。

(13) 在整个堤防填筑过程中,加强对承包人的土方实验室的监督和检查,以控制承包人干密度自检的真实性。

4. 填塘固基

可能产生的隐患:填塘的位置和范围准确,填塘的高程达不到设计要求等。

质量预控措施如下:

(1) 在工程施工前,要求承包人根据施工图纸,对填塘位置进行精确定位。

(2) 在施工过程中,监督检查承包人的填筑情况,发现问题,现场要求承包人进行整改。

(3) 要求承包人预留一定的沉陷量。

5. 堤身灌浆

可能产生的隐患:灌浆材料、浆液的密度不符合要求,造孔方法不正确,终孔和封孔达不到设计和规范要求,浆液灌入量与设计有出入,出现裂缝、串浆和冒浆等。

质量预控措施如下:

(1) 工程施工前,监督和检查承包人对灌浆所使用的材料进行试验,在其满足设计和规范要求后方可在工程中使用。

(2) 在浆液制作时,要求承包人对制浆材料必须进行称量,称量误差应小于5%,水泥、黏土等固相材料采用质量称量法,浆液采用专用机械制浆,搅拌应均匀并测定浆液密度。在灌浆过程中浆液密度和输浆量应每小时测定 1 次并记录,浆液的稳定性和自由吸水率10 天测 1次,如浆料发生变化,应随时加测。

(3) 在造孔时,控制承包人灌浆孔的布置满足设计文件要求,控制孔位、孔深、孔斜,保证铅直,偏斜不得大于孔深的2% ,应采用干法造孔,不得用清水循环钻进,所有钻孔应编序号与孔号。锥孔后采用木塞或草团将孔口堵塞,防止土块掉入孔内。

(4) 为控制灌浆量,在灌浆施工中要求承包人采用少灌多复、先稀后浓的方法。每孔每次最大灌浆量应按设计要求控制,灌浆时必须一次灌满,对吸浆量大的灌浆孔每次吸浆量每米孔深应控制在 0.5~1.0 m,以延长灌浆期。若已知洞穴隐患较多,可适当增加灌浆量和提高浆液稠度。

(5) 监督、检查承包人灌浆遍数,若满足设计和规范要求,同意承包人结束灌浆,按规范和设计要求进行封孔。

(6) 纵横缝处理。灌浆过程出现纵横缝时,应停灌,待裂缝闭合后,方可继续灌浆;若出现横缝时立即停灌,沿裂缝处开挖大于 50 cm 深的阻浆槽,用黏土回填、夯实形成阻灌塞。

(7) 冒浆处理。对堤顶和堤坡冒浆,应立即停灌,挖开冒浆出口,用黏性土料回填夯实;对白蚁洞冒浆,可先在冒浆口压砂堵塞洞口,再继续灌浆;对水下堤坡或土堤与其他建筑物接触带冒浆,可采用稠浆间歇灌注。

(8) 串浆处理。当第一序孔灌浆时,发现相邻孔串浆,应加强观测、分析,确认对土堤安全无影响后,灌浆孔、串浆孔可同时灌注,如不宜同时灌注,可用木塞堵住串浆孔,然后继续灌浆;对吸浆量大的孔眼,经检查无漏浆地点后,可用浓度较大的浆液灌注。

6. 多头小直径截渗墙工程

可能产生的隐患:施工机械设备不足,墙体厚度、开叉、墙深不够设计值,墙体出现断层、倾斜,墙体搅拌不均匀,水泥掺入比不满足规范要求,搅拌不均匀等。

质量预控措施如下:

(1) 为了确保本次施工能高标准、高质量、高速度地完成,我部将督促承包人投入足够数量的各类机械设备,桩机设备拟选用通过国家验证的厂家生产的设备。

(2) 主要机械操作、维修人员,要具有 5 年以上从事机械操作、维修工作的经历,并达到一定的技术水平。

(3) 截渗墙在施工前,对不同土质的施工段分别进行现场围井试验,以确定水泥浆的水灰比、水泥土中的水泥掺入比,以及桩与桩之间的搭接厚度等施工参数。按通过现场成桩试验验证后的施工参数进行施工,误差控制在规范规定范围内。

(4) 当罐内储量小于单桩用浆量时,不得开钻。

（5）开始钻孔前,需将工作面整平,并对各孔序的桩位作出醒目标记。要测定钻头直径,施钻过程中经常抽测,确保桩径的一致性,以保证墙体厚度,相邻桩间的施工间隔控制在 24 h 以内。

（6）确保钻孔深度的准确性,开钻前检查钻杆长度,细化深度记录盘,使深度记录盘清晰明了,控制深度误差不得大于设计要求。

（7）严格控制施工方法,按照设计确定的数据控制喷浆量和搅拌提升速度（三至五挡）施工,喷浆阶段必须保证连续喷浆。一旦因故停止,应将搅拌机钻头下沉到停止面以下不少于 1.0 m,待恢复供浆后再提升。确保墙体的均匀性,并以桩机前后、左右两边悬挂的两个铅锤校正钻杆垂直度。

（8）墙体用水泥拟选用合格的普通硅酸盐水泥。对于每一个批号进场水泥必须有出厂质量保证单,并随机抽样复检。严禁过期、过潮、结块或变性等劣质的不合格水泥在施工中使用。

7. 老穿堤建筑物拆除

可能产生的隐患:机械设备不足,拆除速度慢、拆除不彻底、拆除扰动地基、拆除防护措施不足等。

质量预控措施如下:

（1）检查承包人是否按投标文件上所报的设备及人员进场,在拆除过程中发现承包人设备及人员不足时,及时要求承包人增加设备及人员。

（2）在拆除前,现场确认拆除部位;在拆除过程中,跟踪检查承包人拆除的方法是否满足施工要求,发现问题,及时指出。

（3）对于老建筑物基础的拆除,应以满足不扰动基础为标准,以人工拆除为主。拆除完成后,及时检查拆除情况。

（4）在拆除过程中,随时检查拆除安全措施的落实情况,发现安全隐患,马上要求承包人停工整改。

8. 基坑排水

可能产生的隐患:排水明槽、集水井布局不合理,或机泵故障,排水效果不好。

质量预控措施如下:

（1）合理布置排水明槽和集水井点。

（2）适量增加设备用潜水电泵。

（3）配备足够的发电机。

9. 建基面清基

可能产生的隐患:高程不足或超挖、位置不准、尺寸不对、建基面存水等。

质量预控措施如下:

（1）复核承包人放线结果,包括资料检查和现场复测。

（2）审核基坑排水措施及方案,现场监督检查开挖情况。

10. 砌石工程

可能产生的隐患:块石质量达不到要求,干砌石叠砌、浮塞、通缝、对缝、浮石、空洞等,浆砌石未采用铺浆法砌筑、砂浆不饱满,上下层出现通缝,人为出现施工分缝,勾缝不美观等。

干砌石质量预控措施如下:

（1）块石料必须选用质地坚硬、不易风化、没有裂缝且大致方正的岩石，不允许使用薄片状石料。石料最小边尺寸应不小于 20 cm，单块重应不小于 25 kg。用于砌体表面的石料必须有一个用作砌体表面的平整面，以保证砌体表面的平整。

（2）石料场选定后，承包人应通知监理工程师到料场进行考察。各选定石料场的块石均应进行进场前的材质检验，必要时，监理工程师应进行见证取样、见证送样或进行监理抽检。未经监理工程师审签批准的块石料不得进场使用。

（3）砌筑前，应在坡面上设置纵向和横向砌体坡面线，以保证砌体的厚度和表面平整度符合设计要求。

（4）砌筑块石应经敲打修整，使之与已砌块石面基本吻合后才能使用。块石砌体的缝口应挤靠紧密，上下错缝，底部应垫稳填实，严禁架空。

（5）不得使用一边厚一边薄的石块或边口很薄而未修整掉的石料。

（6）宜采用立砌法，不得叠砌和浮塞，石料最小边厚度不应小于 20 cm。

（7）砌体的石块间较大的空隙应用合适的石块嵌实，不得随便倒入碎石或留着空洞不予处理。

浆砌石质量预控措施如下：

（1）块石必须选用质地坚硬、不易风化、没有裂缝且大致方正的岩石。石料场选定后，承包人应通知监理工程师到石料场进行考察。各选定石料场的块石均应进行进场前的材质检验，必要时，监理工程师应进行见证取样、见证送样或监理抽检。未经监理工程师审签批准的块石料不得进场使用。水泥、砂和施工用水应符合设计和相关规范要求。

（2）砌筑前，应在坡面上设置纵向和横向砌体坡面线，以保证砌体的厚度和表面平整度符合设计要求。

（3）浆砌块石体必须采用铺浆法砌筑。砌筑时，应先铺砂浆后砌筑，石块应分层卧砌，上下错缝，内外搭砌，砌立稳定。相邻工作段砌筑高差应不大于 1.2 m，每层应大体找平，分段位置应尽量设在沉降缝或伸缩缝处。

（4）在铺砂浆之前，石料应洒水湿润，使其表面充分吸水，但不得有残留积水。砌体基础的第一层石块应将大面向下。砌体的第一层及其转角、交叉与洞穴、孔口等处，均应选用较大的平整毛石。

（5）所有的石块均放在新拌的砂浆上，砂浆缝必须饱满、无缝隙，石缝间不得直接紧靠，不得先摆石块后塞砂浆或干填碎石，不允许采用外面侧立石块、中间填心的方法砌石。灰缝厚度一般为 20～35 mm，较大的空隙应用碎石填塞，但不得在底座上或石块的下面用高于砂浆层的小石块支垫。

（6）砌缝应做到饱满，勾缝自然，无裂缝、脱皮现象，匀称美观，块石形态突出，表面平整。砌体外露面溅染的砂浆应清除干净。

（7）砌体的结构尺寸、位置、外观和表面平整度，必须符合设计规定。

（8）砌体外露面应在砌筑后 12 h 左右安排专人及时洒水养护，养护时间为 14 天，并经常保持外露面的湿润。

（9）砂浆的配合比应在工程开工前经试验确定，并报经监理工程师批准。配合比应采用质量比。在拌和场，配合比要有明显的标牌，便于执行和检查。在现场应备磅秤，便于对使用的容器进行率定。砂浆一般规定用砂浆搅拌机搅拌，搅拌时间不少于 2 min。砂浆数量很少时,才允许人工拌和。砂浆应拌和均匀,一次拌料应在其初凝之前使用完毕。

(10) 砂浆强度试件取样。规定承包人每工作班应至少取一组试件,试件在搅拌机出料口随机取样制作。监理工程师应进行监理抽样检测,其数量以不少于承包人取样的 10% 控制。

11. 模板制作安装

可能产生的隐患:轴线、标高偏差;模板断面、尺寸偏差;模板刚度不够,支撑不牢或沉陷等。

质量预控措施如下:

(1) 绘制关键轴线控制图,监理人员每层复查轴线标高一次,垂直度以经纬仪检查控制;

(2) 绘制预留、预埋图,监理人员在施工队组织自检基础上进行抽查,检查预留、预埋是否符合要求;

(3) 回填主分层夯实,支撑下面应根据荷载大小进行地基验算加设垫块;

(4) 重要模板要经设计计算,保证有足够的强度和刚度;

(5) 模板尺寸偏差按规范要求检查验收。

12. 钢筋绑扎

可能产生的隐患:钢筋数量、间距、绑扎接头布置不合要求;钢筋焊接头偏心弯折,焊缝长、宽、厚度不符合要求,有凹陷、焊瘤、裂纹、烧伤、咬边、气孔、夹渣等缺陷,浇筑时由于支撑不当,钢筋发生整体下沉,产生水平位移。

质量预控措施如下:

(1) 督促承包人提高操作工素质,要求严格按图施工;钢筋制作安装过程中,专业监理人员加强检验工作,控制允许偏差基础上不超过规范规定。

(2) 钢筋合理下料,防止接头集中。

(3) 钢筋代换必须满足设计要求。

(4) 控制混凝土的浇灌、振捣成形的方法,防止钢筋产生过大变形和错位。

(5) 焊接钢筋的焊工应持证上岗。

(6) 焊工正式施焊前,必须按规定进行焊接工艺试验。

(7) 每批钢筋焊接完后,承包人应自检并按规定取样进行机械性能试验,专业监理人员在此基础上对焊接质量进行抽检,对质量怀疑的,应抽样复查其机械性能。

(8) 监理人员检查焊接质量时,应同时检查焊条型号。

(9) 监理人员检查钢筋支撑,必要时进行验算,浇筑时随时检查钢筋有无位移发生。

13. 混凝土浇筑

可能产生的隐患:强度达不到设计要求,和易性不良,混凝土表面出现蜂窝、孔洞,混凝土结构或构件变形,混凝土出现裂缝等。

质量预控措施如下:

(1) 按规定要求控制水泥、砂、石等原材料质量。

(2) 审查承包人的混凝土配合比单,旁站监督混凝土试配和试验,经试验合格后确定使用。

(3) 审查承包人的混凝土施工方案,对混凝土施工过程中有关配料、搅拌时间、离料运输、浇筑方法、振捣要求、坍落度要求等影响混凝土质量的重要因素进行书面交底。

（4）混凝土浇筑前，承包人应完成自检并提交浇筑申请表（开仓证），内容包括混凝土配合比、钢筋检查、模板检查、预埋件及预留孔洞检查、测量放样检查、拌和系统检查、原材料的质检及备料情况、施工机械、施工机具的准备情况等，经监理人员验收合格签证后，方可浇筑。

（5）混凝土施工过程中，监理人员应分布在料场、拌和站、仓面等各个相关点上旁站监督工人按规程操作；随时检查模板及支架的变形情况、钢筋及预埋件的位置偏差情况等，发现问题及时处理，特别要防止模板漏浆及漏振，以确保混凝土的浇筑质量。

（6）雨天混凝土施工的预控措施。掌握天气预报，避免在大雨、暴雨或大风过境时浇筑混凝土；水泥仓库要加强检查，做好防漏、防潮工作；加强骨料含水量的检测工作，控制好水灰比、坍落度。

（7）冬季混凝土施工的预控措施。

① 拌和台应用石棉瓦、毛竹搭设防雨雪的保温棚。

② 设一台小锅炉，在气温高于−8 ℃时，可将水池内的水通过蒸汽加热至 40～50 ℃（不得超过 60 ℃），补给水用地下水。

③ 在气温低于−10 ℃时，先投入骨料与加热水（水温可高），待搅拌一定时间后，拌和料温度降至 40 ℃时，再加入水泥继续搅拌到规定的时间。

④ 添加外加剂的混凝土搅拌时间应延长 1.5～2 min，以保证拌和均匀。

⑤ 在浇筑底板、护坦、铺盖等混凝土时，为加速凝结，增加表面强度，浇筑完成后覆盖一层塑料布和两层草袋。

⑥ 遇有寒流到来或出现极端气温时，平面部位停止浇筑混凝土。对于闸墩、岸墙等，则采用帆布搭暖棚，里边放取暖炉的方法施工。

⑦ 拆除模板时，混凝土的表面温度与自然气温之差不应超过 20 ℃。

⑧ 对已拆除模板的混凝土，应采取保温材料予以保护。结构混凝土在达到规定强度后才允许承受荷载，施工中不得超载，严禁在其上堆放过量的建筑材料或机具。

（8）在混凝土施工过程中会出现塑性收缩裂缝、沉降收缩裂缝、凝缩裂缝、碳化收缩裂缝、干燥收缩裂缝、温度裂缝、沉陷裂缝，在分清原因的基础上，分别采取以下预控措施：

① 塑性收缩裂缝的预控措施：在配制混凝土时，应严格控制水灰比和水泥用量，选择级配良好的砂石，减小空隙率和砂率；同时，要捣固密实，以减少收缩量，提高混凝土抗裂强度。浇筑混凝土前，将基层和模板浇水湿透，避免吸收混凝土中的水分。混凝土浇筑后，对裸露表面应及时用潮湿材料覆盖，认真养护，防止强风吹袭和烈日暴晒。

② 沉降收缩裂缝预控措施：加强混凝土配合比和施工操作控制，不使水灰比、砂率、坍落度过大；振捣要充分，但避免过度。对于截面相差较大的混凝土构筑物，可先浇筑较深部位，静停 2～3 h，待沉降稳定后，再与上部薄截面混凝土同时浇筑，以避免沉降过大导致裂缝。适当增加混凝土的保护层厚度。

③ 凝缩裂缝预控措施：混凝土表面刮抹应限制到最小程度，防止在混凝土表面撒干水泥刮抹，如表面粗糙，可撒较稠水泥砂浆再压光。

④ 碳化收缩裂缝预控措施：避免过度振捣混凝土，不使表面形成砂浆层，同时加强养护，提高表面强度，避免在不通风的地方采用火炉加热保温。

⑤ 干燥收缩裂缝预控措施：混凝土水泥用量、水灰比和砂率不能过大；提高粗骨料含量，以降低干缩量；严格控制砂石含泥量，避免使用过量粉砂，混凝土应振捣密实，并注意对板面进

行抹压,可在混凝土初凝后、终凝前,进行二次抹压,以提高混凝土抗拉强度,减少收缩量。加强混凝土早期养护,并适当延长养护时间。长期露天堆放的预制构件,可覆盖草垫、草袋,避免暴晒,并定期适当喷水,保持湿润。薄壁构件则应在阴凉地方堆放并覆盖,避免发生过大湿度变化。

⑥ 温度裂缝预控措施:合理选择原材料和配合比,采用级配良好的石子;砂、石含泥量控制在规定范围内;在混凝土中掺加减水剂,降低水灰比;严格控制施工分层,浇筑振捣密实,以提高混凝土的抗拉强度。尽量选用低热或中热水泥配制混凝土。加强混凝土的养护和保温,控制结构与外界温度梯度在允许范围(25 ℃)以内。混凝土浇筑后裸露表面及时喷水养护,冬季应适当延长保温和脱模时间,使其缓慢降温,以防温度骤变,温差过大引起裂缝。基础部分及早回填保湿保温,减少温度收缩裂缝。加强早期养护,提高抗拉强度。混凝土浇筑后,表面及时用草垫、草袋或锯屑覆盖,并洒水养护;深坑基础可采取灌水养护措施。

⑦ 沉陷裂缝预控措施:对软硬地基、松软土、填土地等进行必要的夯实和加固。避免直接在较深的松软土或填土上平卧生产较薄的预制构件。模板应支撑牢固,保证整个支撑系统有足够的强度和刚度,并使地基受力均匀。拆模时间不能过早,应按规定执行。

14. 埋件制作安装

可能产生的隐患:漏埋、错埋、锚固不牢等。

质量预控措施如下:

(1)施工前进行技术交底。

(2)在埋件处事先做好标记。

(3)浇筑前进行逐个校对。

(4)固定牢靠,注意振捣,及时校正。

15. 闸门制作安装

(1)闸门制作。

可能产生的缺陷或隐患:焊缝有缺陷,局部不符合要求;门体几何尺寸、组件尺寸及组合错位超过规范允许规定;止水橡皮的质量及其安装精度不符合要求;表面防腐缺陷。

质量预控措施如下:

① 要求生产厂家必须制定合理的生产流程工艺文件,并加强生产过程中的质量控制,检查工艺文件的执行情况。

② 重视原材料的检查,要求所用钢材、焊条符合设计要求,材质证明、试验资料齐全。

③ 施焊人员的资质复核(即焊工合格证的复核)。

④ 重视焊接工艺的检查,并要求按规范试验,资料齐全。

⑤ 闸门制作完成,对整体几何尺寸检查验收,符合图纸技术要求后,方允许安装。

⑥ 对止水橡胶的质量及其安装精度进行控制检查,严格控制防腐材料的厚度及附着力。

(2)闸门安装。

可能产生的缺陷或隐患:固定埋件的锚筋不够准确,埋件安装精度达不到技术要求,闸门吊运措施不力。

质量预控措施如下:

① 重视预埋导轨的制作和安装质量并且表面处理光滑;

② 施工中,重点检查固定埋件的锚栓或锚筋是否按设计要求埋设;

③ 埋件安装检查合格后方可进行二期混凝土浇筑；

④ 制定闸门吊运方案，经批准后方可实施；

⑤ 严格检查每道工序的安装，要求达到安装规范要求。

16. 启闭机安装

可能产生的缺陷或隐患：基础螺栓预埋深度和位置偏差，螺栓外露长度不一致；机架的高程误差、吊点中心误差、水平误差；制动性能不良；手动机构不灵活；电器线路的绝缘性能不良；钢丝绳材质不良；安装后临时使用时不明确专职管理而发生人为事故。

质量预控措施如下：

（1）对进场的启闭机应由厂家出具合格证，试验测试资料齐全，并督促承包人清运复查后安装。

（2）基础预埋螺栓的预埋，二期混凝土浇筑时应注意螺栓的材质、规格及其垂直位置和水平位置，埋入深度及外露长度应一致。

（3）督促承包人启闭机的临时启闭使用，应明确职责，指定专职操作管理人员。

（4）严格控制制动轮的制造和安装精度、制动轮与制动器的接触面积。控制手动机构零件的制造和安装精度。

（5）严格复查电器元件及整体配套件的出厂质量证明。

17. 电气设备安装

可能产生的缺陷或隐患：配电屏（柜）控制台安装基础垫铁不严，调整垫铁超过规定；预埋管道弯管、管口处理不符合要求，影响穿线质量；接地装置接地电阻值大于规定值，焊接不符合规范要求；导线敷设及接线不注意工艺规程，影响安装质量等缺陷。

质量预控措施如下：

（1）重视预埋件的质量检查，如管道弯管半径、管口的处理保护，屏柜基础钢预埋前的平直调整应符合要求；

（2）对进场设备、电缆等安装前应进行全面检查，与设计要求相符合，并收集保管好出厂合格证及有关资料；

（3）督促承包人重视施工工艺，对隐蔽工程的施工应跟班检查，以保证施工质量；

（4）及时测定记录安装中的有关电气指数，如接地装置的接地电阻，电气设备及电缆的绝缘电阻等，发现不符合要求的及时处理，避免返工。

18. 建筑物土方回填

可能产生的隐患：回填土料不合格、填土不足、干密度不满足要求、与建筑物结合不密实等。

质量预控措施如下：

（1）检查回填土料是否符合设计要求。

（2）现场检查回填情况。

（3）严格控制每一层回填厚度，并对回填土取样进行干密度试验。

（4）与建筑物结合面在回填前，应清除干净，再将表面湿润，边涂刷浓泥浆，边回填，泥浆涂刷高度与铺土厚度一致，并与下部涂层衔接，严禁漏刷或早刷。

19. 堤顶防汛路

可能产生的隐患：手摆块石不牢固、泥灰结碎石拌和不均匀、手摆块石到泥灰结碎石压实不密实、磨耗层摊铺不均匀、路面平整度达不到要求等;沥青用量比例控制不好,易起油包和出现车辙,引起油石比的选择适度问题;施工季节的影响等。

质量预控措施如下:

(1) 路槽开挖完成后,在铺设垫层碎石时,碎石应紧密,空隙用小碎石填充密实。

(2) 泥灰结碎石应采用人工或拌土机拌和,要掌握洒水量和用旋耕耙拌和的次数,控制压实的时间和遍数,确保压实的质量。

(3) 对拌和泥灰结碎石所使用的土,应根据设计要求进行试验,在各项指标达到设计要求后才可以使用。

(4) 在整个泥灰结碎石施工过程中,从路槽开挖、手摆块石铺设到泥灰结碎石的铺设都要进行平整度的控制,以控制整个泥灰结碎石路的平整度。

(5) 严格控制沥青用量,油石比选择以接近低限为宜,拌和及摊铺中碎石骨料和油石比例不宜过大,同时对摊铺的厚度、平整度、压实度、摊铺温度、碾压的温度等要经常检查和督促。实施"三快"作业法:快摊铺、快碾压、快检测。

(6) 选择有利的施工季节,安排在春末夏初雨季来临之前为宜。

20. 草皮护坡

可能产生的隐患:草籽的质量不合格、播种时土壤干燥、浇水不及时等。

质量预控措施如下:

(1) 在播种植草前,应对草籽进行现场发芽试验,以确定草籽的质量和合适的播种量,未经监理工程师签证的草籽不得用于施工。

(2) 播种前,应先浇水浸地,保持土壤湿润,稍干后将表层耙平,再播种或铺草块。播草籽应覆盖 3~5 mm 的土,后轻压浇水。

(3) 播植后应及时喷水,水点应细密均匀,浸透土层 8~10 cm。除雨天外,应每天浇水,不得间断,直至成活为止。

21. 外观质量控制

堤防工程和水工建筑物外观质量将直接反映一个工程整体的外部形象,牢固树立建精品工程的意识,彻底改变传统水工施工"重内容,轻外表"的传统做法,追求"内实外美"的精品工程是全体工程建设者的希望。

质量预控措施如下:

(1) 堤防填筑工程。

① 在堤防填筑过程中,严格控制铺填边线,确保刷坡后堤防的坡比达到设计要求。

② 控制堤顶高程和堤顶宽度,按设计和规范要求预留一定的沉陷量。

③ 在堤顶、堤脚和坡面整理时,要按设计要求控制线面的连接自然。

④ 上堤马道要按设计要求铺筑,和堤防的衔接应平顺。

⑤ 草皮护坡要保证成活率。

(2) 建筑物工程。

① 混凝土水平面质量预控措施:为防止表面干缩裂缝,并使其光滑,主要措施为在混凝土浇筑压实找平后,采用真空吸水将表面水分排除,然后用圆盘式抹光机磨光,最后再用叶片式磨光机收光。

② 控制接缝平直度及平整度的措施为:先浇板施工后,进行填缝板安装时,必须板厚一

致,安装牢固,填缝板顶稍低于先浇混凝土板顶 3～5 mm;在后浇板混凝土施工时,最后找平周边,以先浇板为准,必须接缝平整。

③ 混凝土垂直面的质量预控措施如下:

a. 细化模板制作工艺及立模方法。

b. 从原材料上把关,减少混凝土色差。

c. 严格控制水灰比,每工作班不少于 3 次。

d. 模板接缝处填加橡皮条,橡皮条需用胶先贴于一侧模板上,不能突出模板内侧,避免因接缝处漏浆使表面出现麻面。

e. 若浇筑中混凝土产生泌水,则在下一层混凝土浇筑前,及时清除。

f. 拆除模板时,混凝土必须达到规定强度。

g. 对于预留螺栓洞孔的表面修补,应派专人进行。

h. 重要的部位尽量采用新模板。

④ 砌石外观表面的质量预控措施如下:

a. 块石选料。所进块石必须基本方正,到现场后对表面进行凿修,保证每块外表平整;按长度、宽度、厚度进行编号,每块石头标注其几何尺寸。

b. 砌石必须带线砌筑,每层需用相同宽度的石块砌筑,确保砌石成线。

c. 控制好灰缝宽度,灰缝宽度为 20～30 mm,且应均匀一致。

d. 每天砌筑后,必须将砌石表面清理干净。

e. 做好浆砌石勾缝,勾缝采用平缝,勾缝比砌石面凹 3～5 mm,勾缝必须达到宽窄、深浅一致,表面光滑。

⑤ 混凝土预制块护坡质量预控措施如下:

a. 混凝土砌块砌筑是在夯实的垫层上,以单层直立方式铺砌的。垫层和混凝土砌块铺砌层配合砌筑,随铺随砌。组砌合理,铺砌坡度符合设计要求。

b. 预制混凝土块砌筑要平整、稳定、紧密、缝线规则,缝宽不大于 5 mm,表面平整度不大于 10 mm/2 m。

⑥ 装饰工程的质量预控措施如下:

a. 装饰工程所用的材料应按设计要求选用,并应符合现行材料标准的规定。对材料质量发生怀疑时,应抽样检查,合格后方可使用。

b. 装饰工程所用的砂浆、石灰膏、玻璃、涂料等,宜集中加工和配制。

c. 抹灰、涂料和刷浆工程的施工工艺,应符合设计要求。

d. 室外抹灰和饰面工程的施工,一般应自上而下进行。

e. 室内装饰工程的施工顺序应符合有关规定。

f. 室外装饰工程的施工应在适当的温度中进行。

22. 抛石护岸

可能产生的隐患:抛投位置不准确、抛石量不足等。

质量预控措施如下:

(1) 施工前,测出水下地形,并绘出地形图。

(2) 采用网格抛投法施工,用测量控制桩定出各横断面的位置,同时设岸上标示和水上标示,并计算出各网格抛石量。

（3）根据设定网格控制定位船的位置，并根据抛投方量、位置及时进行位移。

（4）抛投从上游向下游、先深后浅、从河中向岸边施工。

6　工程造价控制措施

6.1　工程造价控制的主要内容

协助发包人审查设计图纸，根据合同编制投资控制目标和分年度投资计划。审查被监理方递交的资金计划，审核被监理方的工程计量，签署付款意见。受理索赔申请，进行索赔调查和谈判，并提出处理意见。依据发包人授权处理合同与工程变更，下达变更指令。

6.2　工程造价控制的主要措施

（1）熟悉项目技术规范、工程量清单、设计图纸和合同文件，掌握项目上的工作范围和内容，确定计量方法。

（2）协助发包人选择报价合理的承包人，在签订施工承包合同过程中为发包人当好参谋，订立完善的合同，尽量降低承包人提出索赔的可能。

（3）全面正确领会设计意图，促进设计和施工的优化。

（4）提倡采用新技术、新工艺，以达到提高工程质量和节约工程造价的目的，推动技术进步。

（5）对投资目标进行风险分析，寻求投资易被突破的环节，并采取相应的预控措施。

（6）严格控制经费签证，凡涉及工程量增减、工程量核签、各种付款凭证、工程决算、工程索赔等均由总监理工程师核签后方有效，并上报发包人审批。

（7）审查施工图预算，编制资金使用计划，宏观控制各阶段工程进度款支付，做到平衡、合理。

（8）定期、不定期地进行工程费用支出分析，并提出控制工程费用突破的方案和措施。

（9）严把计量关，力求做到准确无误。

（10）审查施工组织设计和施工方案，按合理的工期组织施工，避免不必要的赶工费。

（11）督促、协调发包人与承包人全面履约，尽量减少承包人提出索赔的机会。索赔发生后及时、准确、公正地处理。

（12）审查工程变更、设计修改，事前进行技术经济合理性预测分析。

（13）严把决算关。选派预决算专业人员，严格执行施工承包合同及国家、省、地方概预算文件，做到项目中有依据、计算方法正确、套用定额准确，确保工程决算的准确性。

（14）做好工程施工记录，保存各种文件图纸，特别是注有实际施工变更情况的图纸，注意积累素材，为正确处理可能发生的索赔提供依据。参与处理索赔事宜。

（15）参与合同修改、补充工作，着重考虑它对投资控制的影响。

7　合同监理措施

7.1　合同的签订

协助发包人拟定项目的各类合同条款，并参与各类合同的洽谈。在施工招标阶段，重点抓发包人与承包人双方草拟的合同条款，推敲每一条款，做到严密、完整，力争施工中可能出现的纠纷均在合同条款中得到解决。

7.2 执行合同

对合同进行跟踪管理,按合同条款控制工期、控制质量、支付工程款。协助发包人处理合同纠纷。

7.3 监理工程师应加强现场监督

及时发现工程进度、质量、安全等方面的问题,予以处理和纠正。预见可能影响工程进度、投资、质量、安全等方面的潜在因素和风险因素,采取主动措施予以克服或防范。

8 信息管理

8.1 监理信息管理体系

(1) 设置信息管理人员并制定相应岗位职责。

(2) 制定包括文档资料收集、分类、整编、归档、保管、传阅、查阅、复制、移交、保密等的制度。

(3) 制定包括文件资料签收、送阅与归档,以及文件起草、打印、校核、签发、传递等在内的文档资料的管理程序。

(4) 文件、报表格式要求如下:

① 常用报告、报表格式采用水利部印发的格式。

② 文件格式遵守国家及有关部门发布的公文管理格式,如文号、签发,标题、关键词、主送与抄送、密级、日期、纸型、版式、字体、份数等。

(5) 建立信息目录分类清单、信息编码体系,确定监理信息资料内部分类归档方案。

(6) 建立信息采集、分析、整理、归档、查询系统及计算机辅助信息管理系统。

8.2 监理文件管理

(1) 按规定程序起草、打印、校核、签发监理文件。

(2) 监理文件应数字准确、简明扼要、用语规范、引用依据恰当。

(3) 按规定格式编写监理文件,紧急文件应注明"急件"字样,有保密要求的文件应注明密级。

8.3 通知与联络规定

(1) 项目监理机构与发包人、承包人及其他人的联络以书面文件为准。特殊情况下可先口头或电话通知,但事后按施工合同约定及时予以书面确认。

(2) 项目监理机构所发出的书面文件,均加盖项目监理机构公章,总监理工程师或其授权的监理工程师签字并加盖本人注册印鉴。

(3) 项目监理机构对所发出的文件做好签发记录,并根据文件类别和规定的发送程序,送达对方指定联系人,并由收件方指定联系人签收。

(4) 项目监理机构对所有来往文件均按施工合同约定的期限及时发出和答复,不得扣压或拖延,也不得拒收。

(5) 项目监理机构收到政府有关管理部门和发包人、承包人的文件,均按规定程序办理签收、送阅、收回和归档等手续。

(6) 在监理合同约定期限内,发包人就项目监理机构书面提交并要求其作出决定的事宜予以书面答复;超过期限,项目监理机构未收到发包人的书面答复,则视为发包人同意。

（7）对于承包人提出要求确认的事宜,项目监理机构在约定时间内作出书面答复,逾期未答复,则视为项目监理机构认可。

8.4　文件的传递规定

（1）除施工合同另有约定外,文件按下列程序传递:

① 承包人向发包人报送的文件均应报送项目监理机构,经项目监理机构审核后转送发包人。

② 发包人关于工程施工中与承包人有关事宜的决定,均应通过项目监理机构通知承包人。

（2）所有来往的文件,除书面文件外,还宜同时发送电子文档。

（3）不符合文件报送程序规定的文件,均视为无效文件。

8.5　监理日志、报告与会议纪要规定

（1）监理人员应及时、认真地按照规定格式与内容填写好监理日志。总监理工程师应定期检查。

（2）项目监理机构在每月的固定时间,向发包人、监理单位报送监理月报。

（3）项目监理机构根据工程进展情况和现场施工情况,向发包人、监理单位报送监理专题报告。

（4）项目监理机构按照有关规定,在各类工程验收时,提交相应的验收监理工作报告。

（5）在监理服务期满后,项目监理机构向发包人、监理单位提交项目监理工作总结报告。

（6）项目监理机构对各类监理会议安排专人负责做好记录和会议纪要的编写工作。会议纪要应分发与会各方,作为实施的依据。项目监理机构及与会各方应根据会议决定的各项事宜,另行发布监理指示或履行相应文件程序。

8.6　档案资料管理

（1）项目监理机构督促承包人按有关规定和施工合同约定做好工程资料档案的管理工作。

（2）项目监理机构按有关规定及监理合同约定,做好监理资料档案的管理工作。凡要求立卷归档的资料,按照规定及时归档。

（3）监理资料档案应妥善保管。

（4）在监理服务期满后,对应由项目监理机构负责归档的工程资料档案逐项清点、整编、登记造册,向发包人移交。

9　安全生产管理

9.1　安全生产管理措施

当前,各级建设主管部门非常重视并一再强调安全生产,项目监理机构把现场安全生产管理视为监理工作的重要组成部分。安全生产管理的具体工作如下。

9.1.1　安全生产管理的保证项目

（1）贯彻执行“安全第一,预防为主”的方针,以及国家现行的有关安全生产的法律、法规,建设行政主管部门安全生产的规章和标准。

（2）督促承包人落实安全生产的组织保证体系,建立健全安全生产责任制。

（3）督促承包人对工人进行安全生产教育及进行安全技术交底。

（4）审查承包人施工方案及安全技术措施。

（5）检查并督促承包人按照施工安全技术标准和规范要求，落实分部、单元工程或各工序及关键部位的安全防护措施。

（6）检查施工现场的消防、冬季防寒、夏季防暑、文明施工、卫生防疫等项工作。

（7）发现违章冒险作业的，要责令其停止作业，发现隐患的，要责令其停工整改。

9.1.2 安全生产管理的一般内容

工地应建立班前活动制度并做记录，无论是工人还是管理人员都必须遵章守纪，特种作业人员需持证上岗，工伤事故应按调查分析规则处理，重大伤亡、险肇事故应按规定及时报告，还应建立工伤事故档案。

（1）各类施工机具设备均应有完整有效的装置保险，安全防护装置、安全运行装置、润滑系统良好，使用方法等均需符合规定的要求并有完整的运转记录、日报表等。

（2）施工用电应保证在建工程与临时高压线的安全距离，支线架设不凌乱，悬挂或埋设妥当，接头良好，不破皮漏电；现场照明应使用安全电压，线路灯具与地面、走道距离不小于规定高度，防潮，不破皮漏电；保护接地或保护接零装置符合规程要求：20 A 以下施工移动电气设备应有漏电保护器且性能良好。

（3）防火防爆方面。应建立防火安全领导小组，有消防逐级签约和领导逐级责任制，并有群众义务性消防组织，进行定期的训练学习、检查；重点部位如电工、焊工、危险品管理、物资仓库管理等应建立明确的岗位责任制和管理规章制度。

（4）季节性防护工作应做到以下方面：现场供应和保证供应经检验合格的饮料及茶水，设备和用具、容器应清洗干净，容器做到密封、加盖、加锁。合理安排作息时间，做好环境卫生，除害灭病，消灭四害滋生地等管理组织措施。

9.1.3 日常的安全管理检查事项

（1）定期召开安全例会，检查是否做到作业者对安全的指示、命令人人皆知。

（2）检查现场安全管理状况，如安全纪律牌、施工公告牌、安全标志牌、安全标语牌，现场道路畅通程度，场区排水情况，材料、构件堆放情况等，及时解决事故隐患。

（3）检查安全"三宝（安全帽、安全带、安全网）"使用情况。

（4）检查工地防火措施，检查施工用电（包括各种电气设备、电气线路）的安全使用状况，杜绝事故隐患。

（5）检查各种施工机械、机具安全操作措施，监督其贯彻实施，要求机械操作工必须持证上岗。

（6）检查起重作业设备的安全稳定措施，重点检查其缆风绳锚桩和限位保险装置。

（7）检查基坑开挖边坡的稳定性，禁止在基坑四周附近堆积重物。

（8）检查脚手架及跳板的设置是否安全可靠。

9.2 文明施工管理措施

（1）督促承包人落实文明生产的组织保证体系，建立健全文明生产责任制。

（2）项目监理机构将对承建单位的文明安全施工做定期的检查，可以做全面检查或分项、专项检查。被检单位应积极配合，不得为应付检查而停工待查或弄虚作假，否则一经发现做不合格处理。

（3）项目监理机构有权针对文明安全施工检查中发现的问题向承建单位发出整改通知单，提出整改意见或具体措施并限期贯彻执行，对违反有关文明安全施工的措施行为有权予以制止和纠正。

10 组织协调的方法、手段

组织协调工作涉及面广，受主观因素和客观因素影响较大。监理单位受业主委托协调项目各参与方关系。

项目协调最常用的方式是召开协调会议和采用适当的协调方法。在工程建设项目施工中，工地会议就成为项目协调的主要方式。

监理机构应建立协调会议制度，协调会议包括第一次工地会议、例会和专题会议。总监理工程师一般应主持参建各方的工作协调会议。

第一次工地会议是在工程开工前，就工程开工准备情况进行检查，介绍各方负责人及其授权人和授权内容，沟通相关信息的会议。

第一次工地会议的具体内容可由有关各方会前约定，由总监理工程师或总监理工程师与项目法人负责人联合主持召开。

总监理工程师应定期主持召开由参建各方有关人员参加的例会，通报工程进展状况，分析当前存在的问题，提出问题的解决方案，并检查上次例会中有关决定的执行情况。

总监理工程师应根据需要，主持召开专题会议，以研究解决施工中出现的技术问题和涉及索赔、工程变更、争议等的问题。

总监理工程师应编写各种协调会的会议纪要，在有关各方签字生效后，监督实施。

除以上协调办法外，还可以采用交谈协调法、书面协调法、访问协调法、情况介绍法等来协调相关方的关系。

11 对影响工程项目工期、质量、投资的关键问题的调解

11.1 对进度（工期）问题的调解

11.1.1 进场道路

进场道路是淮北大堤涡下段加固工程Ⅱ标段开工的前序项目，也是整个工程能否顺利、连续施工的关键因素，因此进场道路在保证自身工期的前提下，还要确保施工质量，以便在整个施工期内能够为工程提供正常服务，保证工程在合同工期内完成施工。

11.1.2 锥孔灌浆

锥孔灌浆是本工程基础性项目，是淮北大堤加固工程能否按期完工的控制性因素。但这项工程的施工工法比较成熟，因此只要选择较为专业的施工队伍，同时配备足够的造孔及灌浆设备，水泥供应及土源充足，即可确保该工程按计划完成。

11.1.3 堤防填筑

堤防和上堤道路的填筑是制约本工程工期的关键因素，它直接影响到后续的堤顶道路和水土保持工程等项目的实施。为了保证工期，首先，作好施工组织设计，加快堤基清理，做好交叉施工安排，确保不窝工和误工；其次，抓住黄金施工时段，增加施工人员和施工设备，加大作

业面;最后,做好冬雨季施工准备,因雨雪天停工能及时复工。

11.1.4　穿堤建筑物

穿堤建筑物是本堤防填筑工程的一个重要组成部分,根据工期要求,在工程开工伊始,应对工程所使用的材料进行采购,制定切实可行的施工方案,在汛期前完成主体工程,确保整个工程安全度汛。

11.1.5　填塘固基

填塘固基受环境和气候的影响较小,只要承包人投入满足要求的机械设备即可按时完成。

11.1.6　堤顶道路和水土保持

在前期工程按期完成的前提下,堤顶道路和水土保持工程受交叉施工的影响较小,在具备施工条件时,应做好材料采购工作,工程施工时,只要投入的机械设备和人力能满足施工要求,即可按期完成。

11.2　对质量问题的理解

11.2.1　锥孔灌浆

锥孔灌浆的主要目的是利用浆液对原堤身裂缝进行充填和对松的土体进行挤压,其主要质量控制要素如下:

(1) 依据设计和现场试验合理确定灌浆压力、浆液的浓度、浆液的稠度、浆液的失水量、浆液的胶体率等指标。

(2) 合理确定灌浆布孔、灌浆压力等指标。

(3) 锥孔灌浆的质量和效果检查如下:

① 现场勘察。对堤顶、坝坡进行全面观察,并与灌浆前的结果相对照。

② 分析原始观测资料。分析停止灌浆后各测点的观测资料,确定堤身的变形是否已基本稳定。

③ 注水试验。现场进行注水试验,检查堤身渗透系数的改善程度。

④ 探井检查。选取沉降量较大和怀疑灌浆质量不够好的堤防段,结合开挖,可分层对浆体和堤身取样进行试验,以评价灌浆质量。

11.2.2　堤防填筑

堤防填筑的质量主要取决于施工参数的确定、击实试验、现场碾压试验、堤基清理、上堤土料的质量及接头处理等,在施工过程中应按规范和设计的要求重点检查以下方面:

(1) 用于堤防填筑的土料质量。

(2) 铺土厚度和碾压参数。

(3) 压实机具的规格和状况。

(4) 土料含水量与碾重是否匹配。

(5) 有无层间光面、弹簧土、漏压或欠压土层及裂缝等。

(6) 新老堤结合部位的处理。

(7) 土料压实的干密度。

11.2.3　原材料质量控制

11.2.3.1　按规范控制原材料的质量

对进场材料各项指标进行抽测,并按规范要求对水泥、黄砂、碎石等原材料在现场做平行检验并跟单送检。

11.2.3.2　混凝土配合比控制

混凝土配合比控制必须通过试验选定。

11.2.3.3　混凝土试压块取样

在混凝土浇筑过程中,按规范规定的抽检频率随机取样,并跟单送至有资质的实验室。

11.2.3.4　混凝土浇筑过程质量控制

在混凝土浇筑过程中,监理全过程跟班旁站,控制配料、振捣、浇筑等。

11.2.3.5　混凝土修整

如表面有蜂窝、凹陷或其他缺陷的混凝土面积或体积小于规范要求,则要求承包人进行修补,大于规范要求则做返工处理。

11.2.3.6　混凝土养护

针对本工程的特点及施工季节,确定养护时间间隔及洒水量。

11.2.3.7　混凝土外形尺寸

控制混凝土的外形尺寸及伸缩缝质量,按照设计图纸严格要求,并满足规范规定。

11.2.4　闸门及启闭机制作与安装

闸门及启闭机是组成水闸工程的基本要素,对闸门及启闭机的质量控制也是水闸质量控制的重点之一。闸门及启闭机的质量控制要素如下。

11.2.4.1　闸门制作安装

(1)钢材、焊条等原材料应符合设计要求,材质证明、试验资料齐全。

(2)焊缝质量,控制缺陷在规范允许范围内。

(3)检查门体几何尺寸、组件尺寸及组合错位。

(4)止水橡皮及安装精度满足规范要求。

(5)表面防腐无缺陷。

(6)闸门埋件安装误差不超过设计值。

11.2.4.2　启闭机安装

(1)基础螺栓预埋深度和位置偏差。

(2)螺栓外露长度是否一致。

(3)机架的高程误差、吊点中心误差、水平误差是否在规范允许范围内。

(4)制动性能是否良好。

(5)手动机构的灵活程度。

(6)电器线路的绝缘性能。

(7)螺杆或钢丝绳的质量。

11.2.5　电气设备采购与安装

电气设备采购与安装质量控制要素如下:

(1)电气设备采购要选择具有国家认定资质的厂家。

(2)配电屏(柜)控制台安装基础轨道铁满足其调整规定。

(3)预埋管道弯管、管口处理较好,不影响穿线质量。

(4)接地装置接地电阻值不大于规定值,焊接符合规范要求。

(5)注意导线敷设及接线工艺规程。

11.2.6　堤顶道路

由于本工程的堤顶道路是在新加固堤防上修筑,对施工工艺的要求相对较高,应充分考虑可能产生的沉陷、局部弹簧等现象,其质量控制要素如下:

(1)块石、黏土和碎石的质量。

(2)路开挖的深度、宽度、平整度和压实密度。

(3)块石摆放的方法、厚度、宽度、牢固和密实情况。

(4)泥灰结碎石拌和的质量、铺设的厚度、宽度、平整度和压实密度。

(5)磨耗层的铺设质量。

11.2.7　水土保持

水土保持工程是堤防防护和环境美化的一个重要措施,其主要质量控制要素如下:

(1)整坡基面高程。

(2)树苗及草籽的质量。

(3)植树、植草程序。

(4)成活或发芽情况。

(5)植树、植草后的浇水情况。

(6)保护情况。

11.3　对投资问题的理解

(1)在承包人进场后,首先应做好原始断面的测量工作,以便较为准确地确定清基量和填筑量。

(2)认真做好料场的规划工作,运用线性规划方法优化运距,以降低工程投资。

(3)慎重对待设计变更,对必要的设计变更要进行技术经济分析,以确保投资得到较好的控制。

(4)严格控制水泥土搅拌桩截渗墙施工,开工前,应按规定先进行先导孔(地质复勘孔)的工作,并绘制地质剖面图,由参建各方共同确定截渗墙的施工参数,避免出现浪费。

(5)依据现场实测,参考设计图纸,准确计量建筑物工程的工程量。

(6)协调好各单项工程的结合及交叉施工,防止出现索赔和重复计量。

A2　监理工作报告编写实例——某水利工程监理工作报告

1　工程概况

某水库是长江上游支流某流域开发的龙头控制工程,位于××区××乡××村,距城区44 km,距××场4.8 km,是一座以灌溉为主,兼有城市供水、防洪、发电、旅游等综合效益的中型水利工程。主要工程项目有拦河坝、导流(放空)洞、溢洪道、坝后电站、渠系工程、××水厂等。拦河坝设计坝型为钢筋混凝土面板碾压堆石坝,坝高53 m,水库正常蓄水位为417 m,库容为3360万立方米,调洪库容为575万立方米,该工程由××施工。溢洪泄流方式为有闸控制的河岸式正堰溢洪泄流,堰顶高程为410 m,设计最大下泄流量为1033 m³/s,由×××负责施工。施工期导流选择低水围堰挡枯水期河水隧洞导流,导流洞最大下泄为278 m³/s,由×

×公司承建。发电厂新增装机容量为 $2×1250$ kW,并改造原高洞电站装机容量为 $2×400$ kW,由××区水电建设公司承建。渠系工程总长 50.8 km ,设计灌溉面积为 11.43 万亩,其左干渠引水隧洞全长 17.68 km,由××公司等 15 个施工单位承建。配套××水厂工程近期按 10 万吨/d,远期按 20 万吨/d 设计。工程概算总投资为 32526 万元,其中水库投资为 18648 万元,电站总投资为 940 万元,水厂动态总投资为 1293 万元。

2　监理规划

　　××水库工程建设业主单位为××开发有限公司,受业主的委托,中国某水电咨询中心承担该水库枢纽工程监理任务,监理范围是首部枢纽工程及坝后电站一座,相应工程投资为 6710 万元。

　　针对××水库工程施工特点,按照与业主签订的工程建设监理合同,××分部在施工现场组建了××水库工程监理部,具体履行监理合同中约定的权利和义务。

2.1　监理制度

　　监理部按照合同规定,结合业主××开发有限公司《关于加强××水利工程建设监理工作的通知》(××〔1998〕58 号)文件精神,制定了《××区××水库大坝枢纽工程施工监理规划》《××水库枢纽工程质量管理实施细则》及《××水库枢纽区施工质量控制规则》等一系列规范性文件,建立了设计审查修改、质量检查处理、验收等 14 项规章制度。

2.2　项目目标

1. 工期目标

　　××水库被××政府列为 1999 年"为民办十件实事"之首要工程,提出"三年工期,两年完成"的奋斗目标,即在 1999 年底大坝主体工程完成,2000 年 5 月达到发电目标。根据业主与各施工单位签订的工程建设承包合同,工期具体为:

　　(1) 拦河坝工程 1998 年 7 月进场,10 月开工,1999 年 12 月 25 日完工。

　　(2) 导流(放空)洞工程 1998 年 6 月 4 日开工,1999 年 4 月 30 日前完工。

　　(3) 溢洪道工程 1998 年 8 月 15 日开工,1999 年 4 月 30 日竣工。

　　(4) 压力洞工程 1998 年 8 月 8 日开工,1999 年 5 月 30 日竣工。

　　(5) 引水式发电厂房 1999 年 1 月开工,2000 年 1 月底竣工,2000 年 5 月发电。

2. 质量目标

合格。

3. 投资目标

以 1998 年预算为基价,静态总投资为	671.0 万元
其中　拦河坝工程	374.9 万元
导流洞工程	19.5 万元
溢洪道工程	42.3 万元
0#压力洞工程	20.6 万元
发电厂房	94.0 万元
机电设备及其工程项	119.7 万元

2.3　组织机构

监理部组织形式采用项目与专业相结合的矩阵制监理组织形式。内部实行总监理工程师负责制,下设现场生产管理组、质量进度控制组、资料档案整理组,在业主单位的支持下配备有水工、机电、施工、地质、测量、试验等专业的监理工程师。按总监理工程师、监理工程师及监理员三级进行管理。

2.4　监理方法

监理部采用主动控制为主、被动控制为辅相结合的动态控制手段,对工程项目实施全方位、全过程的监理,并针对关键部位、隐蔽工程和主要工序实行旁站监理。对施工单位的资质进行严格考查,工程所有的检测方法按规范要求执行,检测设备由监理人员、施工单位及委托的试验单位配备。

3　监理过程

我们与项目法人之间是被委托与委托的合同关系、与施工单位(承包商)之间是监理与被监理的关系。我们依据合同,按照"公正、独立、自主"的原则,开展工程建设监理工作,维护项目法人和施工单位的合法权益。因而,在实际工作中,坚定不移地贯彻"三控制"的目标。对影响到工程的进度和质量的重大问题,提出有预见性的超前建议,供业主正确决策。供施工方更合理地实现合同要求。××水库的监理就是在业主全方位的支持下,在施工单位主动协作下较好地开展工作的,业主支持监理在现场的指挥调度,在各种会议上强调监理工作的重要性和权威性,承包商无条件地执行监理工程师的指令,发现工程存在问题,先向监理通报信息,由监理出面处理,以树立监理在现场的权威,从而保证了工程建设的顺利进行。

3.1　质量控制

质量控制是监理工作的重心。监理部从工程开工以来,自始至终都将质量控制放在第一位。工程质量不仅关系着工程的寿命和运行的安全,在施工期也直接影响工程的进度及效益。在工程质量控制方面我们做了大量的工作。质量控制以主动控制和施工前准备工作(事前)及施工过程(事中)控制的方式为主,已完工程检查验收(事后)控制为辅,强调预防为主。

3.1.1　质量的事前控制

监理工作的主要内容是对设计图纸、文件进行审查签发;对施工单位的施工组织设计、施工技术措施及有关图纸进行审查;对施工单位的质量保证体系、试验资质进行检查,对原材料或半成品进行报验等,使各项工作达到合同规定要求后方能开工。一是制定《××水库枢纽工程质量管理实施细则》及《关于加强大坝枢纽区施工阶段质量控制的通知》,将监理的工程划分为7个单位工程,共39个分部工程,作为质量评定内容和依据,规定了施工阶段质量控制的程序和标准,统一制定了质量控制的10类表格,明确了工序验收,检查以规范、设计为依据。二是掌握和熟悉质量控制的技术依据,考查施工队伍的素质,经审查调整了三个施工单位。保护和发挥好承包商的积极性与创造性,有利于更好地实现工程建设的目标和效益。对于承包商提出的施工方法和施工措施,只要能保证工程质量,对施工进度有好处,监理部都给予了积极的支持,并协助他们完善。对于承包商提出的新技术、新工艺,监理部都仔细加以研究,譬如大坝施工单位××对前期料场及爆破参数的选定提出了有价值的建议,监理部争取业主的支持,在提前完成工程目标方面获得成功。三是审查施工单位施工组织设计或施工方案,如料场开采顺序和调整、爆破参数的修正、导流方式的改变、人工砂石骨料的规范加工、防空洞模板排架的修改、引水洞竹模板改为钢结构、溢洪道塔吊方案的实行、临时度汛方案的修改等一系列工作。四是加强监理监测工作,监理部严格实行检验制,对大坝实验室资质考察,进行堆石料碾压试验、钢筋性能试验、止水铜片性能试验,以及贴缝、对缝焊接试验检查(X 光拍片),对原材料及半成品全部进行报验签证。五是监理应具有强烈的质量意识,在一切监理活动中,都突出质量第一的观点,无论是对图纸审查、对技术要求的审查、监理细则的制定、有关规定的执行,都首先看能否保证质量,同时要求监理人员必须具备把好质量关的基本方法和技能,并在实践中不断提高。监理部总计审查签发设计图纸、设计更改、设计文件××份。六是增强承包商的质量意识,协助他们建立健全质量保证体系,并反复检查、督促他们完善质量保证体系、质量报表、质量事故申报制度,加强和××水库质量监督站的联系,进行试坑、试块检测及现场回弹仪测试工作。

3.1.2　质量的事中控制

施工过程质量控制是整个质量控制工作的重点,以单元工程为基础,按工程的工艺流程进行全过程控制。质量检测实行施工单位自检和监理试验抽检双控制度。加强中间检查,对施工全过程进行跟踪检查监督,即每天随时随地进行工地巡视,发现问题及时采取口头、书面通知,责令整改,性质严重或不及时整改的,予以经济处罚,直至停工整顿。对重点部位和关键工序进行旁站监理。

1. 施工工艺过程质量控制

7 个单位工程施工阶段,采用了观察、旁站、量测、测量、试验等控制手段,并按采料、填筑、混凝土、灌浆、安装等项目进行了旁站监理,大多是 24 h 全天进行,并施行上道工序未经检查不准进行下道工序施工,质检员进行工序验收,监理工程师签发合格证。在程序上,因信息传递有误,发生二次违规现象,皆及时处理,并根据现场实际情况发出监理现场指示、监理指令17 份,督促做好质量改进工作。例如,帷幕灌浆、压水试验、混凝土浇筑等隐蔽工程都实行监理跟班旁站,并规定没有监理在场,这些工序无效。为使大坝填筑碾压达到质量要求,监理 24小时跟班进行碾压记数、签证。要求承包商严格按设计文件施工,凡属设计变更项目皆依设计修改为准。业主或施工单位需要提出的设计变更必须取得设计单位同意,并主动提供资料协助设计单位作出设计变更,各工序施工均处在监理质控之中。

2. 工程质量事故处理

进度控制主要采用主动控制与被动控制相结合、事前控制与事中控制相结合的动态控制方法,通过网络计划、进度横道图、工程形象进度图等对实际进度与计划进度相比较,以工期的奖罚条款作为进度控制的重要手段进行进度控制。

3.2　进度控制

3.2.1　进度的事前控制

(1) 按照××政府提出的"三年工期,两年完成"的分期目标,依据各单位工程签订的施工承包合同工期,监理部进行了认真研究,审核各施工项目部的施工组织设计和进度网络计划,根据总进度分解为年度、月计划,在检查设备、材料供应、施工技术力量状况落实的情况下,由施工单位填报开工申请报告,经监理工程师审核批准,具备开工条件后,下达开工令。

（2）施工总控布置：××水库地处狭窄的河谷地区，缺乏理想的施工布置条件，交通部已解决。前期由于无用料的清除，公路中断，只能采用定期通路，人工运送材料的办法。而中后期限期抢通了上线交通要道，改变了临时度汛方案，利用 408 m 高程堆石坝连通了溢洪道和 0# 压力洞，保证了施工的正常进行。后期大坝升高，限期恢复围堰交通道路，确保了各部位的正常施工。

3.2.2　进度的事中控制

在施工中进行定期检查，对实际进度与计划进度进行对比分析，找出偏差原因并提出了解决问题的措施。

一是对承包商影响进度的设备、材料、人员等进行定期检查，发现问题及时处理。例如，趾板混凝土设备和材料的补充、面板骨料的提前加工、溢洪道混凝土设备增加、人工砂石料场的提前加工、引水洞衬砌增加工作面和技术力量的调整等形成文件资料发至有关部门，同时进行了检查和落实。

二是建立工程进度日志，在工程高峰期建立进度形象及完成实物工程量班日统计，记载影响工程进度的内外因素施工问题处理方法、效果等。

三是月中定期进行施工进度检查和计划调整，月末定期召开生产计划会，总结上月完成情况，布置下月工程任务、计划和措施，共发会议纪要 17 份。

四是加强现场的协调工作。例如，施工中各项目部机械、设备、材料的相互支援，大坝施工与溢洪道施工交通干扰协调，爆破对机械设备、村民财产、人身安全影响的协调等，监理部做了大量工作，在矛盾发生后，及时进行调解，排除了严重纠纷 2 次，避免了不必要的人身伤亡、机械损害事故。

五是根据工程建设合同中的工程量与实际工程量有出入这一特点，我们对次要工程的工期进行了调整，但对面板堆石坝的度汛及完成工期不准拖延。这样既可满足政府提出的目标，又使施工队伍实现合理的工期。大坝自 1998 年 10 月 28 日开工历时 1 年 27 天，于 1999 年 11 月 23 日完工，达到预期目标。

3.2.3　进度的事后控制

进度的事后控制是合同执行工期的校定。由于施工环境和业主提供的施工条件的制约，一定程度上会影响工程的正常施工。监理部按照合同条款的有关规定，根据监理日记及施工记录，对施工单位报送的工期补偿进行核实，最后报业主审核确认工程延期。如溢洪道、0# 压力引水隧洞因进场交通的调整延期，设备和材料无法进场，影响了工程正常进行，监理根据实际情况，并经业主同意后批准了工期延期申请，使工程在合理工期内完成。

1. 关于大坝开工问题

××水库枢纽工程混凝土面板堆石坝其工期能否按合同实现，将严重影响社会效益、经济效益。由于前期导流洞工期的延长，导流围堰无法施工，到 1998 年 10 月初大坝还不具备正式开工的条件。建设、施工双方本着严格履行合同的认真态度，业主主动采取果断措施，改浆砌条石心墙围堰为黏土心墙围堰，为坝基开挖创造条件，冬季枯水期将水源抽至引水渠导流，另开引水洞代替引水渠，以保证小水电厂正常发电，施工方积极配合，日夜奋战，终于在 10 月 26 日完成围堰施工，并为溢洪道、0# 压力引水隧洞创造了交通条件，同日监理部发出××水库拦河坝工程开工令，10 月 28 日正式开工。

2. 关于趾板尽早浇筑的问题

趾板不能按期浇筑混凝土,将影响基础灌浆、坝体堆筑、面板混凝土施工,同时 1999 年汛期大坝度汛也存在问题,年底堆石坝基本完工将成泡影。监理部根据施工规范并参照国内外经验,确定趾板定线开挖与混凝土浇筑同步进行,尽量在科学分析的基础上,督促施工单位抓紧趾板基础清面、断面测量,主动向设计方提供资料,在总工办大力支持下,确定了趾板轴线定位,基本上没有延误工期。但由于工期紧迫,不能有更多的时间进一步研究基础问题,由于基础岩石构造和地形原因,开挖后出现了高趾板,增加了混凝土的回填方量。

3. 大坝施工高峰期的形成

1999 年 1 月份,大坝各项施工条件具备,采料、填筑、混凝土浇筑、灌浆等单项工程全面铺开。承包商施工前期准备工作方面的技术、设备力量不足,管理体制薄弱,质量意识欠缺逐渐暴露,监理部本着实事求是的原则,协助施工单位调整施工方案,整顿施工队伍,引进技术力量,完善质量检查制度,组织施工设备、机械。共组织反铲挖掘机 11 台、汽车 25 辆、推土机 5台、振动碾 4 台、高压钻 2 台及大量浇筑设备等。监理部于 1999 年 2 月 17 日及时下发《混凝土面板堆石坝 1999 年度汛目标及质量保证措施的决定》,统一了各方思想,为度汛任务提出了明确要求,于 2 月下旬施工逐渐形成高潮。与此同时,在监理部具体指导下,大坝项目部制定《关于优质、高产,确保度汛的施工组织措施》,分工明确,责任落实到人,奖罚分明,施工大有起色。高峰期大坝日上料达 0.45 万立方米,月上料达 10.6 万立方米。在 9 个月的堆筑工期中,有 5 个月超设计强度 6.1 万立方米/月。

4. 关于施工期大坝度汛问题

大坝度汛始终是 1999 年上半年工程施工目标,根据施工进度情况,为了做到万无一失,监理部征求业主意见,将原设计汛期大坝挡水度汛改为过水度汛,监理部、工程指挥部、设计单位、施工单位三次进行方案研究,于 4 月 23 日形成纪要,最后确定在右岸高程 391 m 留 30 m宽的临时溢洪道,根据气象预报再确定缺口的封堵时间,防洪能力由设计的 20 年一遇提高到50 年一遇的标准。6 月 10 日,临时溢洪道缺口封堵,这样既有利于大坝全断面上升,又解决了汛期溢洪道及 0♯压力引水隧洞的交通中断问题。

3.3　投资控制

监理部根据监理合同规定的权限范围,以施工承包合同为依据,认真做好工程计量支付、合同变更和合同外项目工程量的审核,把工程投资控制在合同范围内。根据各施工单位所签工程建设承包合同承包方式的不同,采用不同的投资控制方式。大坝工程是总价承包,总投资明确,具有控制性。溢洪道、0♯压力引水隧洞是单价承包。尽管合同中有总价,在每月结算上是以实际完成的工程量进行结算,具有一定的灵活性。电站施工是单价承包,"三边"结算,即"边出图、边干、边算",干完才知道总价,监理部控制较困难。工程量计算是投资控制的主要环节,而准确计量又是确定工程价款的基础,我们尽最大努力在业主的支持下做好了以下工作:

(1) 熟悉设计图纸,研究标底标书,明确收方办法,统一测量断面,使工程计量、项目划分做到清楚、准确。例如,大坝基坑开挖时,开工前以实测原始面地形图为依据,按设计开挖断面复核开挖方量,在开挖总量确认后,计量控制的重点是开挖形象及进度,每月复测开挖地形作为复核工程量的依据。

（2）制定统一的工程进度投资完成月报表。按合同规定的内容逐月逐项申报、审查，由于施工、监理、业主三道程序控制，凡是不经共同收方、计算的项目不予认可，在监理程序中既有现场监理人员的认可，又有总监理工程师的审核，凡是监理部经手的报表，应该说是求实的。

（3）对计量支付实行"动态控制"。一方面与进度控制相结合，按月进度付款，防止超前支付；另一方面与质量控制相结合，要求施工单位进行月工程价款结算时，同时报送质量月报及相应的单元工程质量签证资料，防止对不合格的工程量支付价款。大坝总包在逐月审批中，对不属于原合同的留待竣工时协商解决。其他单位工程按单价结算的项目，逐月按实际情况进行结算，施工单位提出单价调整的按合同条款协商解决。

（4）鉴于实际情况的变化，设计修改超量问题普遍存在。超合同量的项目常有发生，现将各施工单位实际完成工程量附后（略）。

3.4　合同管理

监理部对工程项目的合同实施过程进行全面管理，并保存全套资料和文件，形成该工程的全部文档资料，并要求监理人员要熟悉合同，合理地运用合同，按照合同的有关条款行使监理的有关权力。

1. 以合同为基础统一管理标准

属于监理范围内的大坝枢纽各单位工程在进度和质量控制方面，是依据合同规定的工期和要求的施工规范、设计标准进行控制的，不因原地区、行业、习惯不同有差别而改变，这一原则的确定和执行，统一了各单位工程的施工管理，便于"三控制"的实行。

2. 以合同为依据履行自己职责

在初次实行建设监理制的工程项目，建设各方对实行监理制的认识、做法、态度上千差万别，监理部有效的手段就是以合同规定内容为依据，要求各方履行自己的职责，进而按工程建设的要求统一报表程序和形式，统一质量检查程序和标准，统一会议制度，统一工作制度，基本上满足施工管理的要求。

3. 以合同为准绳严格工程结算

工程结算时，不论是总价承包还是单价承包合同，我们都同时注意预付、借资、合同外的支付等，严格执行合同规定条款。根据合同承包形式不同，工作重点有所区别。大坝为总包，牵涉合同外问题比较敏感突出，监理部不仅逐月逐项计算、审核工程量，控制不超出合同量进行拨款，同时要做好记录，查清项目，为调整工程量做好各种准备。对于单价承包的，当月只要按计划项目工程量计算准确就可结算，不重报、不漏项即可。

4. 合同外管理

监理部根据监理职责，对合同外增加的项目及合同变更都严格按照国家规定的程序办理。一是对合同外增加项目必须签订新合同；二是对于承包商的索赔，必须有合同依据并按索赔程序进行，不能随意处理；三是对于业主或承包商要求变更合同，都必须按已签合同的程序，有书面变更补充或另签补充合同，方能执行，不能以口头指示、许诺作为合同依据。

3.5　信息管理

××水库的监理工作，信息管理是"三控制"的基础，大量的工程数据、资料的收集和处理，对不同的信息分门别类地进行整理汇集，使之服务于工程进度、质量、投资和合同管理及资料归档工作等。我们根据现场实际情况和力所能及的手段做了如下工作：

（1）重视对原始资料的收集。建立了现场监理工作日志，并做了明确的填写规定，对施工单位的值班记录、现场的记录材料都进行了点滴的数据汇集，如施工单位投入的人力、设备、施工的工效、质量、材料及成品质量、施工方法等现场情况。

（2）做好资料的档案管理工作。不同单位的来文和向不同单位发出的不同信息的文件都有明确的编号，按编号建立了××水库枢纽工程信息编码体系，收集整理各类信息资料，查阅十分方便。

（3）做好信息的传递工作，充分发挥信息工作对业主决策、领导部门掌握××水库状况的作用。我们按月编制了《××水库工程完成月投资报表》和《××水库监理协调会议纪要》，双月编发《××水库监理简报》，不定期编发《工程质量安全简报》。

（4）注意形象信息的收集整理。录像、摄影是形象信息，监理部在业主的支持下设有专人负责，将现场的重大事情、工程进展、工程形象、重要工程质量、发生的重大安全事故等都摄入镜头，按规定整理后提供给业主。

（5）督促施工单位及时整理工程资料，一是收集原材料、半成品、试验资料；二是整理质量检查验收评定资料；三是整理逐月完成工程量投资累计表；四是督促检查各施工单位竣工资料的整理。

3.6　组织协调

做好施工阶段的协调工作，对于保证施工现场的施工秩序、保证工程的正常进行都十分重要。

1. 建立工程施工协调会议制度

每月 25 日监理部召集枢纽区各施工单位及业主参加监理部的工程施工协调会议，协调各个施工单位在施工中的交通、放炮、移民等干扰，解决存在的质量、安全、进度、资金等问题，并形成纪要备查。对于施工面上需要协调的问题，由现场工程师召集现场协调会，进行专题有效的协调。

2. 对于工种安排、工序处理的协调

工种安排主要是帮助承包商在安排施工时要有全局观念，要考虑到总目标，工种的先后从有利于进度出发，而工序的协调着重于工程质量的控制，因而对承包商报来的施工组织设计，我们都进行仔细、全面的审查，着重协调各方面的关系。例如，大坝趾板浇筑与填筑施工的协调等。

3. 加强业主与施工单位的协调

业主与施工单位之间的协调主要反映在投资到位和工程进度形象方面。我们在这方面做了大量的协调工作：一是当业主出现资金不能完全满足要求时，在有限的资金情况下合理安排施工单位的工程进度；二是在协调进度与质量关系方面，我们强调质量是进度的保证，没有质量谈不上进度，同样，没有进度，质量也是空的。例如，大坝开工施工方案的协调，机械、设备、技术力量、施工强度的协调，堆筑、碾压与设计要求不适应的协调，度汛方案的协调等都达到了满意的效果。其中，有些协调因分歧较大是在施工中断的情况下协调一致的。

4. 各个施工单位之间的协调

上坝公路修建得到各施工单位的理解、支持。后期通过坝上公路、坝肩公路,为各施工单位提供方便。土建与安装、安装与制造相互配合的协调,设备、材料的互相支援等,这些都是在监理部的组织、业主的支持下协调一致的。

4 监理效果

××水库工程是××区政府 1999 年"为民办十件实事"一号水利工程,各级领导皆十分关注,经常到现场检查指导,在政策上给予很大的支持,对施工高峰期资金给予了保证,在工程建设管理上组织了强有力的领导指挥班子,在各方配合下狠抓了工程施工进度,严格有效地控制了质量标准,合理地进行了投资的控制,达到了工程建设的预期目标。

4.1 工程综合评价

工程进度实现了区政府提出"三年工期,两年完成"的预定目标。监理部在业主的大力支持下,自始至终明确坚持狠抓面板堆石坝单位工程,以该工程为主线布置、调整、检查、协调大坝枢纽区各单位工程的进度。咬定进度、质量、投资控制目标毫不放松,不达目标誓不罢休。混凝土面板堆石坝于 1998 年 6 月 30 日与××签订合同,7 月进场,10 月 28 日正式批准开工,于 1999 年 11 月 23 日混凝土面板堆石坝完工,12 月 31 日下闸蓄水,主体工程历时 13 个月,开工时间比合同规定晚,完工时间略有提前。当然在施工过程中也经历了质量、技术、措施、布置、资金等各种困难、挫折和人际方面的干扰,问题相当复杂,但在大目标的基础上,最终达到团结一致,共同搞好工程建设。其他的单位工程,如溢洪道、0♯压力引水洞、电站厂房等有些合同工期规定的时间较紧,但它的后延,不影响水库工程实际效益的发挥,有一些项目是追加了后续工程的补充合同,有一些项目是为了和金属结构加工、安装的配合或者排除施工干扰,工期相应地做了后延安排,我们认为这是必要的,也是合理的,可以理解,总的工期目标是符合合同精神的,应予肯定。

4.2 质量综合评价

堆石坝各分区填筑质量控制采用碾压参数和干密度(孔隙率)两种参数作为施工控制的主要标准。用试坑法共抽查 54 个,其中有 6 个试坑干密度数据需进一步核实,按规范规定不合质量标准的有 2 个,所测层填料全部返工处理,经重新测试,达到标准。实测颗分级配曲线约 1/5 超出设计颗分级配曲线,或存在着某种粒径的突变,曲线成为局部折线,但这些试坑测试的干密度又符合设计标准,在此予以说明,可进一步探讨。

混凝土施工系统全过程皆进行了质量监控,一方面有现场检测验收、工序验收、旁站监理,另一方面从成品、半成品、混凝土配制及试块技术参数实验室试验的数据资料加以控制。两方面同时控制成果是一致的,符合规范要求,成果可以作为质量评价标准。混凝土施工的主要问题是骨料料源的局限性,被迫采用砂岩加工人工碎石、砂。砂的细度模数不稳定,达1.5~2.6,粉尘偏大,含量达 10%~20%,混凝土配合比突破了水泥常规用量 25%~80%。骨料前期加工地点分散,零星稳定性差,离差系数在规定的范围内稍有变化,后期加工相对集中,均质性好,在水泥用量不变的情况下,离差系数较稳定。在施工前期不同程度地忽视了砂石骨料加工和混凝土试配工作,混凝土施工开工后,工期短,难度大,没时间也不可能大范围调整混凝土的配合比,每立方米多用水泥 67～95 kg,今后施工中应引以为戒。

4.3　投资控制评价

(1) 在施工阶段是按月收方、计量,按月审核,按月支付,总包项目是按分项合同量进行控制的。超过合同工程量计入基本预备费或者留待后期解决,量、款都是清楚的。属于单价承包的项目按施工图和下达的月计划验收、核量,逐月拨款,项目清楚,计量准确。

(2) 在施工承包合同签订阶段,主要施工图已出,而部分图纸和细部结构尚在设计,某些工程量未最后确定,加上临时施工项目大量增加、设计修改、地质问题、施工要求限制等,工程量有相当比例的增加。

5　经验与建议

(1) 正确理解社会主义市场经济条件下监理单位的职责和地位。目前,业主单位在工程建设中处于中心地位,负责对整个工程的总体规划、组织协调、决策等。因此,监理单位的意见和指令及在日常的施工管理工作中,监理工作不能仅仅停留在对工程施工合同执行情况的监督管理上,而应提倡监理工作的服务性,采取"监帮结合"的方针,从工程建设大局出发,努力提高监理工作的预见性和指导性,为业主和施工单位出谋划策,使工程顺利进行。

(2) 必须履行招投标的工作,认真贯彻"三公"原则,所提供的设计文件深化至施工图,并且主要的细部结构已基本齐全,不致使投资控制有较大的变动。建设、设计、施工、监理各工程建设施工单位要同步到位、同步进行工作,以便在施工阶段有充分的准备时间,便于互相间对问题有深化理解,步骤上能够取得一致。

(3) 资金支付比较理想,特别是施工高峰期资金的支付更是影响工程能否顺利进行的关键,而认真做到机械设备、材料及技术力量的及时到位是工程成功的基础。

(4) 下大力气狠抓工程进度,严格全面控制质量检查、验收,严格工序检查。认真履行报表审批制度,是工程"三控制"的重要手段。

(5) 完善、丰富合同内容。合同的签订要符合合同法的基本要求,责任明确,进度、投资、质量规定清楚,不因文字叙述上的原因,造成不确切的理解,影响执行效果。

A3　监理日志编写实例

监理日记

天气	白天	气温:最高气温 27.1 ℃; 风力:西风,7.7 m/s	夜晚	最低气温 16.7 ℃
施工部位、施工内容、施工形象		宜分标段填写,力求完整、简介、扼要,如: 1 标段:标段大坝充填灌浆 0+025～0+045,大坝充填灌浆已完成 67%。 2 标段:上游坝坡干砌石施工、下游坝坡浆砌石排水沟施工,坝顶防浪墙砌石施工。上游坝坡干砌石完成 71%;下游坝坡浆砌石排水沟完成 65%;坝顶防浪墙浆砌石完成 64%。 3 标段:溢洪道左边墙(单元编号)浇筑混凝土,溢洪道边坡浇筑混凝土完成 50%		

续表

天气	白天	气温:最高气温 27.1 ℃; 风力:西风,7.7 m/s	夜晚	最低气温 16.7 ℃
施工质量检验、安全作业情况		宜分标段填写力求完整、简介、扼要,如: 1 标段:大坝充填灌浆,进行×-×-×× 单元验收、质量评定;钻机设有拉缆绳,要求拉缆绳。 2 标段:坝顶防浪墙浆砌石×-×-×× 单元验收,质量评定,施工作业安全。 3 标段:溢洪道左边(单元编号)浇筑混凝土,仓面验收,搅拌机站电闸裸露,要求增加防护措施		
施工作业中存在的问题及处理情况		宜分标段填写力求完整、简介、扼要,如: 2 标段:上游坝坡干砌石有浮砌和叠砌情况,要求返工处理,下游坝坡浆砌石排水沟、防浪墙浆砌石局部砂浆不饱满,要求返工处理,下发监理整改通知。 3 标段:溢洪道左边坡浇筑混凝土,模板缝未按要求封闭,有跑浆现象,另模板有两处变形,要求封闭、矫正加固		
承包人的管理人员及主要技术人员到位情况		宜分标段填写,人员最后指明姓名,如: 1 标段:技术负责人、施工员、质检员、安全员在工地,项目经理有事请假回××。 2 标段:技术负责人、施工员、质检员、安全员在工地		
施工机械投入运行和设备完好情况		宜分标段填写,机械宜注明型号、台数及运行情况,如: 1 标段:DJ-250 钻机 1 台、泥浆机 1 台,运行正常,设备完好。 2 标段:砂浆搅拌机 2 台、装载机 2 台,运行正常,设备完好。 3 标段:250 型混凝土搅拌机 1 台、三轮车 3 辆、振动棒 2 台;运行正常,设备完好		
会议情况				
监理机构签发的意见、通知				
其他				

说明:本表由监理机构指定专人填写,按月装订成册。

附录 B 水利工程监理相关法律法规

B1 水利工程建设监理规定

第一章 总则

第一条 为规范水利工程建设监理活动,确保工程建设质量,根据《中华人民共和国招标投标法》、《建设工程质量管理条例》、《建设工程安全生产管理条例》等法律法规,结合水利工程建设实际,制定本规定。

第二条 从事水利工程建设监理以及对水利工程建设监理实施监督管理,适用本规定。

本规定所称水利工程是指防洪、排涝、灌溉、水力发电、引(供)水、滩涂治理、水土保持、水资源保护等各类工程(包括新建、扩建、改建、加固、修复、拆除等项目)及其配套和附属工程。

本规定所称水利工程建设监理,是指具有相应资质的水利工程建设监理单位(以下简称监理单位),受项目法人(建设单位,下同)委托,按照监理合同对水利工程建设项目实施中的质量、进度、资金、安全生产、环境保护等进行的管理活动,包括水利工程施工监理、水土保持工程施工监理、机电及金属结构设备制造监理、水利工程建设环境保护监理。

第三条 水利工程建设项目依法实行建设监理。

总投资 200 万元以上且符合下列条件之一的水利工程建设项目,必须实行建设监理:

(一) 关系社会公共利益或者公共安全的;

(二) 使用国有资金投资或者国家融资的;

(三) 使用外国政府或者国际组织贷款、援助资金的。

铁路、公路、城镇建设、矿山、电力、石油天然气、建材等开发建设项目的配套水土保持工程,符合前款规定条件的,应当按照本规定开展水土保持工程施工监理。

其他水利工程建设项目可以参照本规定执行。

第四条 水利部对全国水利工程建设理实施统一监督监理。

水利部所属流域管理机构(以下简称流域管理机构)和县级以上地方人民政府水行政主管部门对其所管辖的水利工程建设监理实施监督管理。

第二章 监理业务委托与承接

第五条 按照本规定必须实施建设监理的水利工程建设项目,项目法人应当按照水利工程建设项目招标投标管理的规定,确定具有相应资质的监理单位,并报项目主管部门备案。

项目法人和监临单位应当依法签订监理合同。

第六条 项目法人委托监理业务,应当执行国家规定的工程监理收费标准。

项目法人及其工作人员不得索取、收受监理单位的财物或者其他不正当利益。

第七条 监理单位应当按照水利部的规定,取得《水利工程建设监理单位资质等级证书》,

并在其资质等级许可的范围内承揽水利工程建设监理业务。

两个以上具有资质的监理单位,可以组成一个联合体承接监理业务。联合体各方应当签订协议,明确各方拟承担的工作和责任,并将协议提交项目法人。联合体的资质等级,按照同一专业内资质等级较低的一方确定。联合体中标的,联合体各方应当共同与项目法人签订监理合同,就中标项目向项目法人承担连带责任。

第八条 监理单位与被监理单位以及建筑材料、建筑构配件和设备供应单位有隶属关系或者其他利害关系的,不得承担该项工程的建设监理业务。

监理单位不得以串通、欺诈,胁迫、贿赂等不正当竞争手段承揽水利工程建设监理业务。

第九条 监理单位不得允许其他单位或者个人以本单位名义承揽水利工程建设监理业务。

监理单位不得转让监理业务。

第三章 监理业务实施

第十条 监理单位应当聘用具有相应资格的监理人员从事水利工程建设监理业务。监理人员包括总监理工程师、监理工程师和监理员。监理人员资格应当按照行业自律管理的规定取得。

监理工程师应当由其聘用监理单位(以下简称注册监理单位)报水利部注册备案,并在其注册监理单位从事监理业务;需要临时到其他监理单位从事监理业务的,应当由该监理单位与注册监理单位签订协议,明确监理责任等有关事宜。

监理人员应当保守执(从)业秘密,并不得同时在两个以上水利工程项目从事监理业务,不得与被监理单位以及建筑材料、建筑构配件和设备供应单位发生经济利益关系。

第十一条 监理单位应当按下列程序实施建设监理:

(一)按照监理合同,选派满足监理工作要求的总监理工程师、监理工程师和监理员组建项目监理机构,进驻现场;

(二)编制监理规划,明确项目监理机构的工作范围、内容、目标和依据,确定监理工作制度、程序、方法和措施,并报项目法人备案;

(三)按照工程建设进度计划,分专业编制监理实施细则;

(四)按照监理规划和监理实施细则开展监理工作,编制并提交监理报告;

(五)监理业务完成后,按照监理合同向项目法人提交监理工作报告、移交档案资料。

第十二条 水利工程建设监理实行总监理工程师负责制。

总监理工程师负责全面履行监理合同约定的监理单位职责,发布有关指令,签署监理文件,协调有关各方之间的关系。

监理工程师在总监理工程师授权范围内开展监理工作,具体负责所承担的监理工作,并对总监理工程师负责。

监理员在监理工程师或者总监理工程师授权范围内从事监理辅助工作。

第十三条 监理单位应当将项目监理机构及其人员名单、监理工程师和监理员的授权范围书面通知被监理单位。监理实施期间监理人员有变化的,应当及时通知被监理单位。

监理单位更换总监理工程师和其他主要监理人员的,应当符合监理合同的约定。

第十四条 监理单位应当按照监理合同,组织设计单位等进行现场设计交底,核查并签发施工图。未经总监理工程师签字的施工图不得用于施工。

监理单位不得修改工程设计文件。

第十五条　监理单位应当按照监理规范的要求,采取旁站、巡视、跟踪检测和平行检测等方式实施监理,发现问题应当及时纠正、报告。

监理单位不得与项目法人或者被监理单位串通,弄虚作假、降低工程或者设备质量。

监理人员不得将质量检测或者检验不合格的建设工程、建筑材料、建筑构配件和设备按照合格签字。

未经监理工程师签字,建筑材料、建筑构配件和设备不得在工程上使用或者安装,不得进行下一道工序的施工。

第十六条　监理单位应当协助项目法人编制控制性总进度计划,审查被监理单位编制的施工组织设计和进度计划,并督促被监理单位实施。

第十七条　监理单位应当协助项目法人编制付款计划,审查被监理单位提交的资金流计划,按照合同约定核定工程量,签发付款凭证。

未经总监理工程师签字,项目法人不得支付工程款。

第十八条　监理单位应当审查被监理单位提出的安全技术措施、专项施工方案和环境保护措施是否符合工程建设强制性标准和环境保护要求,并监督实施。

监理单位在实施监理过程中,发现存在安全事故隐患的,应当要求被监理单位整改;情况严重的,应当要求被监理单位暂时停止施工,并及时报告项目法人。被监理单位拒不整改或者不停止施工的,监理单位应当及时向有关水行政主管部门或者流域管理机构报告。

第十九条　项目法人应当向监理单位提供必要的工作条件,支持监理单位独立开展监理业务,不得明示或者暗示监理单位违反法律法规和工程建设强制性标准,不得更改总监理工程师指令。

第二十条　项目法人应当按照监理合同,及时、足额支付监理单位报酬,不得无故削减或者拖延支付。

项目法人可以对监理单位提出并落实的合理化建议给予奖励。奖励标准由项目法人与监理单位协商确定。

第四章　监督管理

第二十一条　县级以上人民政府水行政主管部门和流域管理机构应当加强对水利工程建设监理活动的监督管理,对项目法人和监理单位执行国家法律法规、工程建设强制性标准以及履行监理合同的情况进行监督检查。

项目法人应当依据监理合同对监理活动进行检查。

第二十二条　县级以上人民政府水行政主管部门和流域管理机构在履行监督检查职责时,有关单位和人员应当客观、如实反映情况,提供相关材料。

县级以上人民政府水行政主管部门和流域管理机构实施监督检查时,不得妨碍监理单位和监理人员正常的监理活动,不得索取或者收受被监督检查单位和人员的财物,不得谋取其他不正当利益。

第二十三条　县级以上人民政府水行政主管部门和流域管理机构在监督检查中,发现监理单位和监理人员有违规行为的,应当责令纠正,并依法查处。

第二十四条　任何单位和个人有权对水利工程建设监理活动中的违法违规行为进行检举和控告。有关水行政主管部门和流域管理机构以及有关单位应当及时核实、处理。

第五章　罚则

第二十五条　项目法人将水利工程建设监理业务委托给不具有相应资质的监理单位,或者必须实行建设监理而未实行的,依照《建设工程质量管理条例》第五十四条、第五十六条处罚。

项目法人对监理单位提出不符合安全生产法律、法规和工程建设强制性标准要求的,依照《建设工程安全生产管理条例》第五十五条处罚。

第二十六条　项目法人及其工作人员收受监理单位贿赂、索取回扣或者其他不正当利益的,予以追缴,并处违法所得 3 倍以下且不超过 3 万元的罚款;构成犯罪的,依法追究有关责任人员的刑事责任。

第二十七条　监理单位有下列行为之一的,依照《建设工程质量管理条例》第六十条、第六十一条、第六十二条、第六十七条、第六十八条处罚:

(一) 超越本单位资质等级许可的业务范围承揽监理业务的;

(二) 未取得相应资质等级证书承揽监理业务的;

(三) 以欺骗手段取得的资质等级证书承揽监理业务的;

(四) 允许其他单位或者个人以本单位名义承揽监理业务的;

(五) 转让监理业务的;

(六) 与项目法人或者被监理单位串通,弄虚作假、降低工程质量的;

(七) 将不合格的建设工程、建筑材料、建筑构配件和设备按照合格签字的;

(八) 与被监理单位以及建筑材料、建筑构配件和设备供应单位有隶属关系或者其他利害关系承担该项工程建设监理业务的。

第二十八条　监理单位有下列行为之一的,责令改正,给予警告;无违法所得的,处 1 万元以下罚款,有违法所得的,予以追缴,处违法所得 3 倍以上且不超过 3 万元罚款;情节严重的,降低资质等级;构成犯罪的,依法追究有关责任人员的刑事责任:

(一) 以串通、欺诈、胁迫、贿赂等不正当竞争手段承揽监理业务的;

(二) 利用工作便利与项目法人,被监理单位以及建筑材料、建筑构配件和设备供应单位串通,谋取不正当利益的。

第二十九条　监理单位有下列行为之一的,依照《建设工程安全生产管理条例》第五十七条处罚:

(一) 未对施工组织设计中的安全技术措施或者专项施工方案进行审查的;

(二) 发现安全事故隐患未及时要求施工单位整改或者暂时停止施工的;

(三) 施工单位拒不整改或者不停止施工,未及时向有关水行政主管部门或者流域管理机构报告的;

(四) 未依照法律、法规和工程建设强制性标准实施监理的。

第三十条　监理单位有下列行为之一的,责令改正,给予警告;情节严重的,降低资质等级:

(一) 聘用无相应监理人员资格的人员从事监理业务的;

(二) 隐瞒有关情况、拒绝提供材料或者提供虚假材料的。

第三十一条　监理人员从事水利工程建设监理活动,有下列行为之一的,责令改正,给予警告;其中,监理工程师违规情节严重的,注销注册证书,2 年内不予注册;有违法所得的,予以

追缴,并处 1 万元以下罚款;造成损失的,依法承担赔偿责任;构成犯罪的,依法追究刑事责任:

(一)利用执(从)业上的便利,索取或者收受项目法人、被监理单位以及建筑材料、建筑构配件和设备供应单位财物的;

(二)与被监理单位以及建筑材料、建筑构配件和设备供应单位串通,谋取不正当利益的;

(三)非法泄露执(从)业中应当保守的秘密的。

第三十二条　监理人员因过错造成质量事故的,责令停止执(从)业 1 年,其中,监理工程师因过错造成重大质量事故的,注销注册证书,5 年内不予注册,情节特别严重的,终身不予注册。

监理人员未执行法律、法规和工程建设强制性标准的,责令停止执(从)业 3 个月以上 1 年以下,其中,监理工程师违规情节严重的,注销注册证书,5 年内不予注册,造成重大安全事故的,终身不予注册;构成犯罪的,依法追究刑事责任。

第三十三条　水行政主管部门和流域管理机构的工作人员在工程建设监理活动的监督管理中玩忽职守、滥用职权、徇私舞弊的,依法给予处分;构成犯罪的,依法追究刑事责任。

第三十四条　依法给予监理单位罚款处罚的,对单位直接负责的主管人员和其他直接责任人员处单位罚款数额百分之五以上、百分之十以下的罚款。

监理单位的工作人员因调动工作、退休等原因离开该单位后.被发现在该单位工作期间违反国家有关工程建设质量管理规定,造成重大工程质量事故的,仍应当依法追究法律责任。

第三十五条　降低监理单位资质等级、吊销监理单位资质等级证书的处罚以及注销监理工程师注册证书,由水利部决定;其他行政处罚,由有关水行政主管部门依照法定职权决定。

第六章　附则

第三十六条　本规定所称机电及金属结构设备制造监理是指对安装于水利工程的发电机组、水轮机组及其附属设施,以及闸门、压力钢管、拦污设备,起重设备等机电及金属结构设备生产制造过程中的质量、进度等进行的管理活动。

本规定所称水利工程建设环境保护监理是指对水利工程建设项目实施中产生的废(污)水、垃圾、废渣、废气、粉尘、噪声等采取的控制措施所进行的管理活动。

本规定所称被监理单位是指承担水利工程施工任务的单位,以及从事水利工程的机电及金属结构设备制造的单位。

第三十七条　监理单位分立、合并、改制、转让的,由继承其监理业绩的单位承担相应的监理责任。

第三十八条　有关水利工程建设监理的技术规范,由水利部另行制定。

第三十九条　本规定自 2007 年 2 月 1 日起施行。《水利工程建设监理规定》(水建管〔1999〕637 号)、《水土保持生态建设工程监理管理暂行办法》(水建管〔2003〕79 号)同时废止。《水利工程设备制造监理规定》(水建管〔2001〕217 号)与本规定不一致的,依照本规定执行。

B2　水利工程建设监理人员资格管理办法

第一章　总则

第一条　为提高建设监理工作水平,实施水利工程建设监理人员资格管理,依据《水利工程建设监理规定》和《中国水利工程协会章程》,制定本办法。

第二条　申请水利工程建设监理人员(以下简称监理人员)资格,对监理人员实施资格管理,适用本办法。

第三条　监理人员资格管理实行行业自律管理制度。中国水利工程协会负责全国水利工程建设监理人员的行业自律管理工作。

第四条　从事水利工程建设监理活动的人员,应当按照本办法规定,取得相应的资格(岗位)证书。

监理人员分为总监理工程师、监理工程师、监理员。总监理工程师实行岗位资格管理制度,监理工程师实行执业资格管理制度,监理员实行从业资格管理制度。

第五条　监理员、监理工程师的监理专业分为水利工程施工、水土保持工程施工、机电及金属结构设备制造、水利工程建设环境保护4类。其中,水利工程施工类设水工建筑、机电设备安装、金属结构设备安装、地质勘察、工程测量5个专业,水土保持工程施工类设水土保持1个专业,机电及金属结构设备制造类设机电设备制造、金属结构设备制造2个专业,水利工程建设环境保护类设环境保护1个专业。

总监理工程师不分类别、专业。

第六条　监理人员资格管理工作内容包括监理人员资格考试、考核、审批、培训和监督检查等。

中国水利工程协会负责全国水利工程建设监理人员资格管理工作。负责全国总监理工程师资格审批;负责全国监理工程师资格审批,归口管理全国监理员资格审批,负责水利部直属单位的监理员资格审批工作。

流域管理机构指定的行业自律组织或中介机构受中国水利工程协会委托,负责本流域管理机构所属单位的监理员资格审批工作。

省级水行政主管部门指定的行业自律组织或中介机构受中国水利工程协会委托,负责本行政区域内的监理员资格审批工作。

第二章　监理人员资格取得

第七条　取得监理员从业资格,须由中国水利工程协会审批,或者由具有审批管辖权的行业自律组织或中介机构审批并报中国水利工程协会备案后,颁发《全国水利工程建设监理员资格证书》。取得监理工程师资格,须经中国水利工程协会组织的资格考试合格,并颁发《全国水利工程建设监理工程师资格证书》。取得总监理工程师岗位资格,须持有《水利工程建设监理工程师注册证书》并经培训合格后,由中国水利工程协会审批并颁发《全国水利工程建设总监理工程师岗位证书》。

第八条　申请监理员资格应同时其备以下条件:

(一)取得工程类初级专业技术职务任职资格,或者具有工程类相关专业学习和工作经历(中专毕业且工作5年以上、大专毕业且工作3年以上、本科及以上学历毕业且工作1年以上);

(二)经培训合格;

(三)年龄不超过60周岁。

第九条　申请监理员资格,由监理单位签署意见后向具有审批管辖权的单位申报,并提交以下有关材料:

（一）《水利工程建设监理员资格申请表》；

（二）身份证、学历证书或专业技术职务任职资格证书、监理员培训合格证书。

第十条 审批单位自收到监理员资格申请材料后，应当在 20 个工作日内完成审批，审批结果报中国水利工程协会备案后，颁发《全国水利工程建设监理员资格证书》。

监理员资格证书由中国水利工程协会统一印制、统一编号，由审批单位加盖中国水利工程协会统一规格的资格管理专用章。监理员资格证书有效期一般为 3 年。

中国水利工程协会定期向社会公布取得监理员资格的人员名单，接受社会监督。

第十一条 监理工程师资格考试，一般每年举行一次，全国统一考试。

第十二条 申请监理工程师资格考试者，应同时具备以下条件：

（一）取得工程类中级专业技术职务任职资格，或者具有工程类相关专业学习和工作经历（大专毕业且工作 8 年以上、本科毕业且工作 5 年以上、硕士研究生毕业且工作 3 年以上）；

（二）年龄不超过 60 周岁；

（三）有一定的专业技术水平，组织协调能力和管理能力。

第十三条 申请监理工程师资格考试，应当向中国水利工程协会申报，并提交以下材料：

（一）《水利工程建设监理工程师资格考试申请表》；

（二）身份证、学历证书或专业技术职务任职资格证书。

第十四条 中国水利工程协会对申请材料组织审查，对审查合格者准予参加考试。

第十五条 中国水利工程协会向考生公布考试结果，公示合格者名单，向考试合格者颁发《全国水利工程建设监理工程师资格证书》。

对监理工程师考试结果公示有异议的，可向中国水利工程协会申诉或举报。

第十六条 申请总监理工程师岗位资格应同时具备以下条件：

（一）具有工程类高级专业技术职务任职资格并在监理工程师岗位从事水利工程建设监理工作的经历不少于 2 年；

（二）已取得《水利工程建设监理工程师注册证书》；

（三）经总监理工程师岗位培训合格；

（四）年龄不超过 65 周岁；

（五）具有较高的专业技术水平、组织协调能力和管理能力。

第十七条 申请总监理工程师岗位资格，应由其注册的监理单位签署意见后向中国水利工程协会申报，并提交以下材料：

（一）《水利工程建设总监理工程师岗位资格申请表》；

（二）《水利工程建设监理工程师注册证书》、专业技术职务任职资格证书、总监理工程师岗位培训合格证书；

（三）由监理单位和建设单位共同出具近两年监理工作经历证明材料。

第十八条 中国水利工程协会组织评审总监理工程师申请材料，并将评审结果公示，公示期满后向合格者颁发《全国水利工程建设总监理工程师岗位证书》，证书有效期一般为 3 年。

对总监理工程师岗位资格评审结果有异议的，可在公示期内向中国水利工程协会申诉或举报。

第十九条 中国水利工程协会负责监理人员有关培训管理工作，统一颁发培训合格证书。

第三章　监理人员资格管理

第二十条　《全国水利工程建设监理员资格证书》有效期满需继续从业的，应在有效期满前 30 个工作日内，由监理单位到有审批管辖权的单位申请办理延续手续，并报中国水利工程协会备案。

监理员允许从业时间不足 3 年的，应当按其实际可从业期限确定资格证书有效期。

监理员在证书有效期内至少参加一次由中国水利工程协会组织的教育培训。

第二十一条　取得《全国水利工程建设监理工程师资格证书》，未按照《水利工程建设监理工程师注册管理办法》进行注册的，在 3 年内至少参加一次由中国水利工程协会组织的教育培训，以保持其资格的有效性。

第二十二条　《全国水利工程建设总监理工程师岗位证书》有效期满需继续从事本岗位工作的，应当在有效期满前 30 个工作日内，由监理单位到中国水利工程协会申请办理延续手续。

总监理工程师允许从事本岗位工作时间不足 3 年的，应当按其实际可从事本岗位工作的期限确定岗位证书有效期。

第二十三条　监理人员资格申请人应对其提交申请材料内容的真实性负责，禁止提供虚假材料或以欺骗等不正当手段取得相应的资格（岗位）证书。

第二十四条　监理人员资格（岗位）证书应当由本人保管。任何单位和个人不得涂改、伪造、出借、倒卖、转让监理人员资格（岗位）证书，不得非法扣压、没收监理人员资格（岗位）证书。

第二十五条　资格管理人员在进行监理人员资格管理过程中，应遵守下列规定：

（一）不得违反监理人员资格管理有关规定；

（二）不得滥用职权、玩忽职守、徇私舞弊；

（三）应当依法维护监理人员的知情权、申诉权和诉讼权；

（四）不得索取、接受监理单位或监理人员的财物或其他好处。

第二十六条　有下列情形之一的，中国水利工程协会撤销已批准的监理人员资格：

（一）违反本办法规定程序批准的；

（二）不具备本办法规定条件批准的；

（三）有关单位超越职权范围批准的；

（四）以欺骗等不正当手段取得资格的；

（五）严重违反行业自律规定的；

（六）应当撤销的其他情形。

第二十七条　取得监理人员资格后有下列情形之一的，中国水利工程协会注销其相应的资格（岗位）证书。

（一）完全丧失民事行为能力的；

（二）死亡或者依法宣告死亡的；

（三）超过本办法规定的监理人员年龄限制的；

（四）超过资格（岗位）证书有效期而未延续的；

（五）监理人员资格批准决定被依法撤销、撤回或资格（岗位）证书被依法吊销的；

（六）应当注销的其他情形。

第二十八条　监理人员遗失资格（岗位）证书，应当在资格审批单位指定的媒体声明后，向资格审批单位申请补发相应的资格（岗位）证书。

第二十九条　中国水利工程协会对监理人员资格实行动态管理。监理单位应当每年将本单位监理人员的从业情况,向中国水利工程协会申报备案,并对备案材料内容的真实性负责。

在监督检查中,发现监理人员不符合资格条件的,由中国水利工程协会依据行业自律有关规定予以查处。

第四章　罚则

第三十条　隐瞒有关情况或者提供虚假材料申请监理人员资格的,不予受理或者不予认定,并给予警告,且一年内不得重新申请。

以欺骗等不正当手段取得监理人员资格(岗位)证书的,吊销相应的资格(岗位)证书,三年内不得重新申请。

第三十一条　监理人员涂改、倒卖、出租、出借、伪造资格(岗位)证书,或者以其他形式非法转让资格(岗位)证书的,吊销相应的资格(岗位)证书。

第三十二条　监理人员从事工程建设监理活动,有下列行为之一,情节严重的,吊销相应的资格(岗位)证书:

(一)利用执(从)业上的便利,索取或收受项目法人、被监理单位以及建筑材料、建筑构配件和设备供应单位财物的;

(二)与被监理单位以及建筑材料、建筑构配件和设备供应单位串通,谋取不正当利益或损害他人利益的;

(三)将质量不合格的建设工程、建筑材料、建筑构配件和设备按照合格签字的;

(四)泄露执(从)业中应当保守的秘密的;

(五)从事工程建设监理活动中,不严格履行监理职责,造成重大损失的。

监理工程师从事工程建设监理活动,因违规被水行政主管部门处以吊销注册证书的,吊销相应的资格证书。

第三十三条　监理人员因过错造成质量事故的,责令停止执(从)业一年;造成重大质量事故的,吊销相应的资格(岗位)证书,五年内不得重新申请;情节特别恶劣的,终身不得申请。

监理人员未执行法律、法规和工程建设强制性条文且情节严重的,吊销相应的资格(岗位)证书,五年内不得重新申请;造成重大安全事故的,终身不得申请。

第三十四条　资格管理工作人员在管理监理人员的资格活动中玩忽职守、滥用职权、徇私舞弊的,按行业自律有关规定给予处罚;构成犯罪的,依法追究刑事责任。

第三十五条　监理人员被吊销相应的资格(岗位)证书,除已明确规定外,三年内不得重新申请。

第三十六条　当事人对处罚决定不服的,可以向中国水利工程协会申请复议或向有关主管部门申诉。

第三十七条　本规定的吊销资格(岗位)证书的处罚,由中国水利工程协会作出。

第五章　附则

第三十八条　监理人员资格申请材料的格式由中国水利工程协会统一规定;监理人员资格(岗位)证书由中国水利工程协会统一印制。

第三十九条　本办法自 2007 年 2 月 1 日起施行。

B3　水利工程建设项目管理规定(试行)

第一章　总则

第一条　为适应建立社会主义市场经济体制的需要,进一步加强水利工程建设的行业管理,使水利工程建设项目管理逐步走上法制化、规范化的道路,保证水利工程建设的工期、质量、安全和投资效益。根据国家有关政策法规,结合水利水电行业特点,制定本规定。

第二条　本管理规定适用于由国家投资、中央和地方合资、企事业单位独资、合资以及其他投资方式兴建的防洪、除涝、灌溉、发电、供水、围垦等大中型(包括新建、续建、改建、加固、修复)工程建设项目,小型水利工程建设项目可以参照执行。

第三条　水利工程建设项目管理实行统一管理、分级管理和目标管理。逐步建立水利部、流域机构和地方水行政主管部门以及建设项目法人分级、分层次管理的管理体系。

第四条　水利工程建设项目管理要严格按建设程序进行,实行全过程的管理、监督、服务。

第五条　水利工程建设要推行项目法人责任制、招标投标制和建设监理制,积极推行项目管理。

第二章　管理体制及职责

第六条　水利部是国务院水行政主管部门,对全国水利工程建设实行宏观管理。水利部建设司是水利部主管水利建设的综合管理部门,在水利工程建设项目管理方面,其主要管理职责是:

1. 贯彻执行国家的方针政策,研究制订水利工程建设的政策法规,并组织实施;

2. 对全国水利工程建设项目进行行业管理;

3. 组织和协调部属重点水利工程的建设;

4. 积极推行水利建设管理体制的改革,培育和完善水利建设市场;

5. 指导或参与省属重点大中型工程、中央参与投资的地方大中型工程建设的项目管理。

第七条　流域机构是水利部的派出机构,对其所在流域行使水行政主管部门的职责。负责本流域水利工程建设的行业管理:

1. 以水利部投资为主的水利工程建设项目,除少数特别重大项目由水利部直接管理外,其余项目均由所在流域机构负责组织建设和管理。逐步实现按流域综合规划、组织建设、生产经营、滚动开发;

2. 流域机构按照国家投资政策,通过多渠道筹集资金,逐步建立流域水利建设投资主体,从而实现国家对流域水利建设项目的管理。

第八条　省(自治区、直辖市)水利(水电)厅(局)是本地区的水行政主管部门,负责本地区水利工程建设的行业管理。

1. 负责本地区以地方投资为主的大中型水利工程建设项目的组织建设和管理;

2. 支持本地区的国家和部属重点水利工程建设,积极为工程创造良好的建设环境。

第九条　水利工程项目法人对建设项目的立项、筹资、建设、生产经营、还本付息以及资产保值增值的全过程负责,并承担投资风险。代表项目法人对建设项目进行管理的建设单位是项目建设的直接组织者和实施者。负责按项目的建设规模、投资总额、建设工期、工程质量,实行项目建设的全过程管理,对国家或投资各方负责。

第三章　建设程序

第十条　水利是国民经济的基础设施和基础产业。水利工程建设要严格按建设程序进行。水利工程建设程序一般分为：项目建议书、可行性研究报告、初步设计、施工准备（包括招标设计）、建设实施、生产准备、竣工验收、后评价等阶段。

第十一条　建设前期根据国家总体规划以及流域综合规划，开展前期工作，包括提出项目建议书、可行性研究报告和初步设计（或扩大初步设计）。

第十二条　建设项目初步设计文件已批准，项目投资来源基本落实，可以进行主体工程招标设计和组织招标工作以及现场施工准备。

第十三条　项目法人或建设单位向主管部门提出主体工程开工申请报告，按审批权限，经批准后，方能正式开工。

主体工程开工，必须具备以下条件：

1. 前期工程各阶段文件已按规定批准，施工详图设计可以满足初期主体工程施工需要；

2. 建设项目已列入国家年度计划，年度建设资金已落实；

3. 主体工程招标已经决标，工程承包合同已经签订，并得到主管部门同意；

4. 现场施工准备和征地移民等建设外部条件能够满足主体工程开工需要。

第十四条　项目建设单位要按批准的建设文件，充分发挥监理的主导作用，协调设计、监理、施工以及地方等各方面的关系，实行目标管理。建设单位与设计、监理、工程承包单位是合同关系，各方面应严格履行合同。

1. 项目建设单位要建立严格的现场协调或调度制度。及时研究解决设计、施工的关键技术问题。从整体效益出发，认真履行合同，积极处理好工程建设各方的关系为施工创造良好的外部条件。

2. 监理单位受项目建设单位委托，按合同规定在现场从事组织、管理、协调、监督工作。同时，监理单位要站在独立公正的立场上，协调建设单位与设计、施工等单位之间的关系。

3. 设计单位应按合同及时提供施工详图，并确保设计质量。按工程规模，派出设计代表组进驻施工现场解决施工中出现的设计问题。施工详图经监理单位审核后交施工单位施工。设计单位对不涉及重大设计原则问题的合理意见应当采纳并修改设计。若有分歧意见，由建设单位决定。如涉及初步设计重大变更问题，应由原初步设计批准部门审定。

4. 施工企业要切实加强管理，认真履行签订的承包合同。在施工过程中，要将所编制的施工计划、技术措施及组织管理情况报项目建设单位。

第十五条　工程验收要严格按国家和水利部颁布的验收规程进行。

1. 工程阶段验收：

阶段验收是工程竣工验收的基础和重要内容，凡能独立发挥作用的单项工程均应进行阶段验收，如：截流（包括分期导流）、下闸蓄水、机组起动、通水等是重要的阶段验收。

2. 工程竣工验收：

（1）工程基本竣工时，项目建设单位应按验收规程要求组织监理、设计、施工等单位提出有关报告，并按规定将施工过程中的有关资料、文件、图纸造册归档。

（2）在正式竣工验收之前，应根据工程规模由主管部门或由主管部门委托项目建设单位组织初步验收，对初验查出的问题应在正式验收前解决。

（3）质量监督机构要对工程质量提出评价意见。

（4）根据初验情况和项目建设单位的申请验收报告。决定竣工验收有关事宜。国家重点水利建设项目由国家计委会同水利部主持验收。部属重点水利建设项目由水利部主持验收。部属其他水利建设项目由流域机构主持验收,水利部进行指导。中央参与投资的地方重点水利建设项目由省（自治区、直辖市）政府会同水利部或流域机构主持验收。地方水利建设项目由地方水利主管部门主持验收。其中,大型建设项目验收,水利部或流域机构派员参加;重要中型建设项目验收,流域机构派员参加。

第四章　实行"三项制度"改革

第十六条　对生产经营性的水利工程建设项目要积极推行项目法人责任制;其他类型的项目应积极创造条件,逐步实行项目法人责任制。

1. 工程建设现场的管理可由项目法人直接负责,也可由项目法人组建或委托一个组织具体负责。负责现场建设管理的机构履行建设单位职能。

2. 组建建设单位由项目主管部门或投资各方负责。

建设单位需具备下列条件:

（1）具有相对独立的组织形式。内部机构设置,人员配备能满足工程建设的需要;

（2）经济上独立核算或分级核算;

（3）主要行政和技术、经济负责人是专职人员,并保持相对稳定。

第十七条　凡符合本规定第二条要求的大中型水利建设项目都要实行招标投标制:

1. 水利建设项目施工招标投标工作按国家有关规定或国际采购导则进行,并根据工程的规模、投资方式以及工程特点,决定招标方式。

2. 主体工程施工招标应具备的必要条件:

（1）项目的初步设计已经批准,项目建设已列入计划,投资基本落实;

（2）项目建设单位已经组建,并具备应有的建设管理能力;

（3）招标文件已经编制完成,施工招标申请书已经批准;

（4）施工准备工作已满足主体工程开工的要求。

3. 水利建设项目招标工作,由项目建设单位具体组织实施。招标管理按第二章明确的分级管理原则和管理范围,划分如下:

（1）水利部负责招标工作的行业管理,直接参与或组织少数特别重大建设项目的招标工作,并做好与国家有关部门的协调工作;

（2）其他国家和部属重点建设项目以及中央参与投资的地方水利建设项目的招标工作,由流域机构负责管理;

（3）地方大中型水利建设项目的招标工作,由地方水行政主管部门负责管理。

第十八条　水利工程建设,要全面推行建设监理制。

1. 水利部主管全国水利工程的建设监理工作。

2. 水利工程建设监理单位的选择。

3. 要加强对建设监理单位的管理,监理工程师必须持证上岗,监理单位必须持证营业。应采用招标投标的方式确定。

第十九条　水利施工企业要积极推行项目管理。项目管理是施工企业走向市场,深化内部改革,转换经营机制,提高管理水平的一种科学的管理方式。

1. 施工企业要按项目管理的原理和要求组织施工,在组织结构上,实行项目经理负责制;

在经营管理上,建立以经济效益为目标的项目独立核算管理体制;在生产要素配置上,实行优化配置,动态管理;在施工管理上,实行目标管理。

2. 项目经理是项目实施过程中的最高组织者和责任者。项目经理必须按国家有关规定,经过专门培训,持证上岗。

第五章　其他管理制度

第二十条　水利建设项目要贯彻"百年大计,质量第一"的方针,建立健全质量管理体系。

1. 水利部水利工程质量监督总站及各级质量监督机构,要认真履行质量监督职责,项目建设各方(建设、监理、设计、施工)必须接受和尊重其监督,支持质量监督机构的工作;

2. 建设单位要建立健全施工质量检查体系,按国家和行业技术标准、设计合同文件,检查和控制工程施工质量;

3. 施工单位在施工中要推行全面质量管理,建立健全施工质量保证体系,严格执行国家行业技术标准和水利部施工质量管理规定、质量评定标准;

4. 发生施工质量事故,必须认真严肃处理。严重质量事故,应由建设单位(或监理单位)组织有关各方联合分析处理,并及时向主管部门报告。

第二十一条　水利工程建设必须贯彻"安全第一,预防为主"的方针。项目主管单位要加强检查、监督;项目建设单位要加强安全宣传和教育工作,督促参加工程建设的各有关单位搞好安全生产。所有的工程合同都要有安全管理条款,所有的工作计划都要有安全生产实施。

第二十二条　要加强水利工程建设的信息交流管理工作。

参 考 文 献

[1] 中国水利工程协会.水利工程建设监理员继续教育教程[M].郑州:黄河水利出版社,2008.
[2] 方朝阳.水利工程施工监理[M].武汉:武汉大学出版社,2007.
[3] 姜国辉.水利工程监理[M].北京:中国水利水电出版社,2005.
[4] 王海周.水利工程监理[M].郑州:黄河水利出版社,2010.
[5] 钟汉华,赵旭升.工程建设监理[M].郑州:黄河水利出版社,2010.
[6] 李新军.水利水电建设监理工程师手册[M].北京:中国水利水电出版社,1998.
[7] 中国水利工程协会.水利工程建设监理概论.北京:中国水利水电出版社,2007.